Lambacher Schweizer

Mathematik für Gymnasien – G9

10

Lösungen

Niedersachsen

bearbeitet von
Marina Gress

Ernst Klett Verlag
Stuttgart · Leipzig

Inhalt

* Dieser Inhalt geht über das Kerncurriculum hinaus.

I Trigonometrie – Berechnungen an Dreiecken

Lösungshinweise zu den Erkundungen

Seite 6

Rechtwinklige Dreiecke erforschen

Forschungsauftrag 1
Beobachtung: Bei gleichem spitzen Winkel bleiben die jeweiligen Seitenverhältnisse eines rechtwinkligen Dreiecks immer gleich, egal, wie lang die Seiten sind.

Forschungsauftrag 2
Satz: In rechtwinkligen Dreiecken, die in einem weiteren spitzen Winkel α übereinstimmen, sind die jeweiligen Seitenverhältnisse gleich.
Begründung:

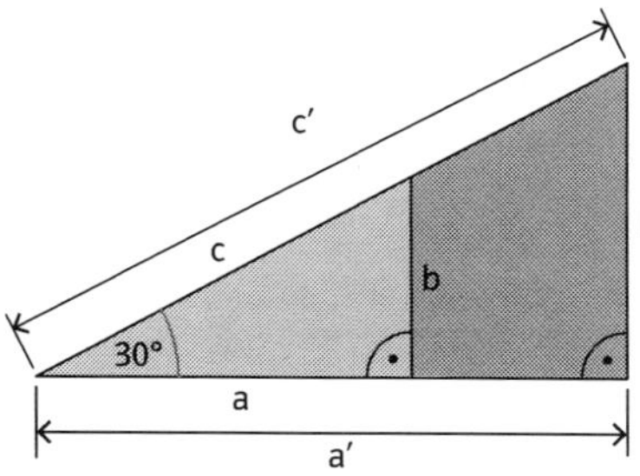

Wenn rechtwinklige Dreiecke in einem weiteren Winkel α übereinstimmen, dann stimmen sie in allen drei Winkeln überein. Sie sind also ähnlich zueinander; die einander entsprechenden Seitenverhältnisse sind gleich. Es gilt demnach in der Figur oben:
$\frac{a'}{a} = \frac{c'}{c}$ bzw. $\frac{b'}{b} = \frac{c'}{c}$ bzw. $\frac{b'}{b} = \frac{a'}{a}$. Nach äquivalenten Umformungen dieser Gleichungen ergibt sich:
$\frac{a}{c} = \frac{a'}{c'}$ bzw. $\frac{b}{c} = \frac{b'}{c'}$ bzw. $\frac{b}{a} = \frac{b'}{a'}$.
Also gilt der obige Satz.

Forschungsauftrag 3
Um die Werte der Seitenverhältnisse mit dem Taschenrechner zu bestimmen, drückt man die „sin“, „cos“ bzw. „tan“-Taste und gibt anschließend einen spitzen Winkel des Dreiecks ein.

$\sin(28°) = \frac{b}{c}$, also

$b = c \cdot \sin(28°) = 3{,}5\,\text{cm} \cdot \sin(28°) \approx 1{,}64\,\text{cm}$.

$\cos(28°) = \frac{a}{c}$, also

$a = c \cdot \cos(28°) = 3{,}5\,\text{cm} \cdot \cos(28°) \approx 3{,}09\,\text{cm}$.

Überprüfung durch Zeichnung:

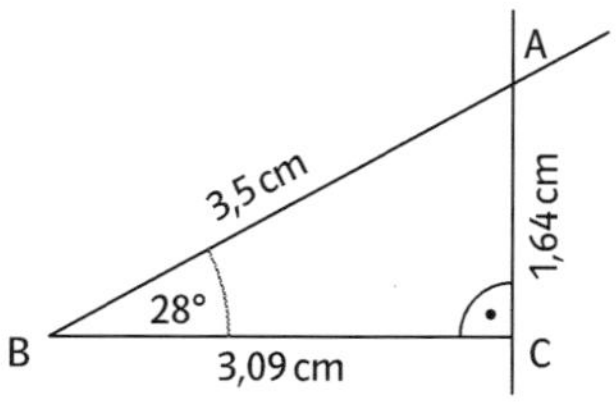

Seite 7

Seitenverhältnisse und Winkel

Forschungsauftrag 1

β	1°	2°	3°	4°	5°	
$\frac{b}{c}$	0,01745	0,03490	0,05234	0,06976	0,08716	...
$\frac{a}{c}$	0,99985	0,99939	0,99863	0,99756	0,99619	...
$\frac{b}{a}$	0,01746	0,03492	0,05241	0,06993	0,08749	...

β	84°	85°	86°	87°	88°	89°
$\frac{b}{c}$	0,99452	0,99619	0,99756	0,99863	0,99939	0,99985
$\frac{a}{c}$	0,10453	0,08716	0,06976	0,05234	0,03490	0,01745
$\frac{b}{a}$	9,51436	11,43005	14,30067	19,08114	28,63625	57,28996

In der Tabelle erkennt man:
- Das Seitenverhältnis $\frac{b}{c}$ nimmt beständig zu. Dabei ist die Zunahme zu Beginn am größten und wird immer geringer. Von 1° zu 2° beträgt die Zunahme etwa 0,017, von 88° zu 89° nur noch 0,00046.
  Im Bereich von 1° bis 13° ist die Veränderung pro Grad relativ gleich bei 0,017.
- Das Seitenverhältnis $\frac{a}{c}$ nimmt beständig ab. Die Abnahme ist zu Beginn am geringsten und wird immer größer. Von 1° zu 2° beträgt die Abnahme etwa 0,00046, von 88° zu 89° jedoch 0,017. Im Bereich von 78° bis 89° ist die Veränderung pro Grad relativ gleich bei 0,017.
  Man kann erkennen, dass die Werte der Verhältnisse $\frac{b}{c}$ und $\frac{a}{c}$ an der Stelle 45° „gespiegelt“ werden.
- Das Seitenverhältnis $\frac{b}{a}$ nimmt beständig zu. Die Zunahme ist zu Beginn gering und wird immer größer. Von 1° zu 2° beträgt die Zunahme etwa 0,017, von 88° zu 89° beträgt sie etwa 28,7. Im Bereich von 1° bis etwa 13° ist die Zunahme mit einer Veränderung von 0,018 nahezu gleichbleibend.

Forschungsauftrag 2

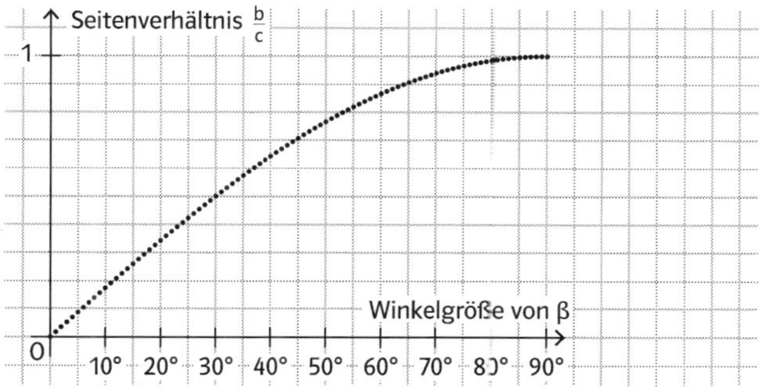

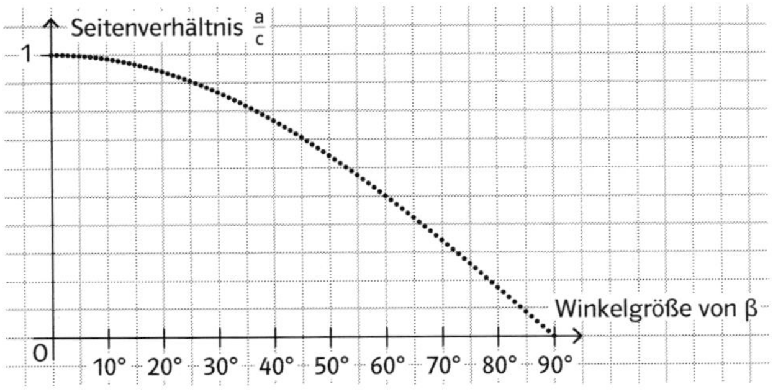

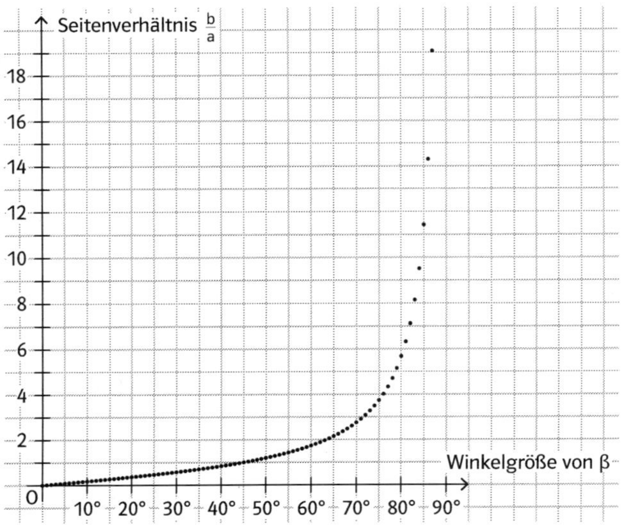

Forschungsauftrag 3

- Beide Kurven scheinen ähnlich gekrümmt zu sein, dabei ist jedoch die erste Kurve (Seitenverhältnis $\frac{b}{c}$) ansteigend, die zweite (Seitenverhältnis $\frac{a}{c}$) jedoch abnehmend. Die erste Kurve scheint das „Spiegelbild" der zweiten zu sein. Die Spiegelachse scheint bei $x = 45°$ zu liegen.
- Aus dem Vergleich der beiden Kurven erkennt man: Das Verhältnis $\frac{a}{c}$ für einen Winkel β ist mit dem Verhältnis $\frac{b}{c}$ für den Winkel $(90° - \beta)$ identisch. Das bedeutet, dass man tatsächlich das Verhältnis $\frac{a}{c}$ für einen Winkel β allein aus dem Verhältnis $\frac{b}{c}$ bestimmen kann, wenn man das Verhältnis $\frac{b}{c}$ für den Winkel $(90° - \beta)$ kennt.

  Auch eine Stellungnahme, die nicht auf den Verlauf der Kurven eingeht, ist denkbar: Wenn man den Satz des Pythagoras anwendet und dann geschickt vorgeht, kann man in der Tat das Seitenverhältnis $\frac{a}{c}$ allein aus dem Seitenverhältnis $\frac{b}{c}$ berechnen:

  $a^2 + b^2 = c^2 \quad | : c^2$

  $\frac{a^2}{c^2} + \frac{b^2}{c^2} = 1$

  $\left(\frac{a}{c}\right)^2 + \left(\frac{b}{c}\right)^2 = 1 \quad | -\left(\frac{b}{c}\right)^2$

  $\left(\frac{a}{c}\right)^2 = 1 - \left(\frac{b}{c}\right)^2$

  $\frac{a}{c} = \sqrt{1 - \left(\frac{b}{c}\right)^2}$

Zum Kurvenverlauf des Verhältnisses $\frac{b}{a}$:
Die Kurve für das Verhältnis $\frac{b}{a}$ unterscheidet sich deutlich von den beiden Verläufen für die Verhältnisse $\frac{b}{c}$ und $\frac{a}{c}$. Diese Kurve steigt von 1° bis 89° an, wobei die Steigung für zunehmende Winkelwerte sogar immer steiler wird, besonders für Winkelwerte in der Nähe von 90°.

Das Besondere an dieser Kurve ist, dass sie extrem steil ansteigt, je näher man an die 90°-Marke herankommt. Würde man auch für Winkelwerte zwischen 89° und 90° durch das Zeichnen entsprechender Dreiecke und das Abmessen der Längen für b und a die Verhältnisse $\frac{b}{a}$ bestimmen, so würde man feststellen, dass die Verhältniswerte schier bis ins „Unendliche" anwachsen.

1 Seitenverhältnisse in rechtwinkligen Dreiecken

Seite 8

Einstiegsaufgabe

Wenn man ein rechtwinkliges Dreieck mit der Kathete $a = 13{,}5\,m$ und der Hypotenuse $c = 22{,}5\,m$ im geeigneten Maßstab zeichnet, kann man den Winkel $\alpha \approx 37°$ ablesen. Die Sicherheitsvorschriften werden also eingehalten. Die drei Dreiecke, die aus den Pfeilerpaaren, einem Teil der Rampe und der Horizontalen gebildet werden (s. Abbildung im Schülerbuch), sind alle rechtwinklig und haben denselben Winkel α. Sie stimmen damit in allen drei Winkeln überein und sind daher zueinander ähnlich. Das heißt, die Längenverhältnisse entsprechender Seiten sind gleich groß.

Sei x die Länge des kleineren Pfeilerpaars und y die Länge des mittleren Pfeilerpaars, dann gilt $\frac{x}{7{,}5} = \frac{13{,}5}{22{,}5}$, also $x = 4{,}5$ und $\frac{y}{15} = \frac{13{,}5}{22{,}5}$, also $y = 9$.

Dieser Impuls motiviert die Notwendigkeit, aus gegebenen Stücken (Seitenlängen und Winkelgrößen) in einem rechtwinkligen Dreieck auch andere Stücke des Dreiecks zu bestimmen. Um diese Stücke zu finden, wären „Formeln" sehr hilfreich, um nicht immer Dreiecke maßstabsgetreu konstruieren und die gesuchten Stücke abmessen zu müssen.

Seite 10

1 a) $\sin(\alpha) = \frac{a}{c}$; $\cos(\beta) = \frac{a}{c}$; $\tan(\beta) = \frac{b}{a}$; $\cos(\alpha) = \frac{b}{c}$

b) $\cos(\gamma) = \frac{z}{y}$; $\sin(\gamma) = \frac{x}{y}$; $\tan(\gamma) = \frac{x}{z}$; $\cos(\alpha) = \frac{x}{y}$

c) $\sin(\varepsilon) = \frac{z}{x}$; $\sin(\varphi) = \frac{y}{x}$; $\cos(\varphi) = \frac{z}{x}$; $\tan(\varepsilon) = \frac{z}{y}$

d) $\frac{q}{r} = \cos(\varepsilon)$; $\frac{p}{r} = \sin(\varepsilon)$; $\frac{p}{r} = \cos(\delta)$; $\frac{q}{p} = \tan(\delta)$

2 a) $a = 8{,}5\,m \cdot \sin(30°) = 4{,}25\,m$

$b = 8{,}5\,m \cdot \cos(30°) \approx 7{,}36\,m$

b) $r = \frac{25{,}2\,km}{\sin(26°)} \approx 57{,}5\,km$

$p = r \cdot \cos(26°) \approx 51{,}7\,km$

c) $x = 7\,cm \cdot \sin(52°) \approx 5{,}5\,cm$

$y = 7\,cm \cdot \cos(52°) \approx 4{,}3\,cm$

d) $c = \frac{2{,}5\,dm}{\cos(56°)} \approx 4{,}5\,dm$

$b = c \cdot \sin(56°) \approx 3{,}7\,dm$

e) $x = \frac{7{,}2\,cm}{\sin(36°)} \approx 12{,}2\,cm$

$y = x \cdot \cos(36°) \approx 9{,}9\,cm$

f) $s = \frac{8{,}6\,\text{km}}{\sin(42°)} \approx 12{,}9\,\text{km}$

$r = s \cdot \cos(42°) \approx 9{,}6\,\text{km}$

3 a) $\sin(\alpha) = \frac{7{,}9\,\text{cm}}{10{,}2\,\text{cm}}$, also $\alpha \approx 50{,}8°$; $\cos(\beta) = \frac{7{,}9\,\text{cm}}{10{,}2\,\text{cm}}$, also $\beta \approx 39{,}2°$

$\alpha + \beta + 90° = 50{,}8° + 39{,}2° + 90° = 180°$

b) $\cos(\alpha) = \frac{69\,\text{cm}}{273\,\text{cm}}$, also $\alpha \approx 75{,}4°$; $\sin(\beta) = \frac{69\,\text{cm}}{273\,\text{cm}}$, also $\beta \approx 14{,}6°$

$\alpha + \beta + 90° = 75{,}4° + 14{,}6° + 90° = 180°$

c) $\tan(\gamma) = \frac{23\,\text{dm}}{15\,\text{dm}}$, also $\gamma \approx 56{,}9°$

$\tan(\delta) = \frac{15\,\text{dm}}{23\,\text{dm}}$, also $\delta \approx 33{,}1°$

$\gamma + \delta + 90° = 56{,}9° + 33{,}1° + 90° = 180°$

d) $\tan(\alpha) = \frac{6\,\text{m}}{4\,\text{m}}$, also $\alpha \approx 56{,}3°$

$\tan(\beta) = \frac{4\,\text{m}}{6\,\text{m}}$, also $\beta \approx 33{,}7°$

$\alpha + \beta + 90° = 56{,}3° + 33{,}7° + 90° = 180°$

e) $\sin(\gamma) = \frac{3900\,\text{m}}{4600\,\text{m}}$, also $\gamma \approx 58{,}0°$

$\cos(\delta) = \frac{3900\,\text{m}}{4600\,\text{m}}$, also $\delta \approx 32{,}0°$

$\gamma + \delta + 90° = 58{,}0° + 32{,}0° + 90° = 180°$

f) $\tan(\varepsilon) = \frac{272\,\text{cm}}{115\,\text{cm}}$, also $\varepsilon \approx 67{,}1°$

$\tan(\varphi) = \frac{115\,\text{cm}}{272\,\text{cm}}$, also $\varphi \approx 22{,}9°$

$\varepsilon + \varphi + 90° = 67{,}1° + 22{,}9° + 90° = 180°$

Seite 11

4 a) (1) $\sin(\alpha) = \frac{a}{c} = \frac{6{,}2\,\text{cm}}{9{,}6\,\text{cm}}$, also $\alpha \approx 40{,}2°$

$\beta = 90° - \alpha \approx 49{,}8°$; $b = 9{,}6\,\text{cm} \cdot \sin(\beta) \approx 7{,}3\,\text{cm}$

(2) $c = \sqrt{a^2 - b^2} = \sqrt{(6{,}9\,\text{cm})^2 - (4{,}7\,\text{cm})^2} \approx 5{,}1\,\text{cm}$

$\sin(\beta) = \frac{b}{a} = \frac{4{,}7\,\text{cm}}{6{,}9\,\text{cm}}$, also $\beta \approx 42{,}9°$; $\gamma = 90° - \beta \approx 47{,}1°$

(3) $\gamma = 90° - \alpha = 90° - 37° = 53°$

$b = \frac{c}{\cos(\alpha)} = \frac{7{,}2\,\text{cm}}{\cos(37°)} \approx 9{,}0\,\text{cm}$

$a = 9{,}0\,\text{cm} \cdot \sin(37°) \approx 5{,}42\,\text{cm}$

(4) $a = \sqrt{(5{,}2\,\text{cm})^2 + (6{,}5\,\text{cm})^2} \approx 8{,}32\,\text{cm}$;

$\beta = \cos^{-1}\left(\frac{6{,}5\,\text{cm}}{8{,}32\,\text{cm}}\right) \approx 38{,}62°$; $\gamma = 90 - \beta \approx 51{,}38°$

(5) $\alpha = 90° - \beta = 90° - 62° = 28°$

$b = c \cdot \sin(\beta) = 9{,}2\,\text{cm} \cdot \sin(62°) \approx 8{,}1\,\text{cm}$

$a = c \cdot \cos(\beta) = 9{,}2\,\text{cm} \cdot \cos(62°) \approx 4{,}3\,\text{cm}$

(6) $\sin(\alpha) = \frac{a}{c} = \frac{5{,}6\,\text{cm}}{7{,}0\,\text{cm}}$, also $\alpha \approx 53{,}1°$

$\beta = 90° - \alpha \approx 36{,}9°$

$b = \sqrt{c^2 - a^2} = \sqrt{(7{,}0\,\text{cm})^2 - (5{,}6\,\text{cm})^2} = 4{,}2\,\text{cm}$

b) (1)

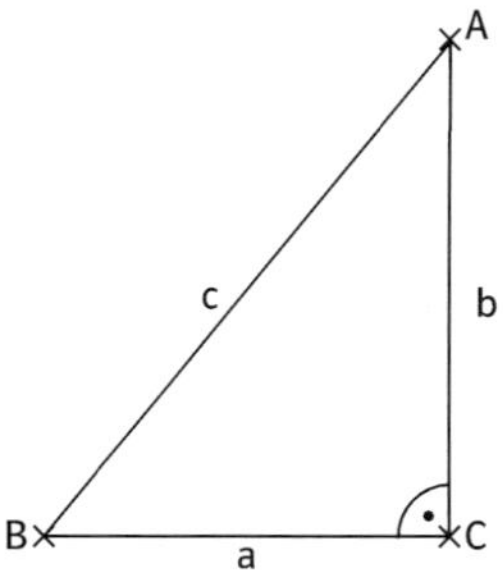

(2)

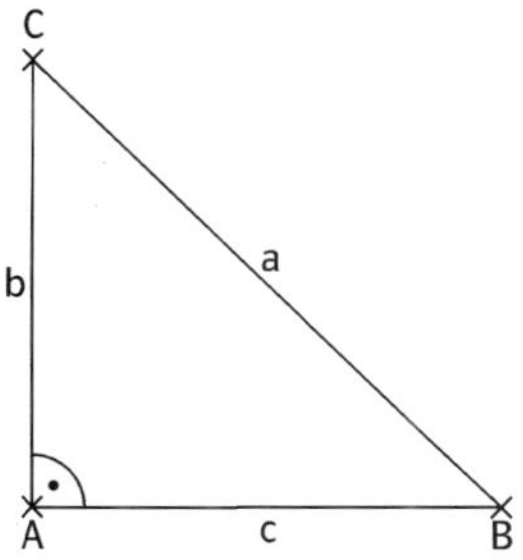

(3)

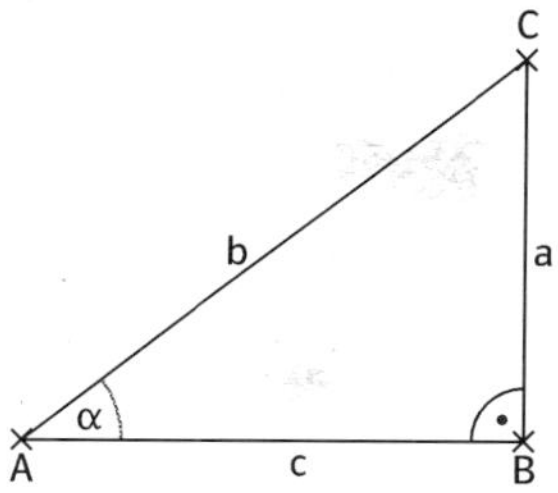

(4)

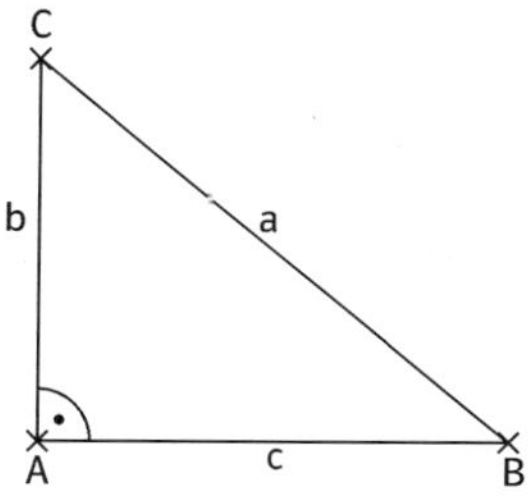

(5)

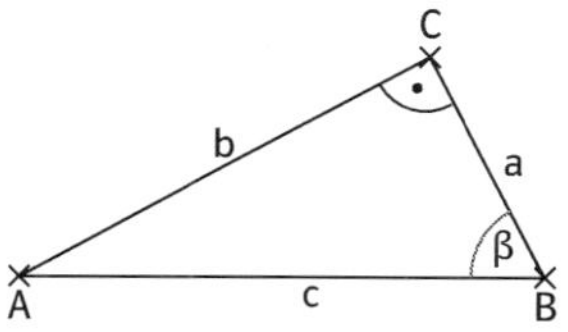

(6)

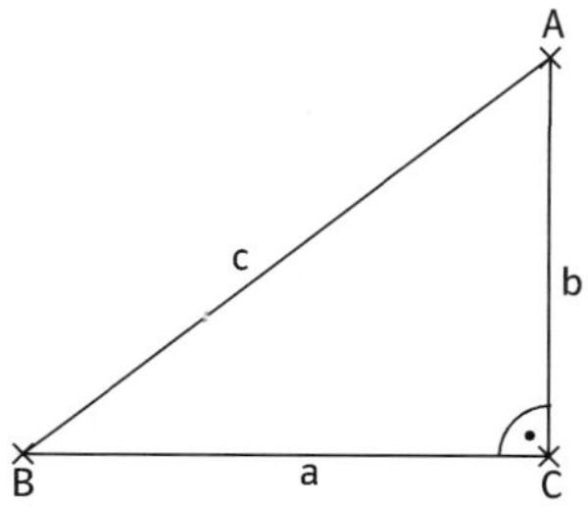

5 a) Für die Seite a gilt: $a = 3{,}70\,\text{m} \cdot \sin(75°) \approx 3{,}57\,\text{m}$. Das Ende der Leiter erreicht also das Fensterbrett in einer Höhe von 3 m.

b) Für die Seite b gilt: $b = 3{,}70\,\text{m} \cdot \cos(75°) \approx 0{,}96\,\text{m}$. Die Entfernung des Fußendes der Leiter zur Hauswand beträgt etwa 0,96 m.

c) Im Dreieck ABC ist $a = c \cdot \sin(\alpha) = 3{,}70\,\text{m} \cdot \sin(\alpha)$. Der Winkel α soll sich zwischen 68° und 83° bewegen. Es gilt:

$3{,}70\,\text{m} \cdot \sin(68°) \approx 3{,}43\,\text{m} \leqq a \leqq 3{,}70\,\text{m} \cdot \sin(83°) \approx 3{,}67\,\text{m}$.

Das Leiterende bewegt sich also etwa zwischen den Höhen 3,43 m und 3,67 m.

Der Anstellwinkel sollte etwa in diesem Bereich liegen, damit die Leiter nicht nach hinten überkippen oder nach unten wegrutschen kann.

d) Wenn das Ende der Leiter genau 3,50 m hoch reicht, beträgt der Anstellwinkel α der Leiter

$\alpha = \sin^{-1}\left(\frac{3{,}50\,\text{m}}{3{,}70\,\text{m}}\right) \approx 71{,}08°$.

e) Eine solche Leiter müsste $c = \frac{6{,}50\,\text{m}}{\sin(80°)} \approx 6{,}60\,\text{m}$ hoch sein.

6 (1) Tiroler Skipiste: $\tan^{-1}(0{,}4) \approx 21{,}80°$

(2) Stilfser Joch: $\tan^{-1}(0{,}15) \approx 8{,}53°$

(3) Königsspitze Nordwand: $\tan^{-1}(0{,}6) \approx 30{,}96°$

(4) Harakiristeilhang: $\tan^{-1}(0{,}8) \approx 38{,}66°$

Die Steigung des Harakiristeilhangs, in Prozent angegeben, ist doppelt so groß wie die der Tiroler Skipiste. Der Steigungswinkel ist aber nicht doppelt so groß. Ebenso ist die Steigung an der Königsspitze Nordwand, in Prozent angegeben, viermal so groß wie die vom Stilfser Joch, aber der Steigungswinkel ist nicht viermal so groß. Dies liegt daran, dass die Änderung einer Kathetenlänge bei einem rechtwinkligen Dreieck keine proportionale Änderung des gegenüberliegenden Winkels bewirkt.

7 a) Die Mindestlänge c der gespannten Schnüre beträgt $c = \frac{2{,}50\,m}{\sin(60°)} \approx 2{,}89\,m$.

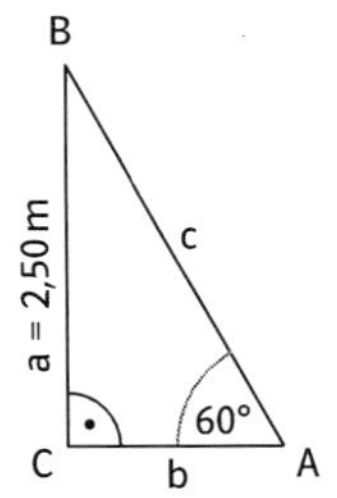

b) Wenn die Schnüre 3 m lang sind, beträgt der Neigungswinkel

$\alpha = \sin^{-1}\left(\frac{2{,}50\,m}{3{,}0\,m}\right) \approx 56{,}44°$.

Für die Entfernung b vom Schnurende zum Stangenende gilt:
$b = 3\,m \cdot \cos(56{,}44°) \approx 1{,}66\,m$.
Also würde ein Strand mit einer Breite von $2 \cdot 1{,}66\,m + 9{,}50\,m = 12{,}82\,m$ ausreichen, um das Beachvolleyballnetz aufzubauen.

8 a) Die Seile müssten in einer Höhe von $a = 20\,m \cdot \sin(65°) \approx 18{,}13\,m$ angebracht werden.
b) Der Neigungswinkel der Seile beträgt

$\alpha = \cos^{-1}\left(\frac{11{,}50\,m}{20\,m}\right) \approx 54{,}90°$.

Die Befestigungspunkte liegen nun in einer Höhe von $20\,m \cdot \sin(54{,}9°) \approx 16{,}36\,m$.

Seite 12

12 $\cos(\gamma_1) = \frac{e}{g} = \frac{e+f}{g+h} = \sin(\varepsilon)$

$\cos(\beta) = \frac{b}{i+k} = \sin(\gamma_2)$

$\tan(\delta) = \frac{i}{d}$

$\cos(\gamma_2) = \frac{e+f}{i+k}$

$\sin(\gamma_1) = \frac{c}{g}$

13 a) Der Überhang gegenüber der Senkrechten beträgt $x = 47{,}27\,m \cdot \sin(5{,}5°) \approx 4{,}53\,m$.
b) Der Überhang x beträgt nun
$x = 4{,}53\,m - 0{,}44\,m = 4{,}09\,m$.
Der Neigungswinkel α beträgt also

$\alpha = \sin^{-1}\left(\frac{4{,}09\,m}{47{,}27\,m}\right) \approx 4{,}96°$.

c) Der Turm in Emden ist etwa $h = \frac{2{,}43\,m}{\sin(5{,}07°)} \approx 27{,}50\,m$ hoch.

d) individuelle Lösung, zum Beispiel:
Capital Gate Tower in Abu Dhabi (160 m hoch; 18°) – die Neigung ist allerdings beabsichtigt. Alle anderen schiefen Türme sind niedriger als 50 m.

14 $\frac{c}{2} = b \cdot \cos(\alpha) = 5\,cm \cdot 0{,}7 = 3{,}5\,cm$, also $c = 7\,cm$

$h_c = \sqrt{b^2 - \left(\frac{c}{2}\right)^2} = \sqrt{5^2 - 3{,}5^2}\,cm \approx 3{,}6\,cm$

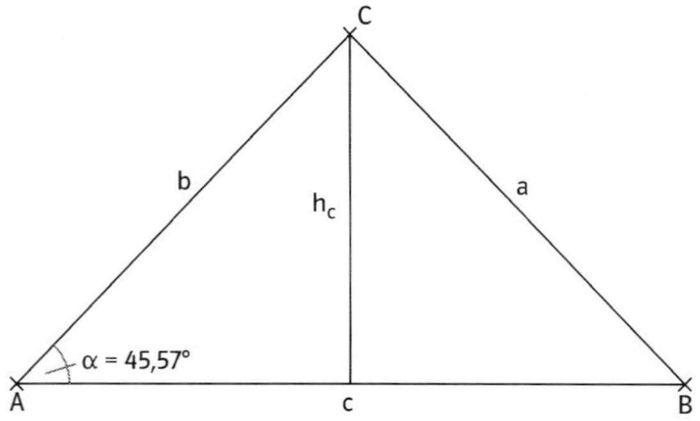

Seite 13

15 individuelle Lösung
Der Sonnenstand α ergibt sich aus der jeweiligen Körpergröße l und der Länge s des zugehörigen Schattens: $\tan(\alpha) = \frac{l}{s}$. Bei verschiedenen Körpergrößen sollte sich für den Stand der Sonne jeweils der gleiche Winkel α ergeben.

16

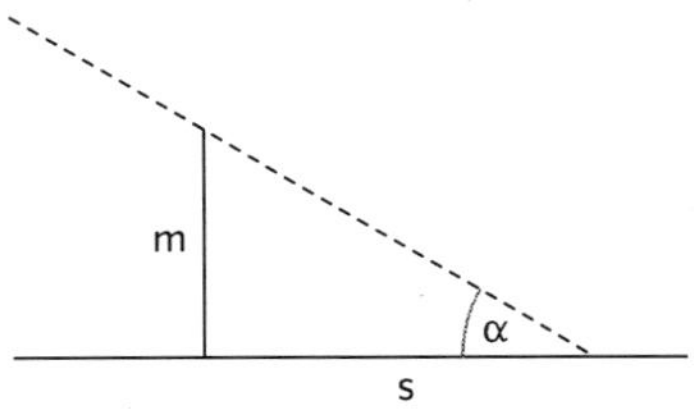

Der Neigungswinkel α, um den die Sonne über dem Horizont steht, ergibt sich aus der Mastlänge m und der Länge s des Schattens: $\tan(\alpha) = \frac{m}{s}$.
Für $s = m$ ergibt sich $\alpha = 45°$
$\left(s = \frac{m}{2},\ \alpha \approx 63{,}4°;\ s = 3\,m,\ \alpha \approx 18{,}4°\right)$.

17 Wenn h die Höhe und s die Schattenlänge bezeichnet, dann gilt $\frac{h}{s} = \tan(24{,}5°)$, also $s = \frac{h}{\tan(24{,}5°)}$.

a) $s = \frac{20\,m}{\tan(24{,}5°)} \approx 43{,}9\,m$

b) $s = \frac{78\,m}{\tan(24{,}5°)} \approx 171{,}2\,m$

c) $s = \frac{10\,cm}{\tan(24{,}5°)} \approx 21{,}9\,cm$

18 a) Falsch. Bei gleichbleibender Ankathete ist die Gegenkathete zum verdoppelten Winkel 2α mehr als doppelt so lang wie die Gegenkathete zu α.
Also ist $\tan(2\alpha) > 2 \cdot \tan(\alpha)$.

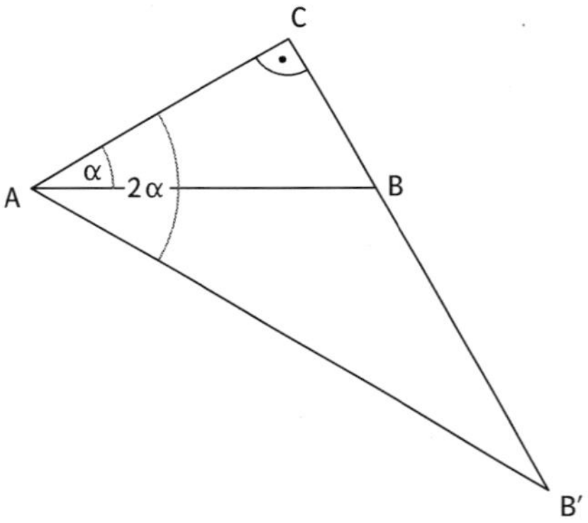

b) Wahr, denn es ist $\cos(\alpha) = \frac{b}{c}$. Mit $c' = \frac{1}{2}c$ und $b' = b$ folgt $\cos(\alpha') = \frac{b'}{c'} = \frac{b}{\frac{1}{2}c} = 2 \cdot \frac{b}{c} = 2\cos(\alpha)$.

c) Wahr, denn es ist $\tan(\alpha) = \frac{a}{b}$. Mit $a' = 2a$ und $b' = \frac{1}{2}b$ folgt $\tan(\alpha') = \frac{a'}{b'} = \frac{2a}{\frac{1}{2}b} = 4 \cdot \frac{a}{b} = 4 \cdot \tan(\alpha)$.

d) Falsch. Die Hypotenuse c soll unverändert bleiben, der Winkel γ ebenfalls. Das heißt, der Punkt C′ des veränderten Dreiecks und der Punkt C liegen auf einem Thaleskreis. Es ist $\alpha' > \alpha$, aber $b' < b$. Damit gilt $\cos(\alpha') = \frac{b'}{c} < \frac{b}{c} = \cos(\alpha)$.

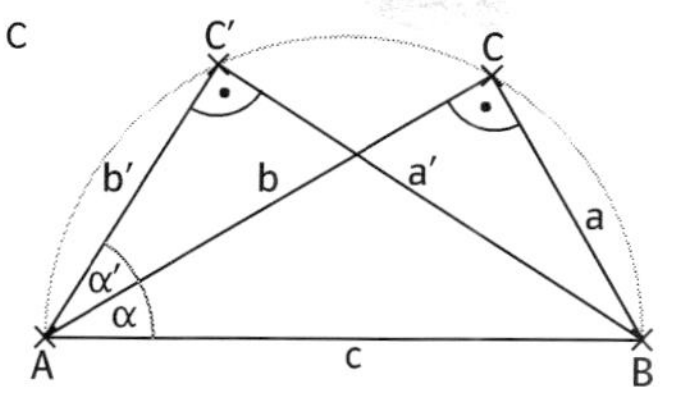

e) Wahr. Wie in Teilaufgabe d) gilt, dass C′ und C auf einem Thaleskreis liegen. Es ist $\alpha' > \alpha$, $a' > a$ und $b' < b$, also $\frac{1}{b'} > \frac{1}{b}$. Damit gilt $\tan(\alpha') = \frac{a'}{b'} > \frac{a}{b} = \tan(\alpha)$.

19 Anmerkung: Für fallende Geraden (negative Steigung) definiert man den Steigungswinkel ebenfalls negativ.

a) (1)

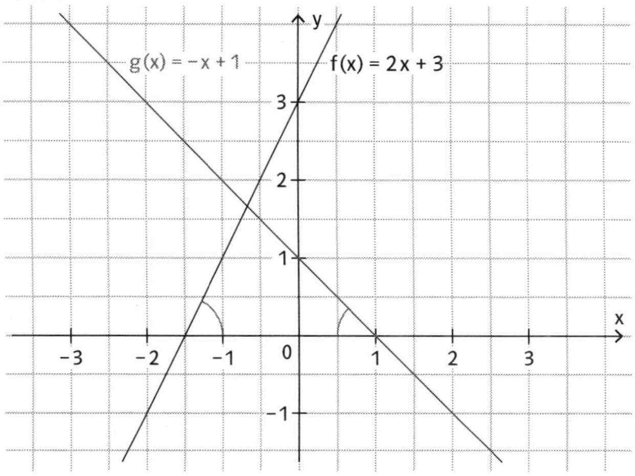

f besitzt den Steigungswinkel $\alpha = \tan^{-1}\left(\frac{2}{1}\right) \approx 63{,}43°$.

g besitzt den Steigungswinkel $\alpha = -\tan^{-1}(1) = -45°$.

(2)

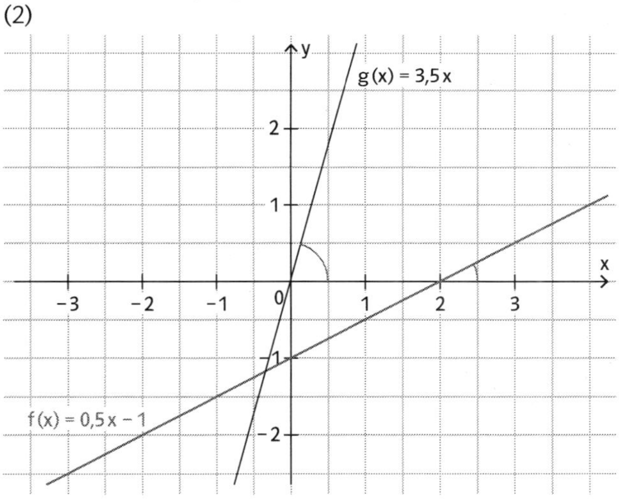

f besitzt den Steigungswinkel $\alpha = \tan^{-1}\left(\frac{1}{2}\right) \approx 26{,}57°$.

g besitzt den Steigungswinkel $\alpha = \tan^{-1}(3{,}5) \approx 74{,}05°$.

(3)

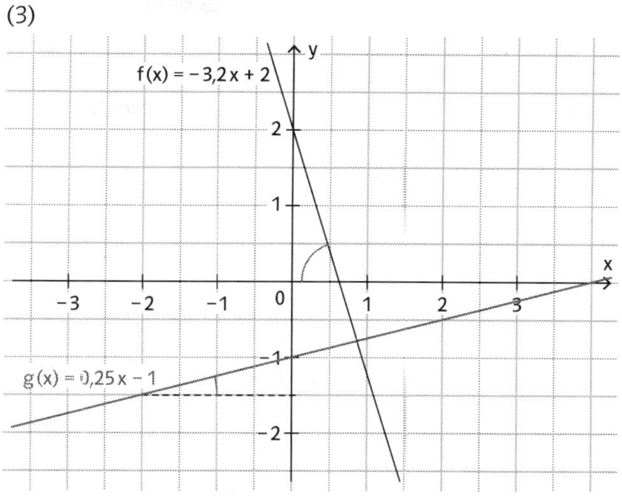

f besitzt den Steigungswinkel $\alpha = -\tan^{-1}(3{,}2) \approx -72{,}65°$.

g besitzt den Steigungswinkel $\alpha = \tan^{-1}(0{,}25) \approx 14{,}04°$.

(4)

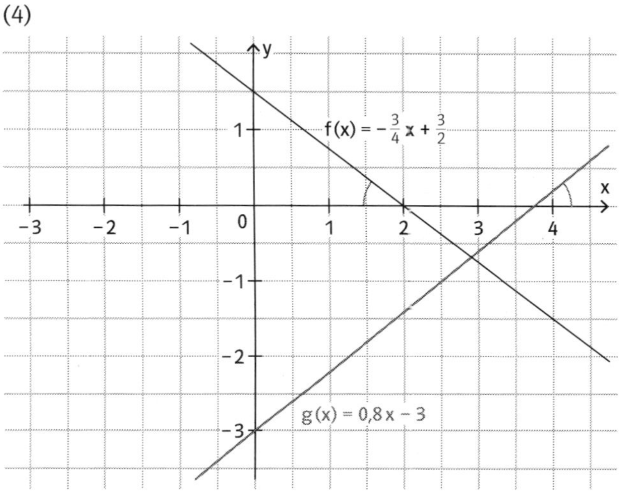

f besitzt den Steigungswinkel $\alpha = -\tan^{-1}(0{,}75) = -36{,}87°$.

g besitzt den Steigungswinkel $\alpha = \tan^{-1}(0{,}8) \approx 38{,}66°$.

b) (1) Der Schnittwinkel α beträgt etwa
$\alpha \approx 180° - 63{,}43° - 45° = 71{,}57°$.

(2) Der Schnittwinkel α beträgt etwa
$\alpha \approx 74{,}05° - 26{,}57° = 47{,}48°$.

(3) Der Schnittwinkel α beträgt etwa
$\alpha \approx 72{,}65° + 14{,}04° = 86{,}69°$.

(4) Der Schnittwinkel α beträgt etwa
$\alpha \approx 36{,}87° + 38{,}66° = 75{,}53°$.

20 **a)** Die Steigungen der Funktionen f und g lassen sich aus den Graphen ablesen: $m_f = -3$ und $m_g = 5$.
f besitzt den Steigungswinkel $\alpha = -\tan^{-1}(3)$,
g besitzt den Steigungswinkel $\alpha = \tan^{-1}(5)$.
Offensichtlich erhält man den Schnittwinkel der beiden Geraden, indem man zu 180° den negativen Steigungswinkel addiert und den positiven Steigunswinkel entsprechend subtrahiert:
$\alpha = 180° + (-\tan^{-1}(3)) - \tan^{-1}(5) \approx 29{,}74°$.
Außerdem könnte man die Steigungswinkel der beiden Geraden abmessen und anschließend genauso verfahren wie oben.

b) Zunächst einmal muss der Steigungswinkel α bestimmt werden:
$\alpha = -\tan^{-1}(0{,}6) \approx -30{,}96°$.

Jetzt wird eine Gerade g gezeichnet, die die bereits gezeichnete Gerade f genau im Winkel α schneidet. Anschließend wird eine Senkrechte zu g gezeichnet, welche die y-Achse ist. An der Stelle, an der die Gerade f die y-Achse schneidet, muss die „4" eingetragen werden. Der Rest wird entsprechend eingezeichnet.

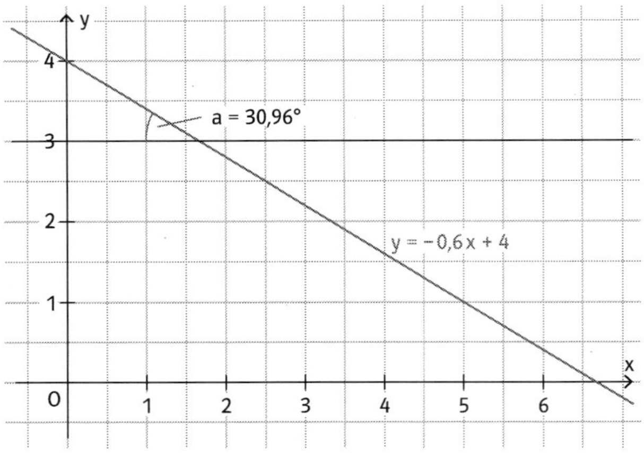

2 Beziehungen zwischen Sinus, Kosinus und Tangens

Seite 14

Einstiegsaufgabe

Die Kinder im Riesenrad stellen sich die Frage, auf welcher Höhe sie sich befinden, wenn das Riesenrad eine Umdrehung von 60° gemacht hat. Mit der Betrachtung von Seitenverhältnissen am Dreieck lässt sich diese Frage beantworten. Die Anschauung am Riesenrad bereitet dabei die Verortung der trigonometrischen Beziehungen am Einheitskreis vor.

Wenn die Fahrt mit einem Riesenrad einen Ausblick aus 60 m Höhe verspricht, muss der Radius des Riesenrades etwa 30 m betragen.

Nach der Aussage von Chris haben die Kinder schon 60° „geschafft". Diese Aussage ist nicht eindeutig. Wenn die Kinder tatsächlich erst eine Umdrehung von 60° zurückgelegt haben, dann haben Sie die 90° noch nicht überschritten. Ihre Höhe beträgt dann $\sin(30°) \cdot 30\,\text{m} = 15\,\text{m}$.

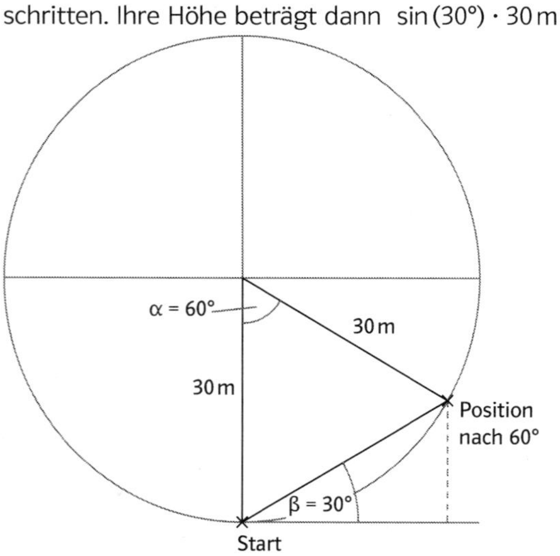

Möglicherweise ist die Aussage aber auch so zu verstehen, dass die Kinder eine Umdrehung von 90° und zusätzlich 60° zurückgelegt haben. Dann lässt sich ihre Höhe wie folgt berechnen:

$\sin(60°) \cdot 30\,\text{m} \approx 26\,\text{m}$

$\sin(60°) \cdot 30\,\text{m} + 30\,\text{m} \approx 56\,\text{m}$. Sarah liegt mit ihrer Schätzung zum Winkel 60° ziemlich gut, allerdings hat sie vergessen, die Höhe des „unteren Teils" des Riesenrads zu addieren.

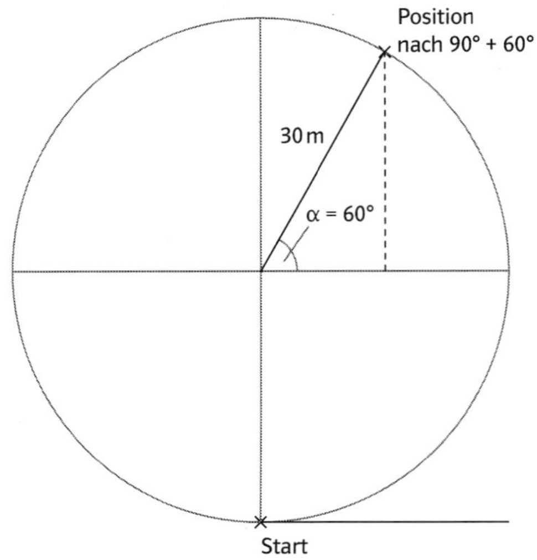

Seite 16

1

- Einen Viertelkreis mit einem Radius der Längeneinheit 1 zeichnen.
- Zum Winkel α = 40° die Punkte A und B konstruieren.
- Da der Ursprung und die Punkte A und B ein rechtwinkliges Dreieck bilden, gilt

$\sin(40°) = \frac{\text{Gegenkathete von } \alpha}{\text{Hypotenuse}} = \frac{a}{1} = a \approx 0{,}64$ und

$\cos(40°) = \frac{\text{Ankathete von } \alpha}{\text{Hypotenuse}} = \frac{b}{1} = b \approx 0{,}77.$

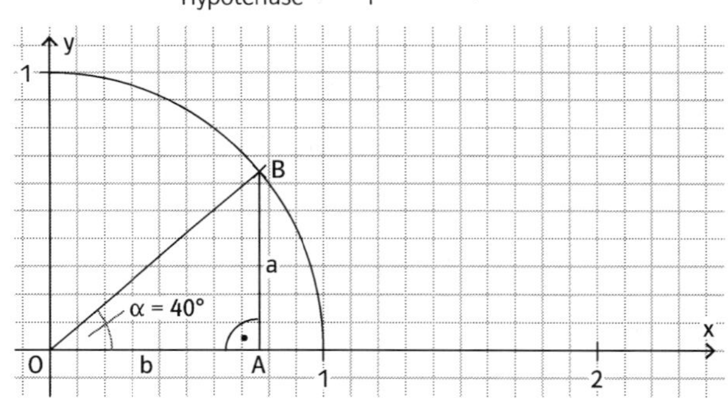

2 a) $\sin(35°) \approx 0{,}57$
b) $\cos(35°) \approx 0{,}82$
c) $\tan(35°) \approx 0{,}70$
d) $\sin(55°) = \cos(35°) \approx 0{,}82$

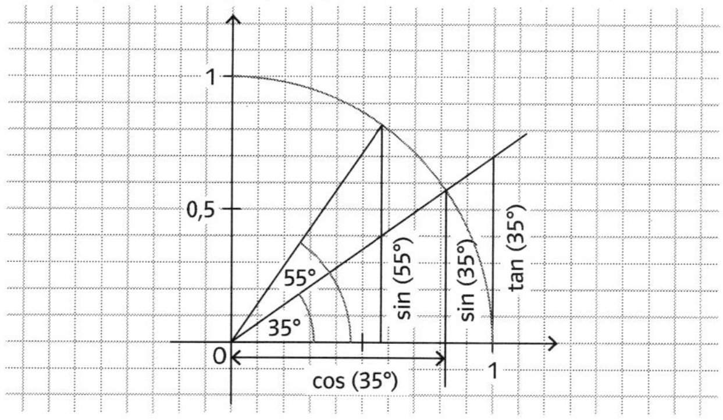

3 a) $\alpha \approx 44{,}5°$ b) $\alpha \approx 35{,}0°$
c) $\alpha \approx 66{,}5°$ d) $\alpha \approx 63{,}5°$

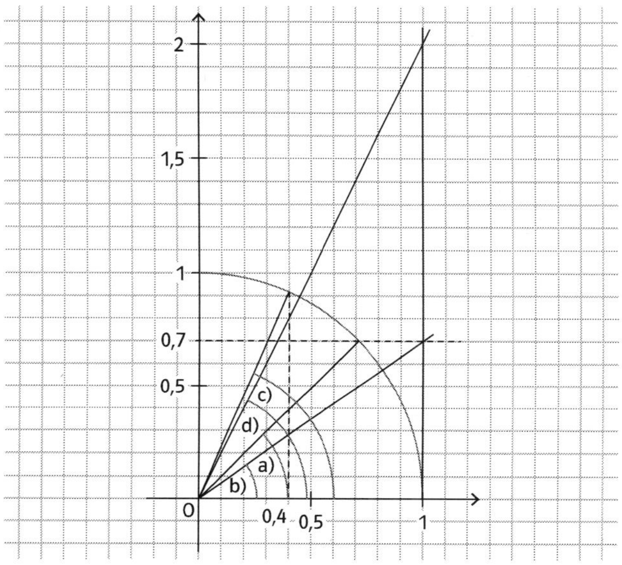

4 $\cos(\alpha) = \sqrt{1 - \sin^2(\alpha)}$

a) $\frac{3}{5}$ b) $\frac{12}{13}$ c) $\frac{1}{3}\sqrt{5}$ d) $\sqrt{0{,}91}$

5

α	Näherungen für $\sin(\alpha)$	$\cos(\alpha)$	$\tan(\alpha)$
38°	0,62	0,79	0,78
27°	0,45	0,89	0,51
63°	0,89	0,45	1,96

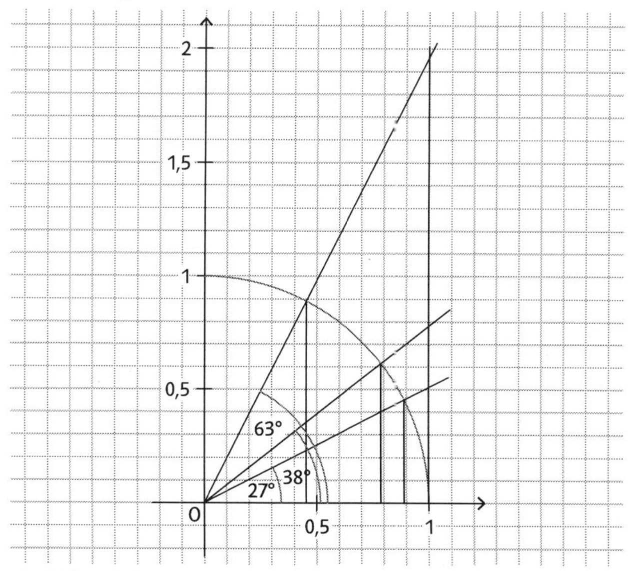

$\frac{\sin(38°)}{\cos(38°)} \approx \frac{0{,}62}{0{,}79} \approx 0{,}78$ (vgl. $\tan(38°)$)

$\frac{\sin(27°)}{\cos(27°)} \approx \frac{0{,}45}{0{,}89} \approx 0{,}51$ (vgl. $\tan(27°)$)

$\frac{\sin(63°)}{\cos(63°)} \approx \frac{0{,}89}{0{,}45} \approx 1{,}98$ (vgl. $\tan(63°)$)

$\sin^2(38°) + \cos^2(38°) \approx 0{,}62^2 + 0{,}79^2 \approx 1{,}0$

$\sin^2(27°) + \cos^2(27°) = \cos^2(63°) + \sin^2(63°)$
$\approx 0{,}45^2 + 0{,}89^2 \approx 1{,}0$

6 $\tan(\alpha) = \frac{a}{b}$, also $b = \frac{a}{\tan(\alpha)}$

a) $b = 5{,}625\,\text{cm}$

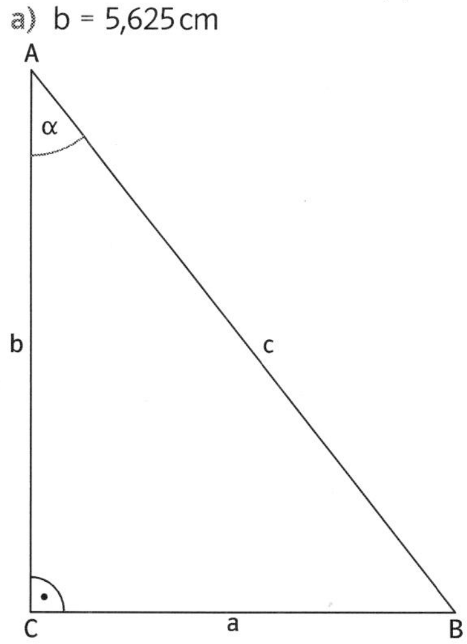

b) $b \approx 3{,}21\,\text{cm}$

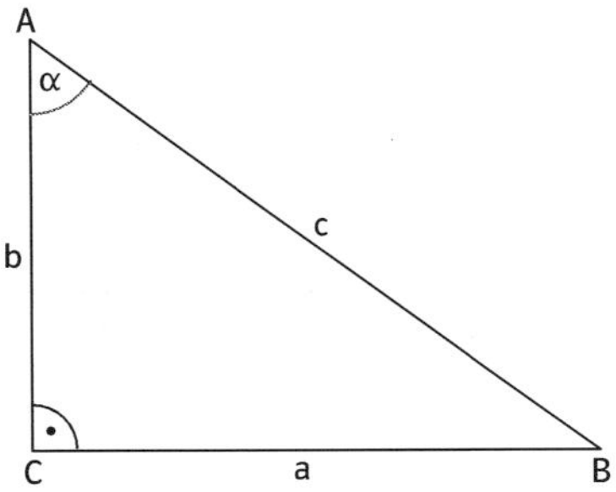

c) $b = 7{,}5\,\text{cm}$

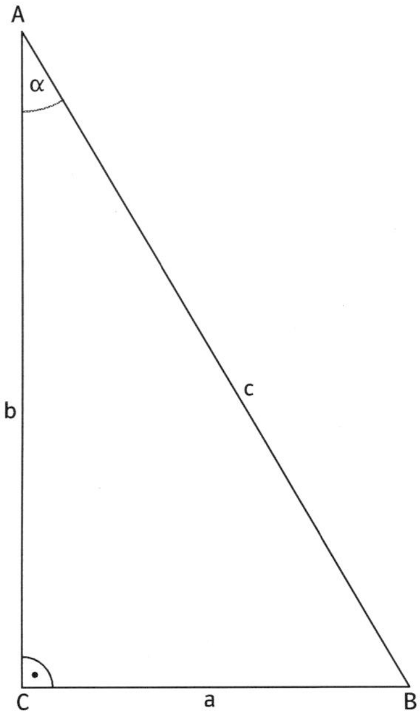

d) $b = 3\,\text{cm}$

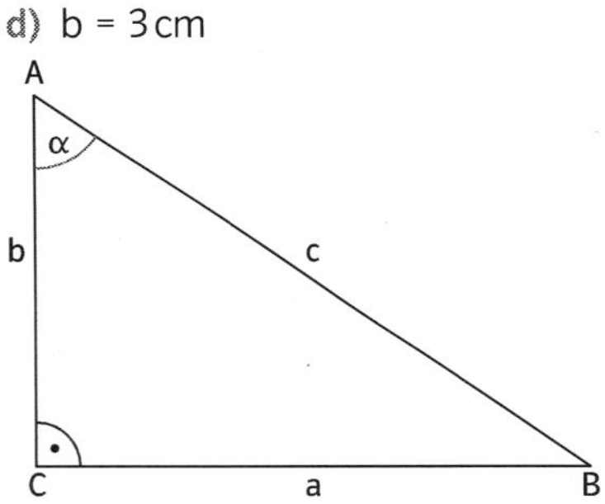

7 a) Mit $b = a$ ist $c^2 = 2a^2$, also $c = a\sqrt{2}$.
Daraus ergibt sich $\sin(45°) = \frac{a}{c} = \frac{a}{a\sqrt{2}} = \frac{1}{\sqrt{2}} = \frac{1}{2}\sqrt{2}$

und ebenso $\cos(45°) = \frac{b}{c} = \frac{a}{a\sqrt{2}} = \frac{1}{2}\sqrt{2}$.

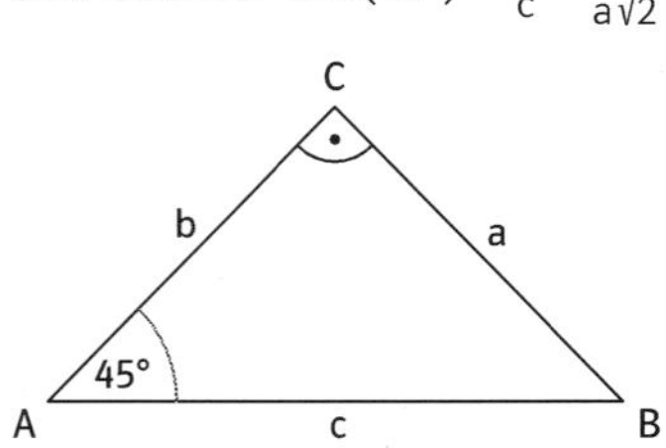

b) $\sin^2(0°) + \cos^2(0°) = \left(\frac{1}{2}\sqrt{0}\right)^2 + \left(\frac{1}{2}\sqrt{4}\right)^2 = 0 + 1 = 1$

$\sin^2(30°) + \cos^2(30°) = \left(\frac{1}{2}\sqrt{1}\right)^2 + \left(\frac{1}{2}\sqrt{3}\right)^2 = \frac{1}{4} + \frac{3}{4} = 1$

$\sin^2(45°) + \cos^2(45°) = \left(\frac{1}{2}\sqrt{2}\right)^2 + \left(\frac{1}{2}\sqrt{2}\right)^2 = \frac{2}{4} + \frac{2}{4} = 1$

$\sin^2(60°) + \cos^2(60°) = \left(\frac{1}{2}\sqrt{3}\right)^2 + \left(\frac{1}{2}\sqrt{1}\right)^2 = \frac{3}{4} + \frac{1}{4} = 1$

$\sin^2(90°) + \cos^2(90°) = \left(\frac{1}{2}\sqrt{4}\right)^2 + \left(\frac{1}{2}\sqrt{0}\right)^2 = 1 + 0 = 1$

10 Für die Höhe h in einem gleichseitigen Dreieck mit der Seitenlänge a gilt: $h = \frac{a}{2}\sqrt{3}$.
Damit erhält man

$\sin(60°) = \frac{h}{a} = \frac{\frac{a}{2}\sqrt{3}}{a} = \frac{1}{2}\sqrt{3}$

und $\cos(60°) = \frac{\frac{a}{2}}{a} = \frac{1}{2}$.

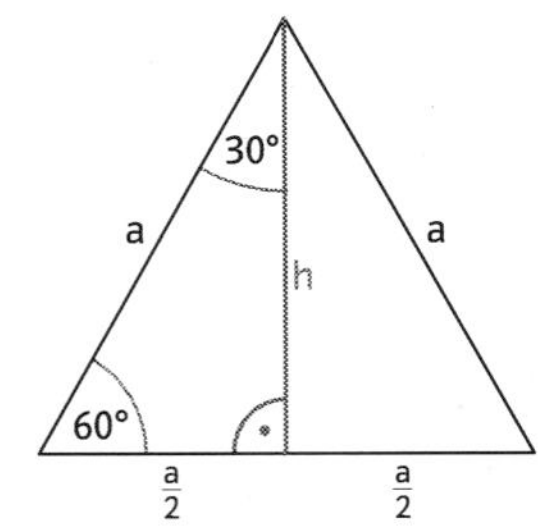

11 a) 0°: Sonderfall, kein Dreieck.
30° und 60°: Höhe h in einem gleichseitigen Dreieck hat die Länge $h = \frac{a}{2}\sqrt{3}$.

Damit gilt $\tan(30°) = \frac{\frac{a}{2}}{h} = \frac{1}{\sqrt{3}}$ und $\tan(60°) = \frac{h}{\frac{a}{2}} = \sqrt{3}$.

45°: Beide Katheten sind in einem rechtwinkligen Dreieck, dessen spitze Winkel 45° groß sind, gleich lang.
Daraus ergibt sich $\tan(45°) = 1$.
90°: Sonderfall, kein Dreieck.

b) $\tan(0°) = \frac{\sin(0°)}{\cos(0°)} = \frac{0}{1} = 0$;

$\tan(30°) = \frac{\sin(30°)}{\cos(30°)} = \frac{\frac{1}{2}}{\frac{1}{2}\sqrt{3}} = \frac{1}{\sqrt{3}}$;

$\tan(60°) = \frac{\sin(60°)}{\cos(60°)} = \frac{\frac{1}{2}\sqrt{3}}{\frac{1}{2}} = \sqrt{3}$;

$\tan(45°) = \frac{\sin(45°)}{\cos(45°)} = \frac{\frac{1}{2}\sqrt{2}}{\frac{1}{2}\sqrt{2}} = 1$;

$\tan(90°)$ ist nicht definiert, da man durch $\cos(90°)$, also durch 0, dividieren müsste.

12 $\frac{\tan^2(\alpha)}{1 + \tan^2(\alpha)} = \sin^2(\alpha)$, also

$\sin(\alpha) = \sqrt{\frac{\tan^2(\alpha)}{1 + \tan^2(\alpha)}} = \sqrt{\frac{0{,}8^2}{1 + 0{,}8^2}} = \sqrt{\frac{16}{41}}$

Damit gilt: $h_c = b \cdot \sin(\alpha) = 5\,\text{cm} \cdot \sqrt{\frac{16}{41}} \approx 3{,}12\,\text{cm}$

$\cos(\alpha) = \sqrt{1 - \sin^2(\alpha)} = \sqrt{1 - \frac{16}{41}} = \sqrt{\frac{24}{41}}$

Damit gilt: $c = 2 \cdot b \cdot \cos(\alpha) = 2 \cdot 5\,\text{cm} \cdot \sqrt{\frac{25}{41}} \approx 7{,}81\,\text{cm}$

13 a) $\tan(\alpha) = \frac{\sin(\alpha)}{\cos(\alpha)} = \frac{\sin(\alpha)}{\sqrt{1 - \sin^2(\alpha)}}$; $\left(\tan(\alpha) = \frac{\sqrt{1 - \cos^2(\alpha)}}{\cos(\alpha)}\right)$

b) $\frac{12}{5}$; $\left(\frac{2}{5}\sqrt{5}\right)$

Seite 17

14 a) $\sin(\alpha) = \frac{\tan(\alpha)}{\sqrt{1 + \tan^2(\alpha)}}$; $\cos(\alpha) = \frac{1}{\sqrt{1 + \tan^2(\alpha)}}$

b) $\frac{11}{\sqrt{146}}$

c) $\frac{2}{13}\sqrt{39}$

15 a) $\cos(\alpha) = \frac{\sqrt{15}}{4}$; $\tan(\alpha) = \frac{\sqrt{15}}{15}$

b) $\sin(\alpha) = \sqrt{0{,}51}$; $\tan(\alpha) = \frac{\sqrt{0{,}51}}{0{,}7} = \frac{\sqrt{51}}{7}$

c) $\cos(\alpha) = \frac{\sqrt{7}}{4}$; $\tan(\alpha) = \frac{3 \cdot \sqrt{7}}{7}$

d) $\sin(\alpha) = \frac{3}{5}$; $\cos(\alpha) = \frac{4}{5}$

e) $\sin(\alpha) = \sqrt{0{,}99}$; $\tan(\alpha) = \frac{\sqrt{0{,}99}}{0{,}1} = 3\sqrt{11}$

f) $\cos(\alpha) = \frac{\sqrt{22}}{5}$; $\tan(\alpha) = \sqrt{\frac{3}{22}}$

g) $\sin(\alpha) = \frac{\sqrt{3}}{3}$; $\tan(\alpha) = \frac{\sqrt{2}}{2}$

h) $\sin(\alpha) = \frac{\sqrt{5}}{3}$; $\cos(\alpha) = \frac{2}{3}$

16 $\frac{\sin(\alpha)}{\cos(\alpha)} = \frac{\tan(\alpha)}{1} = \tan(\alpha)$

$\frac{1}{\sin(\alpha)} = \frac{\sqrt{1 + \tan^2(\alpha)}}{\tan(\alpha)}$

$\frac{1}{\cos(\alpha)} = \frac{\sqrt{1 + \tan^2(\alpha)}}{1} = \sqrt{1 + \tan^2(\alpha)}$

17 a) $\frac{1}{4}\sqrt{7}$ b) $\frac{3}{4}$ c) $\frac{\sqrt{21}}{7}$ d) $\frac{\sqrt{391}}{20}$

18 a) $\frac{5}{7}$ b) $\frac{2}{5}\sqrt{6}$ c) $\frac{5}{7}$ d) $\frac{5}{2\sqrt{6}}$

19 a) $\tan(\alpha) \cdot \cos(\alpha) = \frac{\sin(\alpha)}{\cos(\alpha)} \cdot \cos(\alpha) = \sin(\alpha)$

b) $\frac{\sin(\alpha)}{\tan(\alpha)} = \frac{\sin(\alpha)}{\frac{\sin(\alpha)}{\cos(\alpha)}} = \cos(\alpha)$

c) $\sin^3(\alpha) + \sin(\alpha) \cdot \cos^2(\alpha)$
$= \sin(\alpha) \cdot (\sin^2(\alpha) + \cos^2(\alpha)) = \sin(\alpha)$

d) $\frac{1}{\tan(\alpha) \cdot \cos(\alpha)} = \frac{1}{\frac{\sin(\alpha)}{\cos(\alpha)} \cdot \cos(\alpha)} = \frac{1}{\sin(\alpha)}$

e) $\sqrt{1 + \cos(\alpha)} \cdot \sqrt{1 - \cos(\alpha)}$
$= \sqrt{1 - \cos^2(\alpha)} = \sqrt{\sin^2(\alpha)} = |\sin(\alpha)|$

f) $\sin(\alpha) + \frac{\cos(\alpha)}{\tan(\alpha)} = \sin(\alpha) + \frac{\cos(\alpha)}{\frac{\sin(\alpha)}{\cos(\alpha)}} = \frac{\sin^2(\alpha) + \cos^2(\alpha)}{\sin(\alpha)} = \frac{1}{\sin(\alpha)}$

g) $\sin^4(\alpha) - \cos^4(\alpha)$
$= (\sin^2(\alpha) + \cos^2(\alpha)) \cdot (\sin^2(\alpha) - \cos^2(\alpha))$
$= \sin^2(\alpha) - \cos^2(\alpha)$

h) $\frac{\tan(\alpha)}{\sin(\alpha)} - \tan(\alpha) \cdot \cos(\alpha)$
$= \frac{\frac{\sin(\alpha)}{\cos(\alpha)}}{\sin(\alpha)} - \frac{\sin(\alpha)}{\cos(\alpha)} \cdot \cos(\alpha) = \frac{1}{\cos(\alpha)} - \sin(\alpha)$

20 a) $\frac{1}{\cos^2(\alpha)} = \frac{\cos^2(\alpha) + \sin^2(\alpha)}{\cos^2(\alpha)} = 1 + \frac{\sin^2(\alpha)}{\cos^2(\alpha)} = 1 + \tan^2(\alpha)$

b) $\frac{1}{\sin^2(\alpha)} = \frac{\sin^2(\alpha) + \cos^2(\alpha)}{\sin^2(\alpha)} = 1 + \frac{\cos^2(\alpha)}{\sin^2(\alpha)}$
$= 1 + \frac{\sin^2(90° - \alpha)}{\cos^2(90° - \alpha)} = 1 + \tan^2(90° - \alpha)$

21 $1 + \tan^2(\beta) = \frac{1}{\cos^2(\beta)} = \frac{1}{\sin^2(\alpha)}$

$\left(\tan^2(\alpha) + 1 = \frac{1}{\cos^2(\alpha)} = \frac{1}{\sin^2(\beta)};\right.$

$\sin^2(\alpha) + \cos^2(\alpha)$
$= \cos^2(\beta) + \sin^2(\beta)$
$= \sin^2(\alpha) + \sin^2(\beta)$
$\left.= \cos^2(\beta) + \cos^2(\alpha) = 1\right)$

3 Berechnungen an Figuren

Seite 18

Einstiegsaufgabe

In der Dachkonstruktion sind z. B. folgende rechtwinklige Dreiecke versteckt: Die drei Gauben, bei denen der oben gelegene Winkel ein rechter Winkel ist, fallen direkt ins Auge. Die rechteckigen Flächen der Fenster kann man sich aus zwei rechtwinkligen Dreiecken zusammengesetzt vorstellen. Ebenso die durch die Sprossen entstehenden rechtwinkligen Felder der Fenster.

Seite 19

1 a) $\beta = \alpha = 32°$, $\gamma = 180° - 2\alpha = 116°$
$b = a = 5{,}9\,\text{cm}$, $\frac{c}{2} = b \cdot \cos(\alpha)$, also
$c = 2 \cdot 5{,}9\,\text{cm} \cdot \cos(32°) \approx 10{,}0\,\text{cm}$
$A = \frac{1}{2} c \cdot b \cdot \sin(\alpha) \approx 15{,}6\,\text{cm}^2$

b) $\alpha = \beta = \frac{1}{2}(180° - \gamma) = 41°$, $b = a = 4{,}5\,\text{dm}$
$\frac{c}{2} = b \cdot \cos(\alpha)$, also $c = 2 \cdot 4{,}5\,\text{dm} \cdot \cos(41°) \approx 6{,}8\,\text{dm}$
$A = \frac{1}{2} c \cdot b \cdot \sin(\alpha) \approx 10{,}0\,\text{dm}^2$

c) $b = a = 65{,}4\,\text{m}$, $\cos(\alpha) = \frac{\frac{c}{2}}{b} = \frac{27{,}35}{65{,}4}$, also $\alpha \approx 65{,}3°$
$\beta = \alpha \approx 65{,}3°$, $\gamma = 180° - 2\alpha \approx 49{,}4°$
$A = \frac{1}{2} c \cdot b \cdot \sin(\alpha) \approx 1624{,}8\,\text{m}^2$

d) $\alpha = \beta = 75°$, $\gamma = 180° - 2\beta = 30°$
$a = b = 6{,}2\,\text{cm}$, $\frac{c}{2} = b \cdot \cos(\alpha)$, also
$c = 2 \cdot 6{,}2\,\text{cm} \cdot \cos(75°) \approx 3{,}2\,\text{cm}$
$A = \frac{1}{2} c \cdot b \cdot \sin(\alpha) \approx 9{,}6\,\text{cm}^2$

2 a) $h_1 = b \cdot \sin(\alpha) = 3{,}4\,\text{cm} \cdot \sin(42°) \approx 2{,}3\,\text{cm}$
$A = a \cdot h_1 = a \cdot b \cdot \sin(\alpha) \approx 9{,}3\,\text{cm}^2$

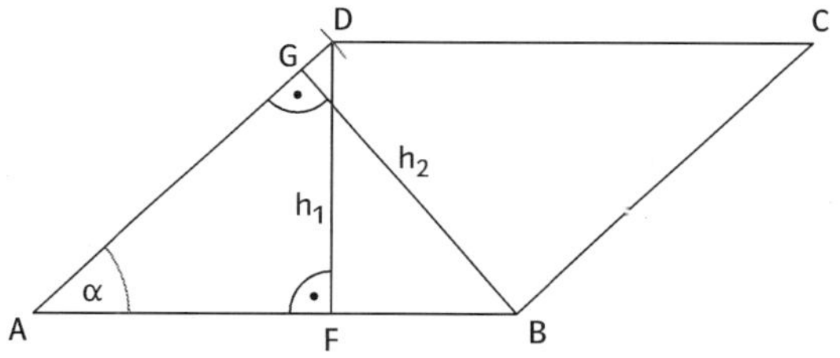

b) $h_1 = b \cdot \sin(180° - \alpha) = 3{,}4\,\text{cm} \cdot \sin(65°) \approx 3{,}1\,\text{cm}$
$A = a \cdot h_1 = a \cdot b \cdot \sin(180° - \alpha) \approx 12{,}6\,\text{cm}^2$

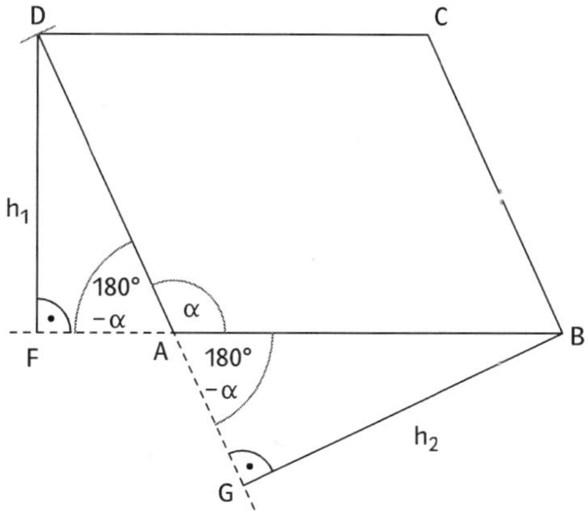

3 a) $\gamma = 180° - \alpha = 140°$; $c = a - 2 \cdot \overline{AF}$ und
$\overline{AF} = b \cdot \cos(\alpha)$, also
$c = 9{,}2\,\text{cm} - 2 \cdot 4{,}0\,\text{cm} \cdot \cos(40°) \approx 3{,}1\,\text{cm}$
$h = b \cdot \sin(\alpha) = 4{,}0\,\text{cm} \cdot \sin(40°) \approx 2{,}6\,\text{cm}$
b) $\alpha = 180° - \gamma = 72°$; $b = \frac{h}{\sin(\alpha)} = \frac{3{,}2\,\text{cm}}{\sin(72°)} \approx 3{,}4\,\text{cm}$
$c = a - 2 \cdot \overline{AF}$ und $\overline{AF} = b \cdot \cos(\alpha)$, also
$c = a - 2b \cdot \cos(\alpha) \approx 3{,}0\,\text{cm}$
c) $\sin(\alpha) = \frac{h}{b} = \frac{5{,}0}{7{,}5}$, also $\alpha \approx 41{,}8°$; $\gamma = 180° - \alpha \approx 138{,}2°$
$a = c + 2 \cdot \overline{AF}$ und $\overline{AF} = \sqrt{b^2 - h^2}$, also
$a = 3{,}4\,\text{cm} + 2 \cdot \sqrt{7{,}5^2 - 5{,}0^2}\,\text{cm} \approx 14{,}6\,\text{cm}$
d) $\alpha \approx 180° - \gamma = 64°$; $h = \overline{AF} \cdot \tan(\alpha)$ und $\overline{AF} = \frac{1}{2}(a - c)$,
also $h = 1{,}8\,\text{cm} \cdot \tan(64°) \approx 3{,}7\,\text{cm}$
$b = \frac{\overline{AF}}{\cos(\alpha)} = \frac{1{,}8\,\text{cm}}{\cos(64°)} \approx 4{,}1\,\text{cm}$

4

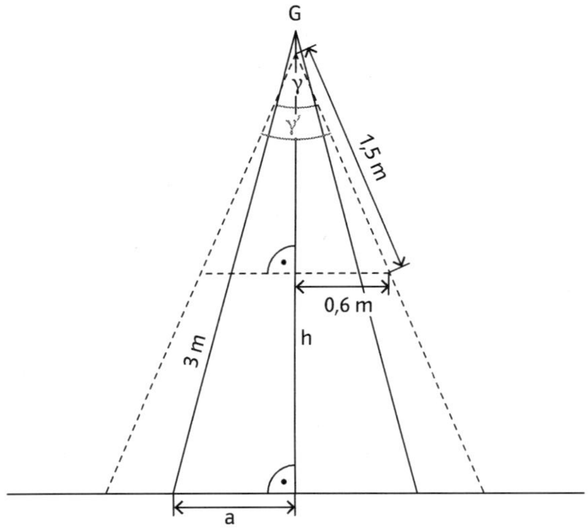

a) $a = 3\,\text{m} \cdot \sin\left(\frac{1}{2} \cdot 30°\right) \approx 0{,}776\,\text{m}$
$h = 3\,\text{m} \cdot \sin(90° - 15°) \approx 2{,}898\,\text{m}$
Das Leitergelenk G befindet sich etwa 2,90 m über dem Boden. Die Fußpunkte der Leiter sind etwa 1,55 m voneinander entfernt.
b) $\sin\left(\frac{1}{2} \cdot \gamma'\right) = \frac{0{,}6}{1{,}5}$, also $\gamma' \approx 47{,}2°$
Der Öffnungswinkel γ kann höchstens etwa 47,2° groß sein.

5 Es gilt $\tan\left(\frac{\alpha}{2}\right) = \frac{\frac{f}{2}}{\frac{e}{3}}$, also

$e = \frac{\frac{3}{2}f}{\tan\left(\frac{\alpha}{2}\right)} = \frac{10{,}5\,\text{cm}}{\tan(19{,}5°)} \approx 29{,}7\,\text{cm}$; $A = \frac{1}{2}e \cdot f \approx 103{,}8\,\text{cm}^2$

6 a) Es gilt $\cos(\alpha) = \frac{a}{d}$, $\cos(\beta) = \frac{b}{d}$, $\cos(\gamma) = \frac{c}{d}$.
Dabei ist $d = \sqrt{a^2 + b^2 + c^2}$.
Damit folgt $\cos(\alpha) = \frac{5}{\sqrt{50}}$, also $\alpha = 45°$;
$\cos(\beta) = \frac{4}{\sqrt{50}}$, also $\beta \approx 55{,}6°$; $\cos(\gamma) = \frac{3}{\sqrt{50}}$, also
$\gamma \approx 64{,}9°$.
b) $\delta = 180° - 2\gamma \approx 50{,}2°$

Seite 20

7 a) Die Raumdiagonale eines Würfels mit der Kantenlänge a hat die Länge $a\sqrt{3}$, die Flächendiagonale die Länge $a\sqrt{2}$.
Für den Winkel α, den die Raumdiagonale e mit der Grundfläche einschließt, gilt zum Beispiel
$\sin(\alpha) = \frac{a}{a\sqrt{3}} = \frac{1}{\sqrt{3}}$, also $\alpha \approx 35{,}3°$.
b) Der Kosinus der drei Winkel ist jeweils $\frac{a}{e} = \frac{a}{a\sqrt{3}} = \frac{1}{\sqrt{3}}$.
Die Winkel sind jeweils etwa 54,7° groß.

11 a) Für den Steigungswinkel α des Gleitpfades gilt
$\tan(\alpha) = \frac{1572}{30\,000} = 0{,}0524$, also $\alpha \approx 3{,}0°$.
Das entspricht einer Steigung von 5,24 %.
b) 3000 Fuß = 915 m
Für die Gleitstrecke g erhält man
$g = \frac{915\,\text{m}}{\sin(\alpha)} \approx 17485{,}8\,\text{m} \approx 17{,}5\,\text{km}$.
c) Für die Flughöhe h erhält man
$h = 25\,\text{km} \cdot \tan(\alpha) = 1{,}31\,\text{km} = 1310\,\text{m}$.

12 Skizze:

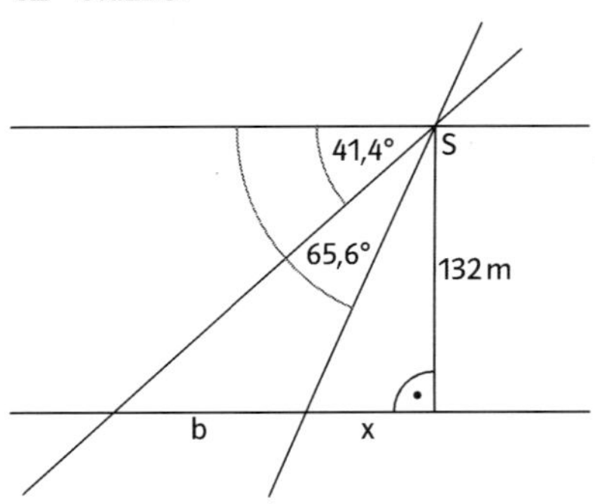

$\frac{x}{132\,\text{m}} = \tan(90° - 65{,}6°)$
$\Leftrightarrow x = 132\,\text{m} \cdot \tan(24{,}4°) \approx 59{,}88\,\text{m}$
$\frac{b + x}{132\,\text{m}} = \tan(90° - 41{,}4°)$
$\Leftrightarrow b + x = 132\,\text{m} \cdot \tan(48{,}6°) \approx 149{,}72\,\text{m}$
$b = 132\,\text{m} \cdot \tan(48{,}6°) - 132\,\text{m} \cdot \tan(24{,}4°) \approx 89{,}85\,\text{m}$
Der Rhein ist an dieser Stelle 89,85 m breit.

13 Skizze:

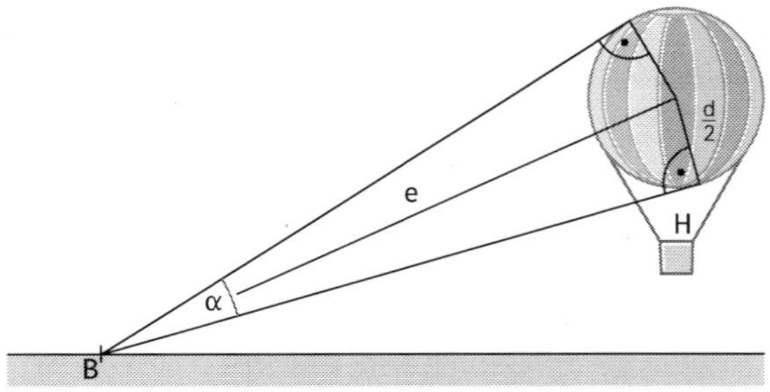

Es gilt $\sin\left(\frac{\alpha}{2}\right) \approx \frac{\frac{d}{2}}{e}$, also
$e = \frac{d}{2 \cdot \sin\left(\frac{\alpha}{2}\right)} = \frac{20\,\text{m}}{2 \cdot \sin(0{,}2°)} \approx 2865\,\text{m} \approx 2{,}9\,\text{km}$.
Der Ballon ist also etwa 2,9 km vom Beobachter entfernt.

Seite 21

14 a) und b)
A gehört zu Bild (II).

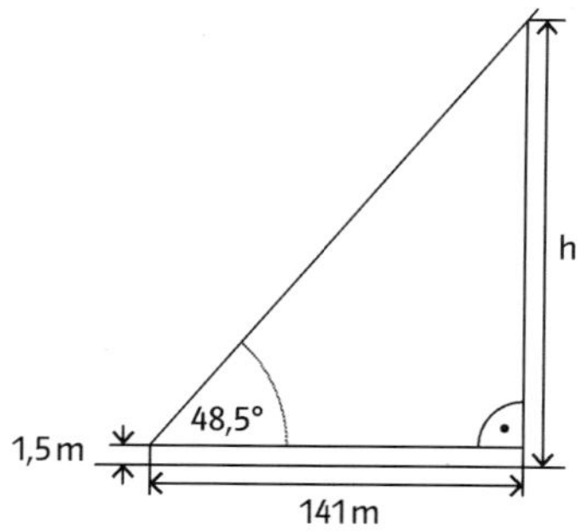

Für die Turmhöhe h gilt
$h = 1{,}5\,m + 141\,m \cdot \tan(48{,}5°) \approx 160{,}9\,m$.
Der Turm ist etwa 161 m hoch.
B gehört zu Bild (III).

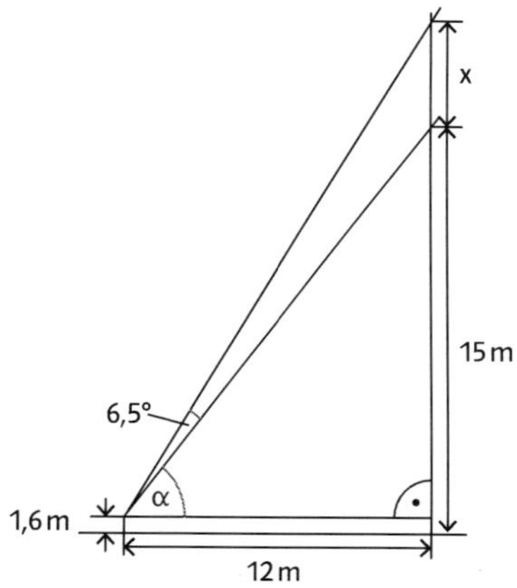

$\tan(\alpha) = \frac{15\,m - 1{,}6\,m}{12\,m} = \frac{13{,}4}{12}$, also $\alpha \approx 48{,}2°$

$\tan(\alpha + 6{,}5°) = \frac{x + 13{,}4\,m}{12\,m}$, also

$x = 12\,m \cdot \tan(\alpha + 6{,}5°) - 13{,}4\,m \approx 3{,}5\,m$
Der Fahnenmast ist etwa 3,5 m lang.
C gehört zu Bild (I).

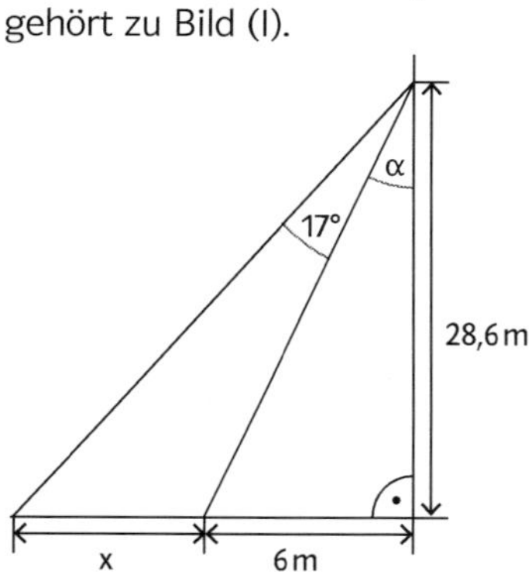

$\tan(\alpha) = \frac{6}{28{,}6}$, also $\alpha \approx 11{,}8°$

$\tan(\alpha + 17°) = \frac{x + 6\,m}{28{,}6\,m}$, also

$x = 28{,}6\,m \cdot \tan(\alpha + 17°) - 6\,m \approx 9{,}75\,m$
Der Fluss ist etwa 9,75 m breit.

15 individuelle Lösung
Wenn γ der Winkel bei C ist, dann berechnet sich die unbekannte Entfernung $\overline{AB}$ durch $\overline{AB} = \overline{BC} \cdot \tan(\gamma)$.

16 Es gilt: I: $h = x \cdot \tan(40°)$ und
II: $h = (x + 14\,m) \cdot \tan(25°)$
Also gilt:
$x \cdot \tan(40°) = (x + 14\,m) \cdot \tan(25°)$
$$x = -14\,m \cdot \frac{\tan(25°)}{\tan(25°) - \tan(40°)} \approx 17{,}51\,m$$
Der Punkt B ist vom Turm etwa 17,5 m entfernt.

17 a) $h = b \cdot \sin(75°) \approx 3{,}67\,m$
$h_1 = c \cdot \sin(15°) \approx 1{,}92\,m$
$h_2 = h - h_1 \approx 1{,}76\,m$; $d = \frac{h_2}{\sin(75°)} \approx 1{,}82\,m$
$a = \frac{7{,}4\,cm}{\cos(15°)} + 2 \cdot d \cdot \cos(75°) \approx 8{,}60\,m$
b) $A = \frac{1}{2}\left(a + \frac{7{,}4\,m}{\cos(15°)}\right) \cdot h_2 + \frac{1}{2} \cdot \frac{7{,}4\,m}{\cos(15°)} \cdot h_1 \approx 21{,}61\,m^2$

4 Beliebige Dreiecke – Sinussatz

Seite 22

Einstiegsaufgabe
Heike und Paola haben tatsächlich günstige Stellen gewählt, denn beide können mit den gegebenen Größen nun den Abstand zum Schloss berechnen. Da Heikes Dreieck rechtwinklig ist, kann sie mit dem Tangens die gesuchte Größe (Länge der Ankathete) bestimmen: $\tan(50°) = \frac{146\,m}{\text{Länge der Ankathete}}$. Sie muss diese Gleichung nur noch nach der Länge der Ankathete umformen.
Da Paolas Dreieck gleichschenklig ist, halbiert die Höhe h sowohl den Winkel (62°) als auch die Breite des Schlosses (146 m). h entspricht dem Abstand zum Schloss und lässt sich mit dem Tangens berechnen: $\tan(31°) = \frac{73\,m}{h}$.
Auch Paola muss diese Gleichung nur noch nach der Länge der Ankathete umformen.
Lediglich von der Stelle, die Irina gewählt hat, kann man mit den beiden gegebenen Größen des Dreiecks (Winkel α (60°) und Länge der gegenüberliegenden Seite (146 m)) die gesuchte Höhe des Dreiecks, also den Abstand von Irinas Standpunkt zum Schloss, nicht berechnen. In einem rechtwinkligen Dreieck reichen (zusätzlich zum 90°-Winkel) generell zwei weitere Angaben (2 Seitenlängen oder 1 Seitenlänge und 1 Winkelgröße) aus, um alle fehlenden Seitenlängen und Winkelgrößen des Dreiecks zu berechnen. Hat man es jedoch mit einem nicht-rechtwinkligen (und nicht-gleichschenkligen) Dreieck zu tun, benötigt man mindestens 3 verschiedene Angaben, um die fehlenden Seitenlängen und/oder Winkelgrößen berechnen zu können. Welche drei Angaben genau ausreichen und wann man dafür den Sinussatz oder den Kosinussatz verwenden kann bzw. muss, kann an dieser Stelle noch nicht hinreichend geklärt werden. Dies sollte aber zu einem späteren Zeitpunkt (nach Behandlung des Kosinussatzes) thematisiert werden.

Seite 24

1 a) 30°; 150° b) ≈ 14,5°; ≈ 165,5°
c) ≈ 64,2°; ≈ 115,8° d) 90°
e) keine Lösung f) 45°; 135°
g) 60°; 120° h) 0°; 180°

2 a) $\gamma = 180° - (\alpha + \beta) = 74°$; $b = \frac{\sin(\beta)}{\sin(\alpha)} \cdot a \approx 6{,}3\,\text{cm}$;
$c = \frac{\sin(\gamma)}{\sin(\alpha)} \cdot a \approx 6{,}7\,\text{cm}$

b) $\gamma = 180° - (\alpha + \beta) = 80{,}4°$; $a = \frac{\sin(\alpha)}{\sin(\beta)} \cdot b \approx 4{,}3\,\text{cm}$;
$c = \frac{\sin(\gamma)}{\sin(\beta)} \cdot b \approx 9{,}9\,\text{cm}$

c) $\gamma = 180° - (\alpha + \beta) = 79°$; $a = \frac{\sin(\alpha)}{\sin(\gamma)} \cdot c \approx 3{,}2\,\text{cm}$;
$b = \frac{\sin(\beta)}{\sin(\gamma)} \cdot c \approx 3{,}8\,\text{cm}$

d) $\beta = 180° - (\alpha + \gamma) = 3{,}1°$; $a = \frac{\sin(\alpha)}{\sin(\beta)} \cdot b \approx 21{,}5\,\text{km}$;
$c = \frac{\sin(\gamma)}{\sin(\beta)} \cdot b \approx 19{,}8\,\text{km}$

3 a) $\sin(\alpha) = \frac{a}{b} \cdot \sin(\beta) = \frac{3{,}5}{5{,}8} \cdot \sin(77°)$, also $\alpha \approx 36{,}0°$;
$\gamma = 180° - (\alpha + \beta) \approx 67{,}0°$; $c = \frac{\sin(\gamma)}{\sin(\beta)} \cdot b \approx 5{,}5\,\text{cm}$

b) $\sin(\gamma) = \frac{c}{a} \cdot \sin(\alpha) = \frac{2{,}4}{4{,}6} \cdot \sin(124°)$, also $\gamma \approx 25{,}6°$;
$\beta = 180° - (\alpha + \gamma) \approx 30{,}4°$; $b = \frac{\sin(\beta)}{\sin(\alpha)} \cdot a \approx 2{,}8\,\text{cm}$

c) $\sin(\gamma) = \frac{c}{b} \cdot \sin(\beta) = \frac{15{,}4}{23{,}1} \cdot \sin(35°)$, also $\gamma \approx 22{,}5°$;
$\alpha = 180° - (\beta + \gamma) \approx 122{,}5°$; $a = \frac{\sin(\alpha)}{\sin(\beta)} \cdot b \approx 34{,}0\,\text{cm}$

d) $\sin(\alpha) = \frac{a}{b} \cdot \sin(\beta) = \frac{2{,}4}{6{,}7} \cdot \sin(95°)$; also $\alpha \approx 20{,}9°$;
$\gamma = 180° - (\alpha + \beta) \approx 64{,}1°$; $c = \frac{\sin(\gamma)}{\sin(\beta)} \cdot b \approx 6{,}0\,\text{cm}$

4 a) $\sin(\gamma) = \frac{c}{a} \cdot \sin(\alpha) = \frac{6{,}2}{3{,}7} \cdot \sin(26°) \approx 0{,}735$,
also $\gamma_1 \approx 47{,}3°$ oder $\gamma_2 = 180 - \gamma_1 \approx 132{,}7°$
$\beta_1 = 180° - (\alpha + \gamma_1) \approx 106{,}7°$
$\beta_2 = 180° - (\alpha + \gamma_2) \approx 21{,}3°$
$b_1 = \frac{\sin(\beta_1)}{\sin(\alpha)} \cdot a \approx 8{,}1\,\text{cm}$; $b_2 = \frac{\sin(\beta_2)}{\sin(\alpha)} \cdot a \approx 3{,}1\,\text{cm}$

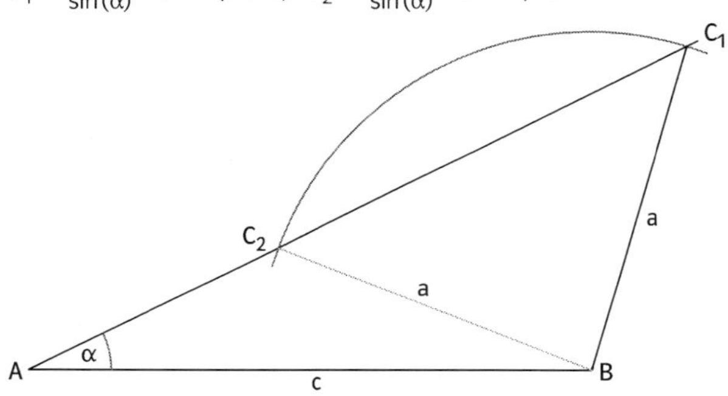

b) $\sin(\alpha) = \frac{a}{b} \cdot \sin(\beta) = \frac{8{,}2}{4{,}5} \cdot \sin(18°) \approx 0{,}563$, also
$\alpha_1 \approx 34{,}3°$ oder $\alpha_2 = 180° - \alpha_1 \approx 145{,}7°$
$\gamma_1 = 180° - (\alpha_1 + \beta) \approx 127{,}7°$
$\gamma_2 = 180° - (\alpha_2 + \beta) \approx 16{,}3°$
$c_1 = \frac{\sin(\gamma_1)}{\sin(\beta)} \cdot b \approx 11{,}5\,\text{cm}$
$c_2 = \frac{\sin(\gamma_2)}{\sin(\beta)} \cdot b \approx 4{,}1\,\text{cm}$

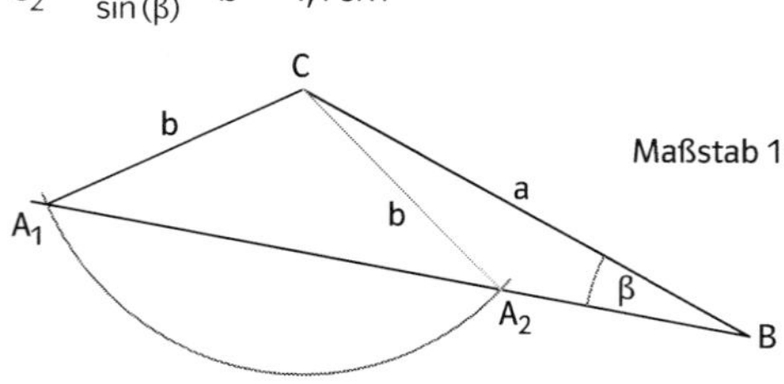

Maßstab 1 : 2

c) $\sin(\beta) = \frac{b}{c} \cdot \sin(\gamma) = \frac{6{,}2}{3{,}9} \cdot \sin(30°) \approx 0{,}795$, also
$\beta_1 \approx 52{,}6°$ oder $\beta_2 = 180° - \beta_1 \approx 127{,}4°$

$\alpha_1 = 180° - (\beta_1 + \gamma) \approx 97{,}4°$
$\alpha_2 = 180° - (\beta_2 + \gamma) \approx 22{,}6°$
$a_1 = \frac{\sin(\alpha_1)}{\sin(\gamma)} \cdot c \approx 7{,}7\,\text{cm}$
$a_2 = \frac{\sin(\alpha_2)}{\sin(\gamma)} \cdot c \approx 3{,}0\,\text{cm}$

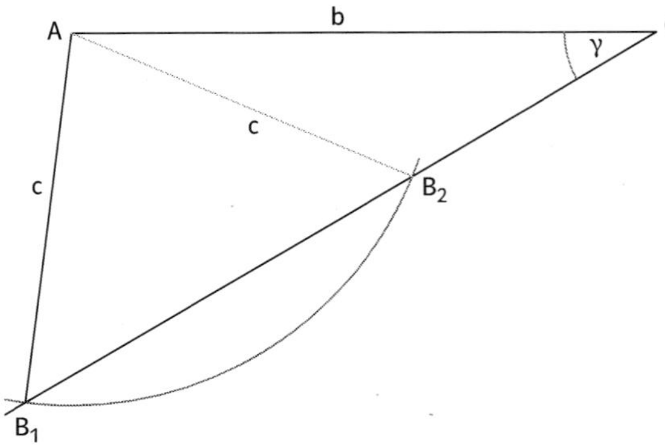

d) $\sin(\gamma) = \frac{c}{a} \cdot \sin(\alpha) = \frac{8{,}7}{4{,}4} \cdot \sin(15°) \approx 0{,}512$, also
$\gamma_1 \approx 30{,}8°$ oder $\gamma_2 = 180° - \gamma_1 \approx 149{,}2°$
$\beta_1 = 180° - (\alpha + \gamma_1) \approx 134{,}2°$
$\beta_2 = 180° - (\alpha + \gamma_2) \approx 15{,}8°$
$b_1 = \frac{\sin(\beta_1)}{\sin(\alpha)} \cdot a \approx 12{,}2\,\text{cm}$
$b_2 = \frac{\sin(\beta_2)}{\sin(\alpha)} \cdot a \approx 4{,}6\,\text{cm}$

Maßstab 1:2

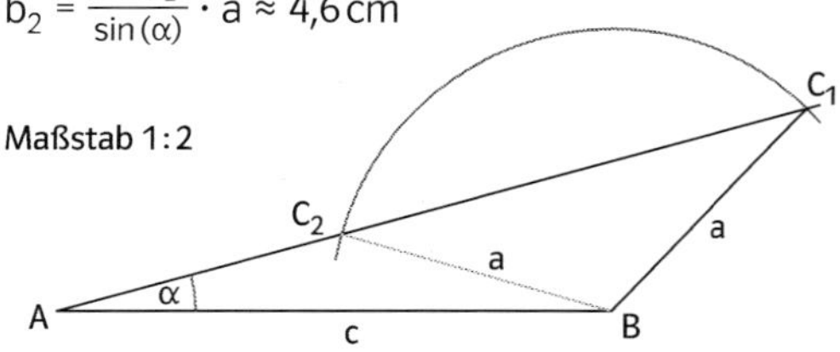

5 a) $\sin(\beta) = \frac{b}{a} \cdot \sin(\alpha) = \frac{5}{3} \cdot \sin(45°) \approx 1{,}179 > 1$

Da $\sin(\beta)$ nicht größer als 1 sein kann, existiert kein Dreieck mit den gegebenen Größen. Der Kreis um C mit dem Radius $a = 3\,\text{cm}$ schneidet den freien Schenkel von α nicht.

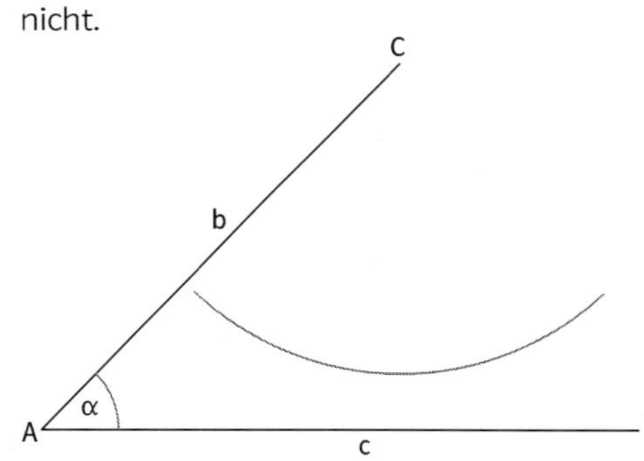

b) $\sin(\gamma) = \frac{c}{a} \cdot \sin(\alpha) = \frac{5{,}5}{4{,}5} \cdot \sin(40°) \approx 0{,}786$,
also $\gamma_1 \approx 51{,}8°$ oder $\gamma_2 = 180° - \gamma_1 \approx 128{,}2°$
$\beta_1 = 180° - (\alpha + \gamma_1) \approx 88{,}2°$
$\beta_2 = 180° - (\alpha + \gamma_2) \approx 11{,}8°$
$b_1 = \frac{\sin(\beta_1)}{\sin(\alpha)} \cdot a \approx 7{,}0\,\text{cm}$
$b_2 = \frac{\sin(\beta_2)}{\sin(\alpha)} \cdot a \approx 1{,}4\,\text{cm}$

Es existieren genau zwei Dreiecke mit den gegebenen Größen. Der Kreis um B mit dem Radius $a = 4{,}5\,\text{cm}$ schneidet den freien Schenkel von α in zwei Punkten C_1 und C_2. Die Dreiecke ABC_1, und ABC_2 erfüllen die gegebenen Bedingungen.

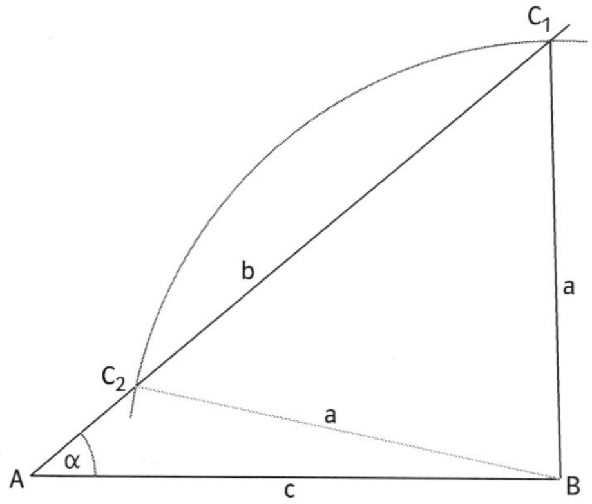

c) $\sin(\gamma) = \frac{c}{b} \cdot \sin(\beta) = \frac{6}{3} \cdot \sin(30°) = 1;$

also $\gamma = 90°$

$\alpha = 180° - (\beta + \gamma) = 60°$

$a = \frac{\sin(\alpha)}{\sin(\gamma)} \cdot c = c \cdot \sin(\alpha) \approx 5{,}2\,\text{cm}$

Es existiert genau ein Dreieck mit den gegebenen Größen. Der Kreis um A mit dem Radius $b = 3\,\text{cm}$ berührt den freien Schenkel von β in C. Das rechtwinklige Dreieck ABC erfüllt die gegebenen Bedingungen.

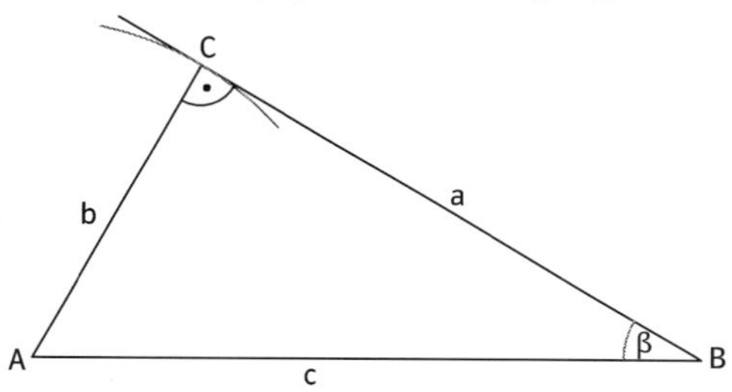

d) $\sin(\gamma) = \frac{c}{b} \cdot \sin(\beta) = \frac{6}{2{,}5} \cdot \sin(30°) = 1{,}2 > 1$

Da $\sin(\gamma)$ nicht größer als 1 sein kann, existiert kein Dreieck mit den gegebenen Größen. Der Kreis um A mit dem Radius $b = 2{,}5\,\text{cm}$ schneidet den freien Schenkel von β nicht.

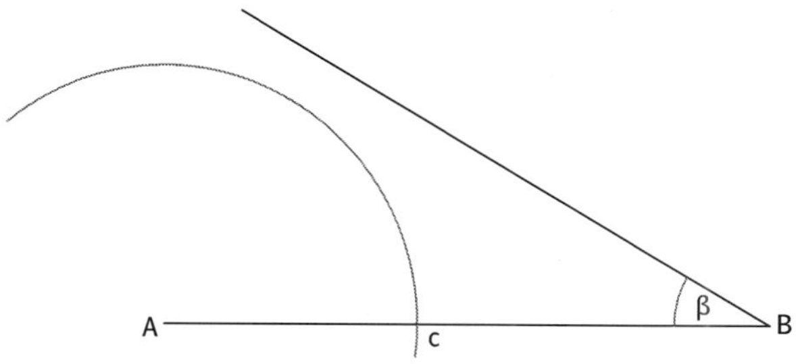

6 $\alpha = 90°$:

$\frac{b}{a} = \frac{\sin(\beta)}{\sin(90°)} = \sin(\beta),$

$\frac{b}{c} = \frac{\sin(\beta)}{\sin(\gamma)} = \frac{\sin(\beta)}{\sin(90° - \beta)} = \frac{\sin(\beta)}{\cos(\beta)} = \tan(\beta),$

$\frac{c}{a} = \frac{\sin(\gamma)}{\sin(90°)} = \sin(\gamma) = \sin(90° - \beta) = \cos(\beta)$

$\beta = 90°$:

$\frac{a}{b} = \frac{\sin(\alpha)}{\sin(90°)} = \sin(\alpha),$

$\frac{a}{c} = \frac{\sin(\alpha)}{\sin(\gamma)} = \frac{\sin(\alpha)}{\sin(90° - \alpha)} = \frac{\sin(\alpha)}{\cos(\alpha)} = \tan(\alpha),$

$\frac{c}{b} = \frac{\sin(\gamma)}{\sin(90°)} = \sin(\gamma) = \sin(90° - \alpha) = \cos(\alpha)$

$\gamma = 90°$:

$\frac{a}{c} = \frac{\sin(\alpha)}{\sin(90°)} = \sin(\alpha),$

$\frac{b}{c} = \frac{\sin(\beta)}{\sin(90°)} = \sin(\beta) = \sin(90° - \alpha) = \cos(\alpha)$

$\frac{a}{b} = \frac{\sin(\alpha)}{\sin(\beta)} = \frac{\sin(\alpha)}{\sin(90° - \alpha)} = \frac{\sin(\alpha)}{\cos(\alpha)} = \tan(\alpha)$

Die Seitenverhältnisse geben jeweils den Sinus-, Kosinus- und Tangenswert eines der spitzen Dreieckswinkel an.

Seite 25

9 a) $\frac{s_c}{c_1} = \frac{\sin(\alpha)}{\sin(\gamma_1)}$, $\frac{b}{c_1} = \frac{\sin(180° - (\alpha + \gamma_1))}{\sin(\gamma_1)}$, $\frac{b}{s_c} = \frac{\sin(180° - (\alpha + \gamma_1))}{\sin(\alpha)}$

b) $\frac{s_c}{c_2} = \frac{\sin(\beta)}{\sin(\gamma_2)}$, $\frac{a_1 + a_2}{c_2} = \frac{\sin(180° - (\beta + \gamma_2))}{\sin(\gamma_2)}$,

$\frac{a_1 + a_2}{s_c} = \frac{\sin(180° - (\beta + \gamma_2))}{\sin(\beta)}$

c) $\frac{w_\alpha}{a_2} = \frac{\sin(\gamma)}{\sin(\alpha_2)}$, $\frac{c_1 + c_2}{a_2} = \frac{\sin(180° - (\alpha_2 + \beta))}{\sin(\alpha_2)}$,

$\frac{c_1 + c_2}{w_\alpha} = \frac{\sin(180° - (\alpha_2 + \beta))}{\sin(\beta)}$

d) $\frac{w_\alpha}{a_1} = \frac{\sin(\gamma)}{\sin(\alpha_1)}$, $\frac{b}{a_1} = \frac{\sin(180° - (\alpha_1 + \gamma))}{\sin(\alpha_1)}$, $\frac{b}{w_\alpha} = \frac{\sin(180° - (\alpha_1 + \gamma))}{\sin(\gamma)}$

10 a) $\gamma = 180° - (\alpha + \beta) = 64°$ (= β, gleichschenkliges Dreieck ABC)

$\alpha_1 = \alpha_2 = \frac{\alpha}{2} = 26°$; $\sphericalangle AEB = 180° - (\alpha_2 + \beta) = 90°$

(w_α ist Mittelsenkrechte von $\overline{BC}$)

$c = \frac{\sin(90°)}{\sin(\beta)} \cdot w_\alpha = \frac{5{,}5\,\text{cm}}{\sin(64°)} \approx 6{,}1\,\text{cm}$

$a_2 = \frac{a}{2} = \frac{\sin(\alpha_2)}{\sin(\beta)} \cdot w_\alpha = \frac{\sin(26°)}{\sin(64°)} \cdot 5{,}5\,\text{cm} \approx 2{,}7\,\text{cm}$ und damit

$a = 2a_2 \approx 5{,}4\,\text{cm}$, $b = c \approx 6{,}1\,\text{cm}$

b) Hinweis: Für die vollständige Berechnung des Dreiecks ist der Kosinussatz erforderlich.

Mit $\delta = \sphericalangle CDA$ folgt

$\sin(\delta) = \frac{b}{s_c} \cdot \sin(\alpha) = \frac{4{,}8}{6{,}5} \cdot \sin(105°)$, also $\delta \approx 45{,}5°$

($\delta' = 180° - \delta$ entfällt als mögliche Lösung, weil $\alpha + \delta' > 180°$.)

$\gamma_1 = 180° - (\alpha + \delta) \approx 29{,}5°$

$c_1 = \frac{c}{2} = \frac{\sin(\gamma_1)}{\sin(\alpha)} \cdot s_c \approx 3{,}3\,\text{cm}$, also $c = 2c_1 \approx 6{,}6\,\text{cm}$

$a = \sqrt{b^2 + c^2 - 2bc \cdot \cos(\alpha)} \approx 9{,}1\,\text{cm}$

$\sin(\beta) = \frac{s_c}{a} \cdot \sin(180° - \delta) \approx 0{,}509$, also $\beta \approx 30{,}6°$

$\gamma = 180° - (\alpha + \beta) \approx 44{,}4°$

11 a) Für den Flächeninhalt A eines Dreiecks ABC gilt $A = \frac{1}{2}a \cdot h_a = \frac{1}{2}b \cdot h_b = \frac{1}{2}c \cdot h_c$.

Wegen $\sin(\alpha) = \frac{h_b}{c}$ (ΔABE), $\sin(\beta) = \frac{h_c}{a}$ (ΔFBC) und $\sin(\gamma) = \frac{h_a}{b}$ (ΔADC) folgt $h_b = c \cdot \sin(\alpha)$, $h_c = a \cdot \sin(\beta)$ und $h_a = b \cdot \sin(\gamma)$.

Durch Einsetzen ergibt sich
$A = \frac{1}{2}ab \cdot \sin(\gamma) = \frac{1}{2}bc \cdot \sin(\alpha) = \frac{1}{2}ca \cdot \sin(\beta)$.

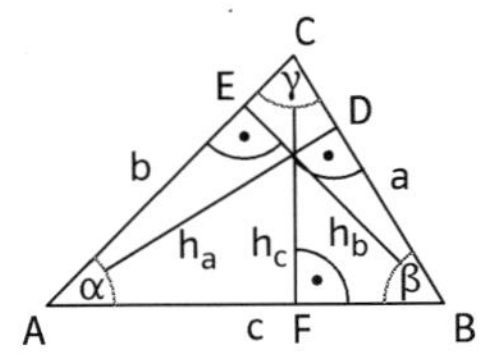

b) Aus $A = \frac{1}{2}ab \cdot \sin(\gamma)$ ergibt sich für $b = a$ und $\gamma = 180° - 2\alpha$:
$A = \frac{1}{2}a^2 \cdot \sin(180° - 2\alpha) = \frac{1}{2}a^2 \cdot \sin(2\alpha)$

12 Bei dieser Aufgabe geht es nur um die Berechenbarkeit von β. Die Existenz eines solchen Dreiecks müsste gegebenenfalls extra geprüft werden.
1. Fall: $\sin(\beta) < 1 \Rightarrow$ 2 mögliche Lösungen
2. Fall: $\sin(\beta) = 1 \Rightarrow \beta = 90°$; einzige Lösung
3. Fall: $\sin(\beta) > 1 \Rightarrow$ keine Lösung

13 $\frac{e}{b} = \frac{f}{c}$; $\frac{e}{b} = \frac{\sin\left(\frac{\alpha}{2}\right)}{\sin(\delta_1)}$; $\frac{f}{c} = \frac{\sin\left(\frac{\alpha}{2}\right)}{\sin(\delta_2)}$
Da $\frac{\alpha}{2} = \frac{\alpha}{2} \Rightarrow \sin\left(\frac{\alpha}{2}\right) = \sin\left(\frac{\alpha}{2}\right)$
Da δ_1 und δ_2 Nebenwinkel sind und sich zu 180° ergänzen folgt: $\sin(\delta_1) = \sin(\delta_2)$
$\Rightarrow \frac{\sin\left(\frac{\alpha}{2}\right)}{\sin(\delta_1)} = \frac{\sin\left(\frac{\alpha}{2}\right)}{\sin(\delta_2)} \Rightarrow \frac{e}{b} = \frac{f}{c} \Rightarrow \frac{b}{c} = \frac{e}{f}$

14 a) $\frac{a}{b} = \frac{\sin(\alpha)}{\sin(\beta)} \Rightarrow \frac{a}{\sin(\alpha)} = \frac{b}{\sin(\beta)}$
$\frac{b}{c} = \frac{\sin(\beta)}{\sin(\gamma)} \Rightarrow \frac{b}{\sin(\beta)} = \frac{c}{\sin(\gamma)} \Rightarrow \frac{a}{\sin(\alpha)} = \frac{b}{\sin(\beta)} = \frac{c}{\sin(\gamma)}$;
w.z.z.w.
b) Das Verhältnis der Länge einer Seite zum Sinuswert des gegenüberliegenden Winkels ist in einem Dreieck für alle drei Seiten gleich.
c) Im rechtwinkligen Dreieck gilt:
$\text{Sinus (Winkel)} = \frac{\text{Gegenkathete}}{\text{Hypotenuse}} \Rightarrow \sin(\gamma) = \frac{\frac{c}{2}}{R} = \frac{c}{2R}$
Anmerkung: ABM ist ein gleichschenkliges Dreieck (gleich lange Seiten R). Daher fällt das Lot auf c so, dass es c in 2 gleiche Teile teilt.
$2R \cdot \sin\gamma = c \Rightarrow \frac{c}{\sin\gamma} = 2R$
d) Ist zum Beispiel c die Hypotenuse, so gilt $\sin(\gamma) = 1$ und damit $\frac{c}{\sin(\gamma)} = \frac{c}{1} = 2R$; w.z.z.w.
e) $\gamma = 180° - (\alpha + \beta)$; $\gamma = 90°$
$\frac{c}{\sin(\gamma)} = 2R$; $\frac{6\,\text{cm}}{\sin(90°)} = 2R$; $R = 3\,\text{cm}$

Seite 26

15 a) $\gamma = \sphericalangle AHB = \beta - \alpha = 5{,}14°$
$\overline{BH} = \frac{\sin(\alpha)}{\sin(\gamma)} \cdot \overline{AB} = \frac{\sin(30{,}11°)}{\sin(5{,}14°)} \cdot 200\,\text{m} \approx 1119{,}9\,\text{m}$
$h = \overline{BH} \cdot \sin(\beta) \approx 646{,}4\,\text{m}$
Der Berg ist etwa 646 m hoch.

b) $\overline{BT} = x$. Es gilt:
$\tan(\alpha) = \frac{h}{\overline{AB} + x}$, also $h = \tan(\alpha) \cdot (x + \overline{AB})$
$\tan(\beta) = \frac{h}{x}$, also $h = \tan(\beta) \cdot x$
Damit gilt: $\tan(\alpha) \cdot (x + \overline{AB}) = \tan(\beta) \cdot x$.
Auflösen nach x ergibt:
$x = \frac{\tan(\alpha)}{\tan(\beta) - \tan(\alpha)} \cdot \overline{AB}$, also
$x = \frac{\tan(30{,}11°)}{\tan(36{,}25°) - \tan(30{,}11°)} \cdot 200\,\text{m} \approx 914{,}57\,\text{m}$
$h = x \cdot \tan(\beta) \approx 646{,}4\,\text{m}$

16 Hinweis: Es ist hilfreich, für die Berechnung der Winkel φ_1, φ_2 und φ_3 des Dreiecks L_1L_2S Hilfslinien zu zeichnen.
$\varphi_1 = \sphericalangle L_2L_1S = \delta - (\alpha - 180°) = 45°$
$\varphi_2 = \sphericalangle SL_2L_1 = \beta - \delta = 40°$
$\varphi_3 = \sphericalangle L_1SL_2 = \alpha - \beta = 95°$
$\overline{SL_1} = \frac{\sin(\varphi_2)}{\sin(\varphi_3)} \cdot \overline{L_1L_2} = \frac{\sin(40°)}{\sin(95°)} \cdot 12{,}6\,\text{sm} \approx 8{,}13\,\text{sm}$
$\overline{SL_2} = \frac{\sin(\varphi_1)}{\sin(\varphi_3)} \cdot \overline{L_1L_2} = \frac{\sin(45°)}{\sin(95°)} \cdot 12{,}6\,\text{sm} \approx 8{,}94\,\text{sm}$
Das Schiff ist vom Leuchtfeuer L_1 etwa 8,13 sm, vom Leuchtfeuer L_2 etwa 8,94 sm entfernt.

17 a) $\frac{\overline{AC}}{\overline{AB}} = \frac{\sin(\beta)}{\sin(180° - \alpha - \beta)}$
$\Rightarrow \overline{AC} = \frac{\sin(\beta)}{\sin(\alpha + \beta)} \cdot \overline{AB} \approx 338{,}25\,\text{m}$;
$h = \overline{AC} \cdot \tan(\gamma) \approx 209{,}72$
Der Winkel δ wurde bei dieser Rechnung nicht benutzt.
b) $\overline{BC} = \frac{\sin(\alpha)}{\sin(\alpha + \beta)} \cdot \overline{AB} = 373{,}39\,\text{m}$;
$h = \overline{BC} \cdot \tan(\delta) = 209{,}54\,\text{m}$
Die geringe Differenz zwischen den beiden Ergebnissen ist auf Messfehler zurückzuführen. Bei großer Differenz könnte man der Messung nicht mehr trauen.

18 $\sphericalangle BAR = 90° - \alpha = 78{,}2°$
$\sphericalangle BRA = 180° - (90° + \sphericalangle BAR) = 11{,}8°$
$\overline{AR} = \frac{\overline{AB}}{\sin(\alpha)} \approx 586{,}81\,\text{m}$
$\sphericalangle MRC = \sphericalangle BRA = 11{,}8°$
$\sphericalangle ARM = 180° - 2 \cdot \sphericalangle BRA = 156{,}4°$
(Einfallswinkel = Reflexionswinkel)
$\sphericalangle AMR = 180° - (\alpha + \beta + \sphericalangle ARM) = 1{,}55°$
$\overline{RM} = \frac{\sin(\alpha + \beta)}{\sin(1{,}55°)} \cdot \overline{AR} \approx 8144{,}28\,\text{m}$
$h = \overline{RM} \cdot \sin(11{,}8°) \approx 1665{,}47\,\text{m}$
Der Gipfel des Matterhorns liegt etwa 1665,47 m über dem See.

5 Beliebige Dreiecke – Kosinussatz

Seite 27

Einstiegsaufgabe
Bislang ist den Schülerinnen und Schülern nur der Sinussatz bekannt. Wenn man den Sinussatz jedoch hier anwenden möchte, entdeckt man, dass man immer mindestens zwei Variablen in der Gleichung behält, sodass es mit dem Sinussatz keine eindeutige Lösung geben kann. Der Grund muss darin liegen, dass zu den zwei gegebenen Seitenlängen die Größe eines Winkels gegeben ist, der von den beiden Seiten eingeschlossen ist. Wenn man die Länge des Tunnels dennoch berechnen möchte, muss man offensichtlich einen anderen Weg wählen. Diese Problemstellung kann als Motivation für die Erarbeitung des Kosinussatzes dienen.

Seite 29

1 a) $\alpha = 60°$ b) $\alpha \approx 134{,}4°$
c) $\alpha = 45°$ d) $\alpha = 90°$
e) $\alpha_1 = 0°$ und $\alpha_2 = 180°$ f) $\alpha_1 = 30°$ und $\alpha_2 = 150°$
g) keine Lösung
h) $\alpha_1 = 75{,}5°$ und $\alpha_2 = 104{,}5°$

2 a) $\cos(\alpha) = \frac{b^2 + c^2 - a^2}{2bc} = \frac{6^2 + 8^2 - 4^2}{2 \cdot 6 \cdot 8} = \frac{84}{96} = 0{,}875$, also
$\alpha \approx 29{,}0°$
$\cos(\beta) = \frac{a^2 + c^2 - b^2}{2ac} = \frac{4^2 + 8^2 - 6^2}{2 \cdot 4 \cdot 8} = \frac{44}{64} = 0{,}6875$, also
$\beta \approx 46{,}6°$
$\cos(\gamma) = \frac{a^2 + b^2 - c^2}{2ab} = \frac{4^2 + 6^2 - 8^2}{2 \cdot 4 \cdot 6} = -\frac{12}{48} = -0{,}25$, also
$\gamma \approx 104{,}5°$
b) $\alpha \approx 67{,}4°$; $\beta \approx 22{,}6°$; $\gamma = 90°$
c) $b > a + c$; es gibt kein Dreieck mit den gegebenen Seitenlängen. Der Versuch, den Kosinussatz anzuwenden, führt zum Beispiel auf $\cos(\alpha) > 1$.
d) $\alpha \approx 61{,}0°$; $\beta \approx 22{,}0°$; $\gamma \approx 97{,}0°$

3 a) $a = \sqrt{b^2 + c^2 - 2bc \cdot \cos(\alpha)} \approx 8{,}5\,\text{cm}$
$\sin(\beta) = \frac{b}{a} \cdot \sin(\alpha) \approx 0{,}774$, also $\beta \approx 50{,}7°$
$\gamma = 180° - (\alpha + \beta) \approx 57{,}3°$
b) $c = \sqrt{a^2 + b^2 - 2ab \cdot \cos(\gamma)} \approx 11{,}1\,\text{cm}$
$\sin(\alpha) = \frac{a}{c} \cdot \sin(\gamma) \approx 0{,}256$, also $\alpha \approx 14{,}9°$
$\beta = 180° - (\alpha + \gamma) \approx 48{,}1°$
c) $b = \sqrt{a^2 + c^2 - 2ac \cdot \cos(\beta)} \approx 70{,}8\,\text{m}$
$\sin(\alpha) = \frac{a}{b} \cdot \sin(\beta) \approx 0{,}462$, also $\alpha \approx 27{,}5°$
$\gamma = 180° - (\alpha + \beta) \approx 95{,}5°$
d) $c = \sqrt{a^2 + b^2 - 2ab \cdot \cos(\gamma)} \approx 23{,}2\,\text{km}$
$\sin(\alpha) = \frac{a}{c} \cdot \sin(\gamma) \approx 0{,}407$, also $\alpha \approx 24{,}0°$
$\beta = 180° - (\alpha + \gamma) \approx 100{,}0°$

4 Für das Dreieck ABD: $a_2^2 = s_a^2 + c^2 - 2 \cdot s_a \cdot c \cdot \cos(\alpha_2)$
Für das Dreieck ADC: $a_1^2 = b^2 + s_a^2 - 2 \cdot b \cdot s_a \cdot \cos(\alpha_1)$

5 $e = 14\,\text{cm}$; $f = 8\,\text{cm}$; $\delta = 58°$.
Mit a und b für die Seiten des Parallelogramms ergibt sich:

$a = \sqrt{\left(\frac{e}{2}\right)^2 + \left(\frac{f}{2}\right)^2 - 2 \cdot \frac{e}{2} \cdot \frac{f}{2} \cdot \cos(\delta)} \approx 5{,}9\,\text{cm}$,

$b = \sqrt{\left(\frac{e}{2}\right)^2 + \left(\frac{f}{2}\right)^2 - 2 \cdot \frac{e}{2} \cdot \frac{f}{2} \cdot \cos(180° - \delta)} \approx 9{,}7\,\text{cm}$.

8 a) ΔAFC: $\sin(\alpha) = \frac{h_c}{b}$, also $h_c = b \cdot \sin(\alpha)$;
$\cos(\alpha) = \frac{u}{b}$, also $u = b \cdot \cos(\alpha)$
b) ΔFBC:
$a^2 = h_c^2 + (c - u)^2$
$= (b \cdot \sin(\alpha))^2 + c^2 - 2c \cdot b \cdot \cos(\alpha) + (b \cdot \cos(\alpha))^2$
$= b^2(\sin^2(\alpha) + \cos^2(\alpha)) + c^2 - 2bc \cdot \cos(\alpha)$
$= b^2 + c^2 - 2bc \cdot \cos(\alpha)$
c) ΔAFC: $b^2 = u^2 + h_c^2 = (b \cdot \cos(\alpha))^2 + (b \cdot \sin(\alpha))^2$
$= b^2 \cdot (\cos^2(\alpha) + \sin(\alpha)) = b^2$
Der Satz des Pythagoras, angewendet auf das Dreieck AFC, führt zu der Aussage $b^2 = b^2$.

9 Zerlegung durch die Höhe h_a in die Teildreiecke ABD und ADC:
ΔABD: $\sin(\beta) = \frac{h_a}{c}$, also $h_a = c \cdot \sin(\beta)$; $\cos(\beta) = \frac{z}{c}$, also $z = c \cdot \cos(\beta)$
ΔADC:
$b^2 = h_a^2 + (a - z)^2$
$= (c \cdot \sin(\beta))^2 + a^2 - 2a \cdot c \cdot \cos(\beta) + (c \cdot \cos(\beta))^2$
$= c^2 \cdot (\sin^2(\beta) + \cos^2(\beta)) + a^2 - 2ac \cdot \cos(\beta)$
$= a^2 + c^2 - 2ac \cdot \cos(\beta)$
Zerlegung durch die Höhe h_c in die Teildreiecke AFC und FBC:
ΔFBC: $\sin(\beta) = \frac{h_c}{a}$, also $h_c = a \cdot \sin(\beta)$; $\cos(\beta) = \frac{v}{a}$, also $v = a \cdot \cos(\beta)$
ΔAFC:
$b^2 = h_c^2 + (c - v)^2$
$= (a \cdot \sin(\beta))^2 + c^2 - 2c \cdot a \cdot \cos(\beta) + (a \cdot \cos(\beta))^2$
$= a^2 \cdot (\sin^2(\beta) + \cos^2(\beta)) + c^2 - 2ac \cdot \cos(\beta)$
$= a^2 + c^2 - 2ac \cdot \cos(\beta)$
Beide Betrachtungen führen auf den Kosinussatz in der Form $b^2 = a^2 + c^2 - 2ac \cdot \cos(\beta)$.

Seite 30

10 a) $b \approx 5{,}8\,\text{cm}$; $c \approx 4{,}6\,\text{cm}$; $\alpha \approx 75{,}5°$; $\beta \approx 61{,}0°$;
$\gamma \approx 43{,}5°$; $\alpha_1 \approx 43{,}0°$; $\alpha_2 \approx 32{,}5°$; $\delta_2 \approx 104°$
b) $a_1 = a_2 \approx 4{,}1\,\text{cm}$; $b \approx 10{,}7\,\text{cm}$; $\alpha \approx 49{,}9°$; $\beta \approx 98{,}2°$;
$\gamma \approx 31{,}9°$; $\alpha_2 \approx 16{,}8°$; $\delta_1 \approx 48{,}8°$; $\delta_2 \approx 131{,}2°$
c) $a_1 = a_2 = 4{,}1\,\text{cm}$; $c \approx 9{,}3\,\text{cm}$; $\alpha \approx 60{,}2°$; $\beta \approx 21{,}8°$;
$\alpha_1 \approx 15{,}3°$; $\alpha_2 \approx 44{,}9°$; $\delta_1 \approx 142{,}9°$; $\delta_2 \approx 37{,}1°$
d) Lösung 1: $a_1 = a_2 \approx 2{,}6\,\text{cm}$; $c \approx 5{,}2\,\text{cm}$; $\alpha \approx 65{,}0°$;
$\beta \approx 50{,}7°$; $\alpha_1 \approx 29{,}9°$; $\alpha_2 \approx 35{,}4°$; $\delta_1 \approx 99{,}4°$; $\delta_2 \approx 80{,}6°$
Lösung 2: $a_1 = a_2 \approx 1{,}3\,\text{cm}$; $c \approx 4{,}1\,\text{cm}$; $\alpha \approx 34{,}9°$;
$\beta \approx 81{,}2°$; $\alpha_1 \approx 18{,}3°$; $\alpha_2 \approx 16{,}6°$; $\delta_1 \approx 80{,}6°$; $\delta_2 \approx 99{,}4°$

11 Mit x für die Entfernung des Aussichtsturms von der Badestelle und y für die Entfernung des Aussichtsturms vom Gasthaus ergibt sich:
$x = \sqrt{1{,}4^2 + 2{,}1^2 - 2 \cdot 1{,}4 \cdot 2{,}1 \cdot \cos(180° - 70°)}\,\text{km} \approx 2{,}9\,\text{km}$,
$y = \sqrt{1{,}4^2 + 2{,}8^2 - 2 \cdot 1{,}4 \cdot 2{,}8 \cdot \cos(70°)}\,\text{km} \approx 2{,}7\,\text{km}$

12 a) $\delta_1 = \sphericalangle ADB$, $\beta_1 = \sphericalangle DBA$

$\sin(\beta_1) = \frac{d}{f} \cdot \sin(\alpha) = \frac{3{,}8}{6{,}4} \cdot \sin(84{,}3°)$, also $\beta_1 \approx 36{,}2°$

$\delta_1 = 180° - (\alpha + \beta_1) \approx 59{,}5°$

$a = \frac{\sin(\delta_1)}{\sin(\alpha)} \cdot f \approx 5{,}5\,\text{cm}$

b) $\delta_2 = \sphericalangle BDC = \delta - \delta_1 \approx 51{,}4°$

$\beta_2 = \sphericalangle CBD = \beta - \beta_1 \approx 100{,}3°$
$\gamma = 360° - (\alpha + \beta + \delta) = 28{,}3°$

$b = \frac{\sin(\delta_2)}{\sin(\gamma)} \cdot f \approx 10{,}6\,\text{cm}$

$c = \frac{\sin(\beta_2)}{\sin(\gamma)} \cdot f \approx 13{,}3\,\text{cm}$

$e = \sqrt{c^2 + d^2 - 2cd \cdot \cos(\delta)} \approx 15{,}1\,\text{cm}$

13 a) Die Teilwinkel von α und γ werden wie folgt bezeichnet:
$\alpha_1 = \sphericalangle BAC$, $\alpha_2 = \sphericalangle CAD$, $\gamma_1 = \sphericalangle BCA$, $\gamma_2 = \sphericalangle DCA$.

$e = \sqrt{a^2 + b^2 - 2ab \cdot \cos(\beta)} \approx 11{,}1\,\text{cm}$

$\cos(\delta) = \frac{c^2 + d^2 - e^2}{2cd} \approx -0{,}251$, also $\delta \approx 104{,}5°$

$\sin(\alpha_1) = \frac{b}{e} \cdot \sin(\beta) \approx 0{,}698$, also $\alpha_1 \approx 44{,}3°$

$\gamma_1 = 180° - (\alpha_1 + \beta) \approx 60{,}7°$

$\sin(\alpha_2) = \frac{c}{e} \cdot \sin(\delta) \approx 0{,}612$, also $\alpha_2 \approx 37{,}7°$
$\gamma_2 = 180° - (\alpha_2 + \delta) = \alpha_2 \approx 37{,}7°$
$\alpha = \alpha_1 + \alpha_2 \approx 82{,}0°$; $\gamma = \gamma_1 + \gamma_2 \approx 98{,}5°$
(Kontrolle: $\alpha + \beta + \gamma + \delta = 360°$)

$f = \sqrt{a^2 + d^2 - 2ad \cdot \cos(\alpha)} \approx 11{,}4\,\text{cm}$

b) $\cos(\beta) = \frac{a^2 + b^2 - e^2}{2ab} \approx 0{,}732$, also $\beta \approx 42{,}9°$

$\cos(\delta) = \frac{c^2 + d^2 - e^2}{2cd} \approx 0{,}695$, also $\delta \approx 46{,}0°$

$\sin(\alpha_1) = \frac{b}{e} \cdot \sin(\beta) \approx 0{,}796$, also $\alpha_1 \approx 52{,}8°$
$\gamma_1 = 180° - (\alpha_1 + \beta) \approx 84{,}3°$
$\sin(\alpha_2) = \frac{c}{e} \cdot \sin(\delta) \approx 0{,}941$, also $\alpha_2 \approx 70{,}2°$
$\gamma_2 = 180° - (\alpha_2 + \delta) \approx 63{,}8°$
$\alpha = \alpha_1 + \alpha_2 \approx 122{,}9°$; $\gamma = \gamma_1 + \gamma_2 \approx 148{,}2°$
(Kontrolle: $\alpha + \beta + \gamma + \delta = 360°$)

$f = \sqrt{a^2 + d^2 - 2ad \cdot \cos(\alpha)} \approx 11{,}9\,\text{cm}$

14 a) $s^2 = r^2 + r^2 - 2r^2 \cdot \cos(\alpha)$, also $s \approx 6{,}88\,\text{cm}$

b) $\sin\left(\frac{\alpha}{2}\right) = \frac{\frac{s}{2}}{r}$, also ist $\alpha = 104{,}7°$

c) $s^2 = r^2 + r^2 - 2r^2 \cdot \cos(\alpha) = 2r^2(1 - \cos(\alpha))$,

also ist $s = r\sqrt{2(1 - \cos(\alpha))}$

$\alpha = 0°$ ergibt $s = 0$

15

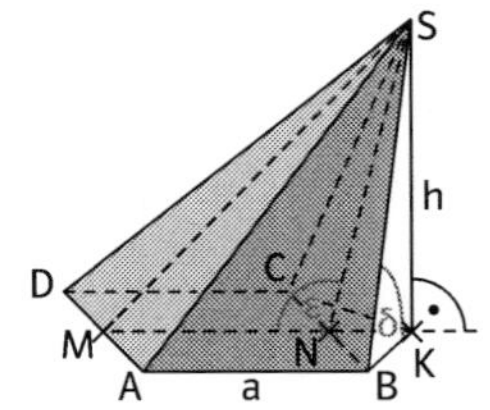

Berechnung des Winkels ε
Es gilt:

$\overline{SN} = \sqrt{\overline{SB}^2 - \left(\frac{a}{2}\right)^2} = \sqrt{(6\,\text{cm})^2 - (2\,\text{cm})^2} = \sqrt{32}\,\text{cm}$

$\overline{SM} = \sqrt{\overline{SA}^2 - \left(\frac{a}{2}\right)^2} = \sqrt{(8\,\text{cm})^2 - (2\,\text{cm})^2} = \sqrt{60}\,\text{cm}$

Aus $\overline{SM}^2 = \overline{MN}^2 + \overline{SN}^2 - 2 \cdot \overline{MN} \cdot \overline{SN} \cdot \cos(\varepsilon)$ folgt:

$\cos(\varepsilon) = \frac{\overline{MN}^2 + \overline{SN}^2 - \overline{SM}^2}{2 \cdot \overline{MN} \cdot \overline{SN}}$

$\cos(\varepsilon) = \frac{a^2 + \overline{SN}^2 - \overline{SM}^2}{2 \cdot a \cdot \overline{SN}} = \frac{4^2 + 32 - 60}{2 \cdot 4 \cdot 32} \approx -0{,}0625$,

also ist $\varepsilon \approx 93{,}58°$.
Berechnung des Winkels δ
$h = \overline{SN} \cdot \sin(180° - \varepsilon) = \sqrt{32}\,\text{cm} \cdot \sin(\varepsilon)$

$\sin(\delta) = \frac{h}{\overline{BS}} = \frac{\sqrt{32}\,\text{cm} \cdot \sin(\varepsilon)}{6\,\text{cm}} \approx 0{,}941$, also ist $\delta \approx 70{,}21°$.

Vertiefen und Vernetzen

Seite 31

1 a) $\overline{BM} = \frac{\overline{FM}}{\tan(\delta)} = \frac{6{,}5\,\text{m}}{\tan(15°)} \approx 24{,}3\,\text{m}$

$\overline{HM} = \overline{BM} \cdot \tan(\varepsilon) \approx 26{,}9\,\text{m}$

Baumhöhe: $\overline{HM} + \overline{FM} \approx 33{,}4\,\text{m}$

b) $\overline{BF} = \frac{\overline{FM}}{\sin(\delta)} = \frac{6{,}5}{\sin(15°)} \approx 25{,}1\,\text{m}$; $\overline{BH} = \frac{\overline{HM}}{\sin(\varepsilon)} \approx 36{,}3\,\text{m}$

Der Beobachtungspunkt B ist etwa 25,1 m von F und etwa 36,3 m von H entfernt.

2 a) Das Dreieck ADC besitzt wie das Dreieck ABC einen rechten Winkel und den Winkel α. Folglich sind die Dreiecke ADC und ABC zueinander ähnlich.
Das Dreieck BCD besitzt, wie das Dreieck ABC, einen rechten Wink und den Winkel β, folglich sind die Dreiecke BCD und ABC zueinar der ähnlich.
Da die Teildreiecke ADC und BCD jeweils ähnlich zum Dreieck ABC sind, sind sie auch zueinander ähnlich.

b) $\sin(\alpha) = \frac{b}{c} = \frac{h}{a} = \frac{p}{b}$; $\cos(\alpha) = \frac{a}{c} = \frac{h}{b} = \frac{q}{a}$

$\tan(\alpha) = \frac{b}{a} = \frac{q}{h} = \frac{p}{h}$

c) Wegen $\frac{a}{c} = \frac{q}{a}$ und $\frac{b}{c} = \frac{p}{b}$ folgt $a^2 = c \cdot q$
und $b^2 = c \cdot p$ (Kathetensatz)
Entsprechend ergibt sich aus $\frac{h}{q} = \frac{p}{h}$ der Höhensatz $h^2 = p \cdot q$.

3 Um die Höhendifferenz h zwischen Zwischenstation Z und Bergstation B berechnen zu können, werden zunächst die Seitenlängen $\overline{TZ}$ und $\overline{ZB}$ des Dreiecks TZB bestimmt:

$\overline{TZ} = \frac{450\,m}{\sin(26°)} \approx 1026{,}5\,m$; $\delta = \sphericalangle ZTB = \gamma - \alpha = 7°$;

$\varepsilon = \sphericalangle TBZ = \beta - \gamma = 4°$

$\overline{ZB} = \frac{\sin(\delta)}{\sin(\varepsilon)} \cdot \overline{TZ} \approx 1793{,}4\,m$; $h = \overline{ZB} \cdot \sin(\beta) \approx 1079{,}3\,m$

Die Bergstation B liegt etwa 1080 m höher als die Zwischenstation Z, also etwa 1530 m höher als die Talstation.

4 Der horizontale Abstand zwischen Eibsee und Zugspitze ist auf der Karte durch eine etwa 8 cm lange Strecke dargestellt. In der Realität ist der horizontale Abstand etwa $8\,cm \cdot 50\,000 = 400\,000\,cm = 4\,km$ lang. Aus der Höhendifferenz von 1962 m erhält man eine Mindestseillänge von $\sqrt{(4\,km)^2 + (1{,}962\,km)^2} \approx 4{,}455\,km$. Aus $\tan(\alpha) \approx \frac{1{,}962}{4}$ ergibt sich die durchschnittliche Seilneigung $\alpha \approx 26{,}1°$.

5 a) $\gamma = 180° - 2\alpha = 56°$

$c = 2s \cdot \cos(\alpha) = 11{,}8\,cm \cdot \cos(62°) \approx 5{,}5\,cm$

$A = \frac{1}{2} c \cdot s \cdot \sin(\alpha) \approx 14{,}43\,cm^2$

b) $\alpha = \frac{1}{2} \cdot (180° - \gamma) = 41°$

$c = 2s \cdot \cos(\alpha) = 90{,}4\,m \cdot \cos(41°) \approx 68{,}2\,m$

$A = \frac{1}{2} c \cdot s \cdot \sin(\alpha) \approx 1011{,}58\,m^2 \approx 10{,}12\,a$

c) $\cos(\alpha) = \frac{\frac{c}{2}}{s} = \frac{2{,}7\,m}{65{,}4\,m}$, also $\alpha \approx 87{,}6°$

$\gamma = 180° - 2\alpha \approx 4{,}7°$

$A = \frac{1}{2} c \cdot s \cdot \sin(\alpha) \approx 176{,}43\,m^2 \approx 1{,}76\,a$

6 Die Formel zur Berechnung des Kreisbogens muss für diese Aufgabe bekannt sein.

$\alpha = \frac{b}{r} \cdot \frac{360°}{2\pi} = \frac{63{,}5\,km}{6370\,km} \cdot \frac{360°}{2\pi} \approx 0{,}5712°$

$\cos\left(\frac{\alpha}{2}\right) = \frac{r-h}{r}$, also

$h = r\left(1 - \cos\left(\frac{\alpha}{2}\right)\right)$

$= 6370\,km \cdot (1 - \cos(0{,}2856°)) \approx 0{,}08\,km = 80\,m$

In der Mitte des Sees steht das Wasser etwa 80 m höher als an den Rändern.

Seite 32

7 a) Aus $c^2 = a^2 + b^2 - 2ab \cdot \cos(\gamma)$ folgt mit $a = b = s$:

$c^2 = 2s^2 - 2s^2 \cdot \cos(\gamma) = 2s^2 \cdot (1 - \cos(\gamma))$.

b) $c = \sqrt{2 \cdot (4{,}8\,cm)^2 \cdot (1 - \cos(132°))} \approx 8{,}8\,cm$

8 Die Flächendiagonalen haben die Längen

$f = \sqrt{a^2 + b^2}$, $g = \sqrt{a^2 + c^2}$ und $h = \sqrt{b^2 + c^2}$.

Die Winkelberechnung erfolgt mithilfe der Gleichungen $\cos(\alpha) = \frac{f^2 + h^2 - g^2}{2fh}$, $\cos(\beta) = \frac{f^2 + g^2 - h^2}{2fg}$ und $\cos(\gamma) = \frac{g^2 + h^2 - f^2}{2gh}$.

a) $\alpha \approx 63{,}7°$; $\beta \approx 41{,}9°$; $\gamma \approx 74{,}4°$

b) a : b : c = 6 : 2 : 1

$\alpha \approx 73{,}6°$; $\beta \approx 20{,}6°$; $\gamma \approx 85{,}8°$

c) a : b : c = 1 : 1 : 4 (quadratische Säule)

$\alpha \approx 80{,}1°$; $\beta = \alpha \approx 80{,}1°$; $\gamma \approx 19{,}7°$

d) a : b : c = 1 : 1 : 1 (Würfel)

$\alpha = \beta = \gamma = 60°$

9 Es gilt $\cos(\alpha) = \frac{a}{d}$, $\cos(\beta) = \frac{b}{d}$ und $\cos(\gamma) = \frac{c}{d}$.

Daraus ergibt sich $\cos^2(\alpha) + \cos^2(\beta) + \cos^2(\gamma)$

$= \frac{a^2}{d^2} + \frac{b^2}{d^2} + \frac{c^2}{d^2} = \frac{a^2 + b^2 + c^2}{d^2} = \frac{d^2}{d^2} = 1.$

10 a) $\sphericalangle APB = 180° - (80{,}5° + 67{,}7°) = 31{,}8°$

$\overline{AP} = \frac{\sin(67{,}7°)}{\sin(31{,}8°)} \cdot 50\,m \approx 87{,}79\,m$

b) $\sphericalangle APB = 180° - (124{,}3° + 52{,}6°) = 3{,}1°$

$\overline{AP} = \frac{\sin(52{,}6°)}{\sin(3{,}1°)} \cdot 20\,m \approx 293{,}80\,m$

11 Winkelmessung zum Beispiel mit einem Theodoliten (Genauigkeit ± 0,1°)

Längenmessung zum Beispiel mit einem Maßband (Genauigkeit ± 5 cm)

Vergleichsrechnung zum Beispiel zu Aufgabe 1 a): Individuelle Lösung

Beispiele:

1. $\sphericalangle BAP = 80{,}6°$; $\sphericalangle PBA = 67{,}8°$

(Abweichung um je 0,1° nach oben)

$\sphericalangle APB = 31{,}6°$ (Abweichung um 0,2° nach unten)

$\overline{AP} = \frac{\sin(67{,}8°)}{\sin(31{,}6°)} \cdot 50\,m \approx 88{,}35\,m$

(Abweichung um 0,56 m nach oben gegenüber dem Wert aus Aufgabe 1 a))

2. $\overline{AB} = 49{,}95\,m$ (Abweichung um 0,05 m nach unten)

$\overline{AP} = \frac{\sin(67{,}7°)}{\sin(31{,}8°)} \cdot 49{,}95\,m \approx 87{,}70\,m$

(Abweichung um 0,09 m nach unten gegenüber dem Wert aus Aufgabe 1 a))

Am Beispiel aus Aufgabe 1 b) kann gezeigt werden, dass sich bei kleinen Winkelgrößen wie 3,1° Messfehler relativ deutlich auswirken.

3. $\overline{AB} = 20{,}05\,m$, $\sphericalangle BAP = 124{,}4°$

(Abweichungen um 0,05 m und 0,1° nach oben)

$\overline{AP} = \frac{\sin(52{,}6°)}{\sin(3{,}0°)} \cdot 20{,}05\,m \approx 304{,}34\,m$

(Abweichung um 10,54 m nach oben gegenüber dem Wert aus Aufgabe 10 b))

12 a) ΔPQR: $\gamma = \sphericalangle PRQ = 180° - (77° + 64°) = 39°$

$\overline{PR} = \frac{\sin(\beta)}{\sin(\gamma)} \cdot \overline{PQ} = \frac{\sin(64°)}{\sin(39°)} \cdot 450\,m \approx 642{,}7\,m$

$\overline{QR} = \frac{\sin(\alpha)}{\sin(\gamma)} \cdot \overline{PQ} = \frac{\sin(77°)}{\sin(39°)} \cdot 450\,m \approx 696{,}7\,m$

ΔPRT: $\overline{RT} = \overline{PR} \cdot \tan(\delta) \approx 334{,}6\,m$

ΔRQT: $\varepsilon = \sphericalangle TQR$, $\tan(\varepsilon) = \frac{\overline{RT}}{\overline{QR}} \approx 0{,}480$,

also $\varepsilon \approx 25{,}6°$

Der Punkt T liegt etwa 334,6 m oberhalb der Horizontebene. Er erscheint von Q aus unter einem Erhebungswinkel von etwa 25,6°.

b) $\overline{PT} = \frac{\overline{RT}}{\sin(\delta)} \approx 724{,}6\,m$; $\overline{QT} = \frac{\overline{RT}}{\sin(\varepsilon)} \approx 772{,}9\,m$

Der Beobachter ist in P etwa 724,6 m, in Q etwa 772,9 m von T entfernt.

Exkursion: Pyramiden, Astronomie und Sehnenrechnung

Seite 34

1 siehe Grafik unten

$\frac{s}{e} = \frac{9{,}55}{0{,}5} = 19{,}1$; der berechnete Wert liegt innerhalb der von Aristarchos angegebenen Grenzen.

$\frac{s}{e} = \frac{1}{\sin(3°)} \approx 19{,}1$

2 Dreieck ABC: $\overline{AC}^2 + \overline{BC}^2 = \overline{AB}^2$, also

$(C(\alpha))^2 + (S(\alpha))^2 = (2r)^2$ oder kürzer $C^2(\alpha) + S^2(\alpha) = 4r^2$

Dreieck EBD: $\overline{BD}^2 = \overline{EB}^2 + \overline{ED}^2$, also

$\left(S\left(\frac{\alpha}{2}\right)\right)^2 = \left(\frac{1}{2}S(\alpha)\right)^2 + (\overline{MD} - \overline{ME})^2$ oder kürzer

$S^2\left(\frac{\alpha}{2}\right) = \frac{1}{4}S^2(\alpha) + (r - \overline{ME})^2$

$\overline{ME}$ halbiert $\overline{BC}$, die Orthogonale zu $\overline{AC}$ durch M halbiert $\overline{AC}$. Wegen der Parallelität von $\overline{AC}$ und $\overline{ME}$ sowie von $\overline{BC}$ und der Orthogonalen zu $\overline{AC}$ durch M ist $\overline{ME} = \frac{1}{2}C(\alpha)$.

Durch Einsetzen dieser Beziehung ergibt sich

$$\begin{aligned} S^2\left(\tfrac{\alpha}{2}\right) &= \tfrac{1}{4}S^2(\alpha) + \left(r - \tfrac{1}{2}C(\alpha)\right)^2 \\ &= \tfrac{1}{4}S^2(\alpha) + r^2 - r \cdot C(\alpha) + \tfrac{1}{4}C^2(\alpha) \\ &= \tfrac{1}{4}(S^2(\alpha) + C^2(\alpha)) + r^2 - r \cdot C(\alpha) \\ &= \tfrac{1}{4} \cdot 4r^2 + r^2 - r \cdot C(\alpha) = 2r^2 - r \cdot C(\alpha). \end{aligned}$$

Die dem Winkel α abgewandte Sehne $C(\alpha)$ ist genauso groß wie die dem Winkel $180° - \alpha$ zugewandte Sehne $S(180° - \alpha)$. Und die dem Winkel α zugewandte Sehne $S(\alpha)$ ist genauso groß wie die dem Winkel $180° - \alpha$ abgewandte Sehne $C(180° - \alpha)$.

Es gilt $S(180° - \alpha) = C(\alpha)$ und $C(180° - \alpha) = S(\alpha)$.

3 Für $\alpha = 90°$ ergibt sich aus Fig. 2, Seite 34 im Schülerbuch, $2 \cdot S^2(90°) = 2 \cdot C^2(90°) = 4r^2$ und daraus $S(90°) = C(90°) = \sqrt{2} \cdot r$.

Ist $\alpha = 60°$, so ist $S(60°) = r$ (Dreieck MBC gleichseitig), und für $C(60°)$ erhält man

$C(60°) = \sqrt{(2r)^2 - S^2(60°)} = \sqrt{4r^2 - r^2} = \sqrt{3} \cdot r$.

Mit der Rekursionsformel $S^2\left(\frac{\alpha}{2}\right) = 2r^2 - r \cdot C(\alpha)$

gelingt der Schritt zur jeweilig halben Winkelgröße, zum Beispiel:

$S^2(45°) = 2r^2 - r \cdot C(90°) = 2r^2 - r \cdot \sqrt{2} \cdot r = (2 - \sqrt{2})r^2$,

also $S(45°) = \sqrt{2 - \sqrt{2}} \cdot r$. Mit $C(180° - \alpha) = S(\alpha)$

erhält man damit auch den Wert

$C(180° - 45°) = C(135°) = \sqrt{2 - \sqrt{2}} \cdot r$ und mit dem Satz des Pythagoras auch

$$\begin{aligned} C(45°) &= \sqrt{(2r)^2 - S^2(45°)} = \sqrt{4r^2 - \left(\sqrt{2 - \sqrt{2}} \cdot r\right)^2} \\ &= \sqrt{4r^2 - (2 - \sqrt{2})r^2} = \sqrt{2 + \sqrt{2}} \cdot r. \end{aligned}$$

Grafik zu Seite 34, Aufgabe 1

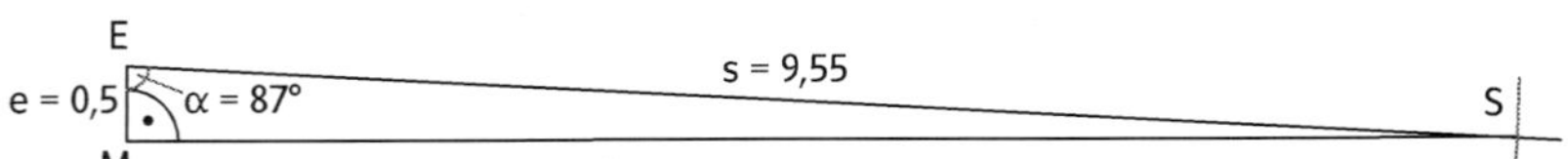

Entsprechend lassen sich die weiteren Wurzelterme in der nachfolgenden Tabelle entwickeln.

α	$S(\alpha)$	$C(\alpha)$
0°	0	$2r$
15°	$\sqrt{2 - \sqrt{2 + \sqrt{3}}} \cdot r$	$\sqrt{2 + \sqrt{2 + \sqrt{3}}} \cdot r$
30°	$\sqrt{2 - \sqrt{3}} \cdot r$	$\sqrt{2 + \sqrt{3}} \cdot r$
45°	$\sqrt{2 - \sqrt{2}} \cdot r$	$\sqrt{2 + \sqrt{2}} \cdot r$
60°	r	$\sqrt{3} \cdot r$
75°	$\sqrt{2 - \sqrt{2 - \sqrt{3}}} \cdot r$	$\sqrt{2 + \sqrt{2 - \sqrt{3}}} \cdot r$
90°	$\sqrt{2} \cdot r$	$\sqrt{2} \cdot r$
105°	$\sqrt{2 + \sqrt{2 - \sqrt{3}}} \cdot r$	$\sqrt{2 - \sqrt{2 - \sqrt{3}}} \cdot r$
120°	$\sqrt{3} \cdot r$	r
135°	$\sqrt{2 + \sqrt{2}} \cdot r$	$\sqrt{2 - \sqrt{2}} \cdot r$
150°	$\sqrt{2 + \sqrt{3}} \cdot r$	$\sqrt{2 - \sqrt{3}} \cdot r$
165°	$\sqrt{2 + \sqrt{2 + \sqrt{3}}} \cdot r$	$\sqrt{2 - \sqrt{2 + \sqrt{3}}} \cdot r$
180°	$2r$	0

4 In Fig. 2, Seite 34 im Schülerbuch, ist das Dreieck AMC gleichschenklig, die Winkel $\sphericalangle$ MAC und $\sphericalangle$ ACM sind gleich groß und es gilt:

$\sphericalangle MAC = \sphericalangle ACM = \frac{1}{2} \cdot (180° - (180° - \alpha)) = \frac{\alpha}{2}$.

Nun sind $S(\alpha)$ und $C(\alpha)$ die Katheten im rechtwinkligen Dreieck ABC mit dem Winkel $\sphericalangle BAC = \frac{\alpha}{2}$, und es gilt $\sin\left(\frac{\alpha}{2}\right) = \frac{S(\alpha)}{2r}$ und $\cos\left(\frac{\alpha}{2}\right) = \frac{C(\alpha)}{2r}$.

So kann zum Beispiel der Wert $S(45°) = \sqrt{2 - \sqrt{2}} \cdot r$ verwendet werden, um $\sin\left(\frac{45°}{2}\right) = \sin(22{,}5°)$

anzugeben: $\sin(22{,}5°) = \frac{\sqrt{2 - \sqrt{2}} \cdot r}{2r} = \frac{1}{2}\sqrt{2 - \sqrt{2}}$.

Aus der Sehnentafel zu Aufgabe 3 lässt sich eine Tabelle für Sinus- und Kosinuswerte mit der Schrittweite 7,5° entwickeln:

α	$\sin(\alpha)$	$\cos(\alpha)$	$\tan(\alpha) = \frac{\sin(\alpha)}{\cos(\alpha)}$
0°	0	1	0
7,5°	$\frac{1}{2}\sqrt{2-\sqrt{2+\sqrt{3}}}$	$\frac{1}{2}\sqrt{2+\sqrt{2+\sqrt{3}}}$	$\sqrt{\frac{2-\sqrt{2+\sqrt{3}}}{2+\sqrt{2+\sqrt{3}}}}$
15°	$\frac{1}{2}\sqrt{2-\sqrt{3}}$	$\frac{1}{2}\sqrt{2+\sqrt{3}}$	$\sqrt{\frac{2-\sqrt{3}}{2+\sqrt{3}}}$
22,5°	$\frac{1}{2}\sqrt{2-\sqrt{2}}$	$\frac{1}{2}\sqrt{2+\sqrt{2}}$	$\sqrt{\frac{2-\sqrt{2}}{2+\sqrt{2}}}$
30°	$\frac{1}{2}$	$\frac{1}{2}\sqrt{3}$	$\frac{1}{\sqrt{3}}$
37,5°	$\frac{1}{2}\sqrt{2-\sqrt{2-\sqrt{3}}}$	$\frac{1}{2}\sqrt{2+\sqrt{2-\sqrt{3}}}$	$\sqrt{\frac{2-\sqrt{2-\sqrt{3}}}{2+\sqrt{2-\sqrt{3}}}}$
45°	$\frac{1}{2}\sqrt{2}$	$\frac{1}{2}\sqrt{2}$	1
52,5°	$\frac{1}{2}\sqrt{2+\sqrt{2-\sqrt{3}}}$	$\frac{1}{2}\sqrt{2-\sqrt{2-\sqrt{3}}}$	$\sqrt{\frac{2+\sqrt{2-\sqrt{3}}}{2-\sqrt{2-\sqrt{3}}}}$
60°	$\frac{1}{2}\sqrt{3}$	$\frac{1}{2}$	$\sqrt{3}$
67,5°	$\frac{1}{2}\sqrt{2+\sqrt{2}}$	$\frac{1}{2}\sqrt{2-\sqrt{2}}$	$\sqrt{\frac{2+\sqrt{2}}{2-\sqrt{2}}}$
75°	$\frac{1}{2}\sqrt{2+\sqrt{3}}$	$\frac{1}{2}\sqrt{2-\sqrt{3}}$	$\sqrt{\frac{2+\sqrt{3}}{2-\sqrt{3}}}$
82,5°	$\frac{1}{2}\sqrt{2+\sqrt{2+\sqrt{3}}}$	$\frac{1}{2}\sqrt{2-\sqrt{2+\sqrt{3}}}$	$\sqrt{\frac{2+\sqrt{2+\sqrt{3}}}{2-\sqrt{2+\sqrt{3}}}}$
90°	1	0	nicht definiert

II Potenzen und Potenzfunktionen

Lösungshinweise zu den Erkundungen

Seite 40

Bekannte Zahlen im neuen „Outfit“

1 a) – c) individuelle Lösung – Der Taschenrechner gibt ab einer bestimmten Stellenanzahl (z. B. ab 3 333 333 333 · 10) das Ergebnis in der Darstellung mit Zehnerpotenzen an (z. B. $3{,}333\,333\,333 \cdot 10^{10}$). Das Ergebnis wird als Produkt einer Dezimalzahl mit einer Zehnerpotenz ausgegeben, wobei die Dezimalzahl nur eine von null verschiedene Ziffer vor dem Komma hat (dies entspricht der wissenschaftlichen Schreibweise).

2 $2.03\times10^8 = 2{,}03 \cdot 10^8 = 203\,000\,000$
$4.0\ \text{E}9 = 4{,}0 \cdot 10^9 = 4\,000\,000\,000$
$9.9\times10^{-12} = 9{,}9 \cdot 10^{-12} = 0{,}000\,000\,000\,009\,9$
$2.35\ \text{E}-6 = 2{,}35 \cdot 10^{-6} = 0{,}000\,002\,35$

3 individuelle Lösung – Die Umformungen lassen sich z. B. so erklären:
Umformung in die Dezimalschreibweise:
Verschiebe das Komma der Dezimalzahl vor der Zehnerpotenz um so viele Stellen nach rechts (bzw. links), wie der positive Exponent (bzw. der negative Exponent) der Zehnerpotenz angibt.
Umformung in die Schreibweise mit Zehnerpotenzen:
Überlege, um wie viele Stellen du das Komma nach links bzw. nach rechts verschieben musst, um eine Dezimalzahl mit einer von null verschiedenen Ziffer vor dem Komma zu erhalten. Schreibe dann die Zahl als Produkt dieser Dezimalzahl und einer Zehnerpotenz, deren Exponent die Anzahl der Stellen der Kommaverschiebung angibt; wurde das Komma nach rechts verschoben, ist der Exponent negativ (z. B. $0{,}0123 = 1{,}23 \cdot 10^{-2}$), bei Verschiebung nach links ist er positiv (z. B. $123 = 1{,}23 \cdot 10^{2}$).

4 individuelle Lösung

Wurzeln und Brüche als Potenzen

Forschungsauftrag 1: Mit dem Taschenrechner Regeln entdecken

$\sqrt{2}$		$2^{\frac{1}{2}}$	$2^{\frac{3}{6}}$	$2^{0,5}$	$\left(\frac{1}{2}\right)^{-\frac{1}{2}}$	$\left(\frac{1}{\sqrt{2}}\right)^{-1}$
$\sqrt{2^3}$	$(\sqrt{2})^3$	$2^{\frac{3}{2}}$	$2^{\frac{9}{6}}$	$2^{1,5}$	$\left(\frac{1}{2}\right)^{-\frac{3}{2}}$	$\left(\frac{1}{\sqrt{2^3}}\right)^{-1}$
$\sqrt[3]{2^2}$	$(\sqrt[3]{2})^2$	$2^{\frac{2}{3}}$	$2^{\frac{10}{15}}$	$2^{0,\overline{6}}$	$\left(\frac{1}{2}\right)^{-\frac{2}{3}}$	$\left(\frac{1}{\sqrt[3]{2^2}}\right)^{-1}$
$\sqrt[4]{2}$		$2^{\frac{1}{4}}$	$2^{\frac{3}{12}}$	$2^{0,25}$	$\left(\frac{1}{2}\right)^{-\frac{1}{4}}$	$\left(\frac{1}{\sqrt[4]{2}}\right)^{-1}$
$\frac{1}{\sqrt{2}}$		$\frac{1}{2^{\frac{1}{2}}}$		$\frac{1}{2^{0,5}}$	$\left(\frac{1}{2}\right)^{\frac{1}{2}}$	$(\sqrt{2})^{-1}$

– Individuelle Formulierung und Überprüfung der Regeln;

folgende Regeln können z. B. entdeckt werden:
$x^{-1} = \frac{1}{x}$;
$\sqrt{x} = x^{\frac{1}{2}}$, $\sqrt[3]{x} = x^{\frac{1}{3}}$ bzw. allgemein $\sqrt[n]{x} = x^{\frac{1}{n}}$;
$x^{\frac{1}{2}} = x^{\frac{2}{4}} = x^{\frac{3}{6}}$ usw. $= x^{0,5}$;
$x^{\frac{1}{2}} = \left(\frac{1}{x}\right)^{-\frac{1}{2}}$;
$\sqrt[3]{x^2} = (\sqrt[3]{x})^2 = x^{\frac{2}{3}}$ bzw. allgemein $\sqrt[n]{x^m} = (\sqrt[n]{x})^m = x^{\frac{m}{n}}$

Forschungsauftrag 2: Regeln anwenden

$\frac{1}{1000}$	$\frac{1}{125}$	$\frac{1}{81}$	$\frac{1}{10}$	$\frac{1}{9}$	$\frac{1}{5}$	$\frac{1}{2}$	$\frac{1}{2}$	2	2	3
K	O	P	F	R	E	C	H	N	E	N
5	5	9		10	10	64	64	81		
I	S	T		S	U	P	E	R		

Forschungsauftrag 3: Zahlen „verkleiden“
individuelle Lösung

Seite 41

Wie dick sind eigentlich Frischhalte- oder Alufolien?

Durchführung eines Messexperiments
– individuelle Messergebnisse

Auswertung des Messexperiments

1 Anzahl der Lagen A in Abhängigkeit von der Anzahl der Faltungen f: $A(f) = 2^f$;

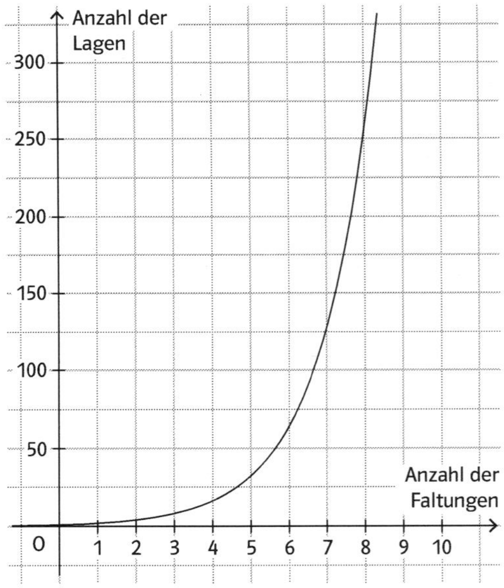

2 individuelle Lösung, zum Beispiel:

Frischhaltefolie		Alufolie	
Lagen	Höhe (mm)	Lagen	(Höhe mm)
32	0,8	32	0,7
64	1,1	64	1,0
128	2,3	128	1,9
256	4,5	256	3,3
512	8,9	512	7,8
1024	18,2	1024	15,9

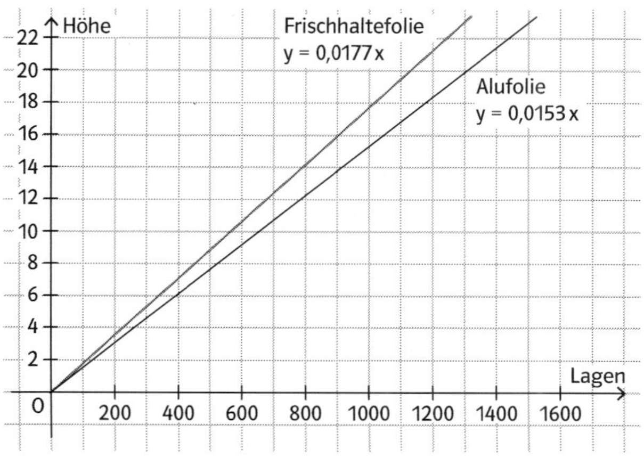

Man kann die Dicken der Folien z. B. mithilfe von Trendgeraden ermitteln. In diesem Fall ergäbe sich für die Frischhaltefolie eine Dicke von ca. 0,018 mm und für die Alufolie eine Dicke von ca. 0,015 mm.

3 individuelle Lösung

4 Das Mikrometer zeigt eine Dicke von 0,54 mm an; mithilfe der im Experiment ermittelten Dicke kann man die Anzahl der Faltungen bestimmen, z. B.:
Geht man von einer Dicke von ca. 0,018 mm aus, müsste dieses Frischhaltefolienstück
0,54 mm : 0,018 mm = 30 ≈ 32 Lagen haben und daher vermutlich 5-mal gefaltet sein.
Wenn das Folienstück 5-mal gefaltet ist und daher 32 Lagen besitzt, ergäbe sich daraus eine Foliendicke von 0,54 mm : 32 = 0,016875 mm ≈ 0,017 mm.

Rechnen mit den Ergebnissen des Messexperiments
Wegen der individuellen Messergebnisse sind die folgenden Lösungen Beispielrechnungen.

1 Frischhaltefolie: $h_F(f) = 2^f \cdot 0{,}018$ (h in mm)
Alufolie: $h_A(f) = 2^f \cdot 0{,}015$ (h in mm)

2 individuelle Schätzungen
- z. B.: Annahme: Die Schule hat ca. 120 Schüler pro Jahrgang 5 bis 12 im Alter von ca. 10 bis 17 Jahren;
  Höhe des Frischhaltefolien-Stapels:
  $120 \cdot (2^{10} + 2^{11} + 2^{12} + 2^{13} + 2^{14} + 2^{15} + 2^{16} + 2^{17}) \cdot 0{,}018\,\text{mm} \approx 564\,000\,\text{mm} = 564\,\text{m}$.
  Der Frischhaltefolien-Stapel wäre ca. 564 m hoch.
  Höhe des Alufolien-Stapels:
  $120 \cdot (2^{10} + 2^{11} + 2^{12} + 2^{13} + 2^{14} + 2^{15} + 2^{16} + 2^{17}) \cdot 0{,}015\,\text{mm} \approx 470\,000\,\text{mm} = 470\,\text{m}$.
  Der Alufolien-Stapel wäre ca. 470 m hoch.
- **20-m-Stapel:**
  Frischhaltefolie: Ansatz: $2^x \cdot 0{,}018 = 20\,000$, also:
  $2^x = 20\,000 : 0{,}018 \approx 1\,111\,111$
  Bestimmen von x durch Einschachtelung liefert:
  $x \approx 20{,}1$.
  Alufolie: Ansatz: $2^x \cdot 0{,}015 = 20\,000$, also:
  $2^x = 20\,000 : 0{,}015 \approx 1\,333\,333$
  Bestimmen von x durch Einschachtelung liefert:
  $x \approx 20{,}3$.
  Für einen Stapel von mindestens 20 m Höhe müsste man beide Folien theoretisch 21-mal falten. (Die Stapel hätten dann eine Höhe von ca. 37,7 m bzw. 31,5 m.)
  300-m-Stapel (Eiffelturm):
  Frischhaltefolie: Ansatz: $2^x \cdot 0{,}018 = 300\,000$, also:
  $2^x = 300\,000 : 0{,}018 \approx 16\,666\,667$
  Bestimmen von x durch Einschachtelung liefert:
  $x \approx 23{,}99$.
  Alufolie: Ansatz: $2^x \cdot 0{,}015 = 300\,000$, also:
  $2^x = 300\,000 : 0{,}015 = 20\,000\,000$
  Bestimmen von x durch Einschachtelung liefert:
  $x \approx 24{,}25$
  Für einen Stapel von mindestens 300 m Höhe müsste man die Frischhaltefolie theoretisch 24-mal und die Alufolie 25-mal falten. (Die Stapel hätten dann eine Höhe von ca. 302 m bzw. 503 m.)
  12 760-km-Stapel (Erddurchmesser):
  Frischhaltefolie: Ansatz:
  $2^x \cdot 0{,}018 = 12\,760\,000\,000$, also:
  $2^x = 12\,760\,000\,000 : 0{,}018 \approx 708\,888\,888\,889$
  Bestimmen von x durch Einschachtelung liefert:
  $x \approx 39{,}4$.
  Alufolie: Ansatz: $2^x \cdot 0{,}015 = 12\,760\,000\,000$, also:
  $2^x = 12\,760\,000\,000 : 0{,}015 \approx 850\,666\,666\,667$
  Bestimmen von x durch Einschachtelung liefert:
  $x \approx 39{,}6$.
  Für einen Stapel von mindestens 12 760 000 m Höhe müsste man beide Folien theoretisch 40-mal falten. (Die Stapel hätten dann eine Höhe von ca. 19 800 km bzw. 16 500 km.)
- individuelle Lösung

1 Potenzen mit ganzzahligen Exponenten

Seite 42

Einstiegsaufgabe
Durchmesser der Milchstraße:
$100\,000 \cdot 9{,}46 \cdot 10^{12}\,\text{km}$
$= 9{,}46 \cdot 100\,000 \cdot 1\,000\,000\,000\,000\,\text{km}$
$= 946\,000\,000\,000\,000\,000\,\text{km}$
Durchmesser eines roten Blutkörperchens:
$7{,}5 \cdot 10^{-6}\,\text{m} = 7{,}5 \cdot 0{,}000\,001\,\text{m} = 0{,}000\,007\,5\,\text{m}$

Seite 43

1 a) -64 b) -81
c) $\frac{1}{81}$ d) $\left(\frac{3}{2}\right)^3 = \frac{27}{8} = 3{,}375$

2 a) $\frac{7^2}{5^3}$ b) $\frac{1}{2^3 \cdot 6^2}$ c) $8^2 \cdot 2^5$ d) $\frac{4^3}{3^5}$

3 individuelle Lösung, zum Beispiel:
a) $370 \cdot 10^3$; $3{,}7 \cdot 10^5$ b) $0{,}17 \cdot 10^{-4}$; $1{,}7 \cdot 10^{-5}$
c) $35{,}4 \cdot 10^6$; $3{,}54 \cdot 10^7$ d) $234 \cdot 10^{-9}$; $2{,}34 \cdot 10^{-7}$

4 a) 7960 b) 55 320 000 000
c) 0,0765 d) 0,00171

5 $12 \cdot 10^{-3} = 0{,}012$
$1{,}2 \cdot 10^{-3} = 0{,}012 \cdot 10^{-1} = 0{,}0012$
$0{,}0012 \cdot 10^{-1} = 120 \cdot 10^{-6} = 0{,}12 \cdot 10^{-3}$
$1{,}2 \cdot 10^4 = 0{,}012 \cdot 10^6$
$120 \cdot 10^{-2}$ kommt nur einmal vor.

6 a) -3 b) -3 c) 4 d) 0,2341

7 a) $2^6, 2^7, 2^9$ b) $5^3, 5^4, 5^5$
c) $3^3, 3^5, 3^4, 3^6$ d) $6^2, 6^3, 6^4$

8 a) 2^{-3}; 5^{-4}; 3^{-2}; $4^{-1} = 2^{-2}$; $25^{-1} = 5^{-2}$; $100^{-1} = 10^{-2}$
b) 2^{-5}; 3^{-4}; $8^{-2} = 4^{-4}$; 7^{-2}; 10^{-4}; 5^{-4}
c) 10^{-2}; 10^{-3}; 10^{-1}; 10^{-5}; 5^{-2}; 2^{-2}
d) 10^{-6}; $250^{-1} = 5^{-2} \cdot 10^{-1}$; 3^{-3}; $8^{-1} = 2^{-3}$; $9^{-1} = 3^{-2}$

9 a) $\frac{10^2}{4^3}$ b) $\frac{1}{7^4 \cdot 3^4}$ c) $\frac{1}{5^2 \cdot 6^3}$ d) $8^3 \cdot 5^{11}$
e) $\frac{7^8}{12^5}$ f) $\frac{5^4}{3^5}$ g) $\frac{2^8 \cdot 5^4}{3^5 \cdot 4^3}$ h) $\frac{6^4 \cdot 7^2 \cdot 4^9}{5^3}$

10 a) 48 b) 640
c) $\frac{3}{2^4} = \frac{3}{16} = 0{,}1875$ d) $-\frac{7}{10^3} = -0{,}007$
e) -36 f) -5
g) $-\frac{1}{2 \cdot 5^2} = -\frac{1}{50} = -0{,}02$ h) $4 - \frac{1}{2^3} = 3\frac{7}{8}$
i) $-2{,}99$ j) $20 - \frac{3}{25} = 19{,}88$
k) $5 + 4 \cdot \frac{1}{4} = 6$ l) $19 + \frac{4}{2^3} = 19{,}5$

Seite 44

14 a) $9{,}4 \cdot 10^{11}\,\text{m}$ b) $2 \cdot 10^{-5}\,\text{m}$
c) $3{,}84 \cdot 10^8\,\text{m}$ d) $4{,}8 \cdot 10^{-7}\,\text{m}$
e) $1{,}8 \cdot 10^9\,\text{W}$ f) $10^{-10}\,\text{m}$

15 a) $10^{(10^{10})} = 10^{10\,000\,000\,000}$
Dies entspricht einer 1 mit 10 Milliarden Nullen, das sind also 10 000 000 000 Stellen.
b) Länge:
$10\,000\,000\,001 \cdot 0{,}4\,\text{cm} = 4\,000\,000\,000{,}4\,\text{cm}$
$= 40\,000{,}000\,004\,\text{km}$

16 a) D6 bedeutet, dass in $10^6 = 1\,000\,000$ Teilen der Arznei 1 Teil des Wirkstoffes vorhanden ist.
Damit lassen sich $10^6 \cdot 1\,\text{g} = 1000\,\text{kg} = 1\,\text{t}$ Belladonna D6 herstellen.
b) D4 bedeutet, dass in $10^4 = 10\,000$ Teilen der Arznei 1 Teil des Wirkstoffes vorhanden ist.
Man benötigt also $\frac{50\,\text{ml}}{10\,000} = 0{,}005\,\text{ml} = 0{,}5\,\mu\text{l}$ reines Chelidonium.

17 a) $1\,\text{l} = 1000\,\text{cm}^3$
Ein Liter Wasser enthält somit etwa
$3{,}35 \cdot 10^{22} \cdot 10^3 = 3{,}35 \cdot 10^{25}$ Moleküle.
Ein Sandkorn bedeckt eine Kreisfläche von
$\pi \cdot (0{,}5\,\text{mm})^2 \approx 0{,}785\,\text{mm}^2$. Für eine einkörnige Sandschicht über Deutschland werden also etwa
$3{,}5 \cdot 10^5\,\text{km}^2 : 0{,}785\,\text{mm}^2$
$= (3{,}5 \cdot 10^5 \cdot (10^6\,\text{mm})^2) : 0{,}785\,\text{mm}^2 \approx 4{,}459 \cdot 10^{17}$
Sandkörner benötigt.
Dabei bleiben die bei der Annahme kugelförmiger Sandkörner notwendigen Freiräume unberücksichtigt. Die berechnete Anzahl liegt folglich etwas zu hoch.
Die Zwischenräume lassen sich berücksichtigen, wenn man die einkörnige Sandschicht mit einem Netz gleichseitiger Dreiecke überzieht:

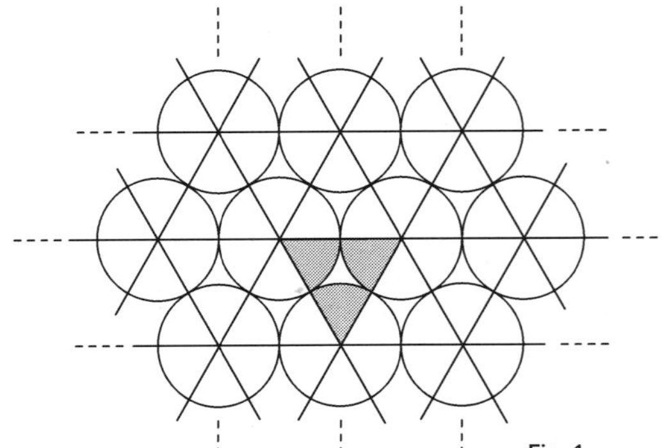
Fig. 1

Ein solches Dreieck überdeckt jeweils drei Sektoren von 60°, erfasst somit ein halbes Sandkorn. Der Flächeninhalt eines Dreiecks ist $\frac{1}{2} \cdot 1\,\text{mm} \cdot \frac{1}{2}\sqrt{3}\,\text{mm} \approx \frac{1}{4}\sqrt{3}\,\text{mm}^2$.
Ein Sandkorn benötigt somit einen Flächeninhalt von
$2 \cdot \frac{1}{4}\sqrt{3}\,\text{mm}^2 \approx 0{,}866\,\text{mm}^2$.
Für eine einkörnige Schichtung werden also
$(3{,}5 \cdot 10^5\,\text{km}^2) : \left(\frac{1}{2}\sqrt{3}\,\text{mm}^2\right) \approx 4{,}041 \cdot 10^{17}$ Sandkörner benötigt.
$3{,}35 \cdot 10^{25}$ Sandkörner können nun auf
$3{,}35 \cdot 10^{25} : (4{,}041 \cdot 10^{17}) \approx 8{,}29 \cdot 10^7$ solcher Schichten aufgeteilt werden, die jeweils 1 mm dick sind.
Nimmt man eine Schichtung wie in Fig. 2 an, so ergibt sich eine Sandschicht von $8{,}29 \cdot 10^7\,\text{mm} = 82{,}9\,\text{km}$ Dicke.
Geht man von einer Schichtung wie in Fig. 3 aus, so reduziert sich die Dicke auf das $\frac{1}{2}\sqrt{3}$-Fache.
Man erhält $82{,}9\,\text{km} \cdot \frac{1}{2}\sqrt{3} \approx 71{,}9\,\text{km}$.

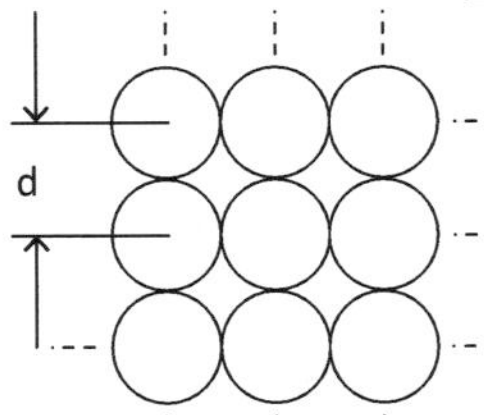

Fig. 2

Die Schichtdicke d entspricht dem Sandkorndurchmesser: d = 1 mm.

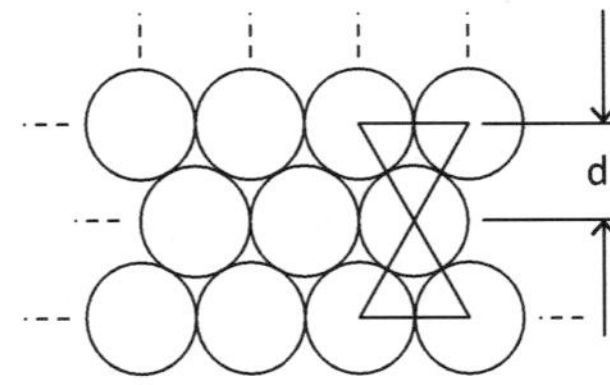

Fig. 3

Die Schichtdicke d entspricht der Höhe eines gleichseitigen Dreiecks mit der Kantenlänge 1 mm:
$d = \frac{1}{2}\sqrt{3}\,\text{mm} \approx 0{,}866\,\text{mm}$.

Hinweis: Lässt man bei der Rechnung die Zwischenräume zwischen den Sandkörnern innerhalb einer Schicht unberücksichtigt, so erhält man bei einer Schichtung gemäß Fig. 2 eine Sandschicht von etwa 75,13 km Höhe. Bei Annahme einer Schichtung gemäß Fig. 3 ergibt sich eine Höhe von etwa 65,06 km.

b) Volumen der Weltmeere:

$1{,}34 \cdot 10^9\,km^3$

$= 1{,}34 \cdot 10^9 (10^4\,dm)^3 = 1{,}34 \cdot 10^{21}\,dm^3 = 1{,}34 \cdot 10^{21}\,l$

Die Weltmeere enthalten somit etwa $1{,}34 \cdot 10^{21} \cdot 3{,}35 \cdot 10^{25} = 4{,}489 \cdot 10^{46}$ Moleküle.

Unter den $4{,}489 \cdot 10^{46}$ befinden sich $3{,}35 \cdot 10^{25}$ „gefärbte" Moleküle. Auf $4{,}489 \cdot 10^{21}$ Moleküle kommen jeweils 3,35 gefärbte, das heißt, unter $3{,}35 \cdot 10^{25}$ Molekülen ist durchschnittlich mit 2500 gefärbten Molekülen zu rechnen.

In jedem Liter Wasser sollten folglich im Durchschnitt etwa 2500 gefärbte Wassermoleküle enthalten sein.

18 a) $\frac{10^{-13}\,m}{10^{-10}\,m} = 10^{-3}$

Der Kerndurchmesser ist um den Faktor

$10^{-3} = \frac{1}{1000}$ kleiner als der Atomdurchmesser.

b) $10^{-3} \cdot 10\,m = 10^{-2}\,m = 1\,cm$

Der „Modellkern" müsste einen Durchmesser von 1 cm haben.

c) 1 t = 1000 kg

99,9 % der Masse entfallen auf den (winzigen) Kern. Der „Modellkern" müsste also 999 kg wiegen.

2 Potenzen mit gleicher Basis

Seite 45

Einstiegsaufgabe

Erstaunlicherweise würde es nicht so lange dauern, wie Marie vermutet. Wenn es technisch realisierbar wäre, derart große Quadrate zu zeichnen, müsste Daniel nur etwa 45-mal ein Quadrat mit dem jeweils doppelt so großen Flächeninhalt des vorherigen Quadrates zeichnen, um einen Flächeninhalt zu erzeugen, der etwa so groß wie die Fläche von ganz Deutschland (etwa $360\,000\,km^2$) wäre. Die zur Berechnung notwendige Formel ($A = 100 \cdot 2^k$; k = Anzahl der zu zeichnenden Quadrate und A = Flächeninhalt des Quadrats in cm^2) beruht auf der Tatsache, dass man den vorherigen Flächeninhalt immer wieder mit 2 multiplizieren muss, um den nächstgrößeren Flächeninhalt zu bekommen. Dies kann genutzt werden, um das Potenzgesetz für die Multiplikation zweier Potenzen mit derselben Basis herzuleiten.

Seite 46

1 a) $\frac{1}{5}$ b) $\frac{1}{16}$ c) 27 d) 1024 e) 8 f) $\frac{4}{3}$
g) $\frac{3}{2}$ h) 36 i) 0,5 j) $\frac{4}{25}$ k) 256 l) 1

2 a) $2^8 = 256$ b) $4^{-6} = \frac{1}{4096}$ c) $3^6 = 729$
d) $(-2)^{-9} = -\frac{1}{512}$ e) $(-0{,}5)^{-10} = 1024$ f) $10^{-20} = \frac{1}{10^{20}}$
g) $2^{24} = 16\,777\,216$ h) $(-5)^4 = 625$

3 a) x^8 b) y^8 c) z^6 d) r^2
e) s^8 f) a^{-1} g) b^{-4} h) x^{-3}
i) u^{-3} j) v^1 k) e^{2x} l) $a^0 = 1$
m) a^{2x} n) x^k o) k^{-n+1} p) x^{15}

4 Kärtchen Nr. (1), (3) und (6) haben das Ergebnis $2 \cdot 7^2 = 98$.
Kärtchen Nr. (2), (4) und (5) haben das Ergebnis $2 \cdot 7^6 = 235\,298$.

5 a) 10 b) 4 c) −14 d) 3

6 a) $x^{15} = x \cdot x^{14} = x^{-3} \cdot x^{18} = (x^3)^5 = (x^{-1})^{-15}$
b) $a^{2m} = a^{m-1} \cdot a^{m+1} = a^{3m+1} : a^{m+1} = (a^{-m})^{-2}$

7 a) x^8 b) y^8
c) $5^{-2} = \frac{1}{25} = 0{,}04$ d) $a^{-1} = \frac{1}{a}$
e) $b^{-4} = \frac{1}{b^4}$ f) z
g) r^{a+1} h) y^{2-2k}

8 a) $z^{n+1-n} = z^1 = z$ b) $a^{k+1-(k-1)} = a^2$
c) $b^{x-(x-1)} = b^1 = b$ d) $r^{2a+1-a} = r^{a+1}$
e) $x^{3k-3k} = x^0 = 1$ f) $y^{1-k-(k-1)} = y^{2-2k}$
g) z^{1-n} h) e^{-x-1}
i) $x^{5-3} = x^2$ j) $a^{7-(-2)} = a^9$
k) $\frac{2b^3}{a^4}$ l) $\frac{56}{14} \cdot \frac{s^{-1}}{s^3} \cdot \frac{r^{2-1}}{r^{-2}} = \frac{4r^3}{s^4}$

Seite 47

9 a) 6^6 b) 2^{12} c) 10^9 d) 2^{-20}
e) 5^{3n} f) 3^{3k} g) 3^{2n-2}

10 a) $(-b)^6 = b^6$ b) $x^{-12} = \frac{1}{x^{12}}$
c) $-a^5$ d) $-a^5$
e) $(-a)^{-15} = -a^{-15} = -\frac{1}{a^{15}}$

11 a) $\frac{1}{a^2 b}$ b) $\frac{x^3}{y^{13}}$ c) $\frac{r^2}{s^{15}}$ d) $\frac{a \cdot b^{15}}{c^8}$
e) $(a+b)^{-1} \cdot (a-b)^{-1} = \frac{1}{a^2 - b^2}$

14 a) $(2^2)^2 = 4^2 = 16$; $2^{(2^2)} = 2^4 = 16$
b) $(2^5)^3 = 32^3 = 32768$; $2^{(5^3)} = 2^{125} \approx 4{,}25 \cdot 10^{37}$
c) $(3^{-1})^4 = \left(\frac{1}{3}\right)^4 = \frac{1}{81}$; $3^{((-1)^4)} = 3^1 = 3$
d) $(4^{-3})^2 = \left(\frac{1}{64}\right)^2 = \frac{1}{4096}$; $4^{((-3)^2)} = 4^9 = 262\,144$

15 $\left((10^{10})^{10}\right)^{10} < (10^{10})^{(10^{10})}$
$= \left(10^{(10^{10})}\right)^{10} < 10^{((10^{10})^{10})} < 10^{\left(10^{(10^{10})}\right)}$,

denn $\left((10^{10})^{10}\right)^{10} = 10^{1000} = 10^{(10^3)}$;
$(10^{10})^{(10^{10})} = 10^{10 \cdot 10^{10}} = 10^{(10^{11})}$;
$\left(10^{(10^{10})}\right)^{10} = 10^{(10^{10}) \cdot 10} = 10^{(10^{11})}$;
$10^{((10^{10})^{10})} = 10^{(10^{100})}$;
$10^{\left(10^{(10^{10})}\right)} = 10^{(10^{10\,000\,000\,000})}$

16 a) Die Oberflächeninhalte stehen im Verhältnis $2^2 : 1^2 = 4 : 1$ zueinander.

b) Die Volumina stehen im Verhältnis $2^3 : 1^3 = 8 : 1$ zueinander.

17 a) $5\,€ \cdot 5^5 = 15\,625\,€$
b) individuelle Lösung

3 Potenzen mit gleichen Exponenten

Seite 48

Einstiegsaufgabe
Sara hat recht. Die Summe zweier Quadratzahlen ist nur bei den sogenannten pythagoreischen Tripeln wieder eine Quadratzahl. Das Produkt zweier Quadratzahlen ist hingegen immer eine Quadratzahl. Mit der letzteren Aussage kann man die Einführung des multiplikativen Potenzgesetzes mit gleichen Exponenten motivieren.

Seite 49

1 a) $(2 \cdot 5)^4 = 10\,000$
b) $(15 : 5)^2 = 9$
c) $((-0{,}5) \cdot (-4))^5 = 32$
d) $(2{,}5 : 5)^3 = \frac{1}{8}$
e) $((-18) : 9)^5 = -32$
f) $(20 : 5)^{-2} = \frac{1}{16}$
g) $(4 \cdot 5)^3 = 8000$
h) $(18 : 12)^{-3} = \frac{8}{27}$
i) $((-12) : 6)^3 = -8$
j) $\left(\frac{1}{5} \cdot \frac{3}{5}\right)^{-2} = \frac{625}{9}$
k) $\left(10 \cdot \frac{1}{5}\right)^{-3} = \frac{1}{8}$
l) $\left(\frac{2}{3} \cdot \frac{15}{8}\right)^2 = \frac{25}{16}$

2 a) $6^5 \cdot \frac{1}{3^5} = 2^5$
b) $\frac{1}{5^3} \cdot \frac{1}{10^3} = \frac{1}{50^3}$ oder $5^{-3} \cdot 10^{-3} = 50^{-3}$
c) $4^{-5} \cdot \left(\frac{3}{2}\right)^{-5} = 6^{-5}$
d) $\left(\frac{3}{2}\right)^2 \cdot \left(\frac{3}{2}\right)^2 = \left(\frac{9}{4}\right)^2$
e) $\frac{1}{5^x} \cdot 10^x = 2^x$
f) $\left(\frac{5}{2}\right)^k : \left(\frac{4}{5}\right)^k = 5^{2k} \cdot 2^{-3k} = \left(\frac{25}{8}\right)^k$
g) 1
h) $3^{2n} \cdot \left(\frac{2}{3}\right)^{2n} = 2^{2n}$
i) $-\frac{2^5}{5^5} \cdot \frac{5^5}{6^5} \cdot \frac{3^5}{4^5} = -\left(\frac{1}{4}\right)^5$
j) $-\left(\frac{4}{3}\right)^4 \cdot \left(\frac{3}{4}\right)^4 \cdot \left(\frac{9}{2}\right)^4 = -\left(\frac{9}{2}\right)^4$
k) $\left(\frac{1}{2}\right)^x \cdot \frac{1}{2^x} \cdot \left(\frac{1}{2}\right)^x = \left(\frac{1}{2}\right)^{3x} = 2^{-3x}$
l) $3^{(2n+1)} \cdot 3^{-1} \cdot 3^{(n-1)} = 3^{(3n-1)}$

3 a) 18^a
b) $(-3)^n$
c) 2^p
d) $(-3)^x$
e) $1{,}5^k$
f) $6^{2a} = 36^a$
g) $150^{-b} = \frac{1}{150^b}$
h) $(5^3 : 125)^n = 1$
i) 2^{2-x}
j) $1^{n-1} = 1$
k) $4^{n+1} = 2^{2n+2}$
l) $(2x^2)^{3-k} = \frac{1}{(2x^2)^{k-3}}$
m) $2^4 \cdot 5^4 = 10^4 = 10\,000$
n) $6^5 \cdot \left(\frac{1}{3}\right)^5 = 2^5 = 32$
o) $\left(\frac{1}{5}\right)^x : 10^x = \left(\frac{1}{50}\right)^x = 50^{-x}$
p) $3^3 \cdot \left(\frac{1}{6}\right)^3 = \left(\frac{1}{2}\right)^3 = 2^{-3} = \frac{1}{8}$
q) $4^{-5} \cdot \left(\frac{3}{2}\right)^{-5} = 6^{-5} = \frac{1}{7776}$
r) $\left(\frac{2}{3} \cdot \frac{3}{2}\right)^{-2} = 1^{-2} = 1$
s) $\left(\frac{5}{2}\right)^k : \left(\frac{4}{5}\right)^k = \left(\frac{25}{8}\right)^k$
t) $\left(\frac{8}{3}\right)^n : \left(\left(\frac{2}{3}\right)^2\right)^n = \left(\frac{8}{3} \cdot \frac{9}{4}\right)^n = 6^n$

4 a) $(2x)^5$
b) $(3xy)^2$
c) $\left(\frac{1}{2}ab^2\right)^3$
d) $\left(\frac{1}{5}u^2v^{-3}\right)^2 = (5u^{-2}v^3)^{-2}$
e) $a^{2n} \cdot b^{3n}$
f) $x^{6k} \cdot y^{-8k} = \frac{x^{6k}}{y^{8k}}$
g) $27u^{-15} \cdot v^{3n+3} = \frac{27v^{3n+3}}{u^{15}}$
h) $x^{n^2+mn} \cdot y^{mn+m^2}$
i) $a^{k^2-1} \cdot b^{k^2+k}$
j) $r^{x^2-xy} \cdot s^{xy-y^2}$
k) $(-2)^{n+1} \cdot a^{n^2-1} \cdot b^{1-n^2}$
l) $x^4 \cdot (x+y)^{-2} = \frac{x^4}{(x+y)^2}$

5 $2^a : \left(\frac{1}{2}\right)^a = \left(2 : \frac{1}{2}\right)^a = 4^a$
$16a^2 : \left(\frac{1}{2}\right)^{-2} = 16a^2 : 2^2 = 4a^2 = (2a)^2$
$3^a \cdot 6^a = (3 \cdot 6)^a = 18^a$
$18^{-a} : 6^{-a} = \frac{1}{18^a} \cdot 6^a = \left(\frac{6}{18}\right)^a = \left(\frac{1}{3}\right)^a = \frac{1}{3^a}$
$a^{-3} : \frac{1}{8} = a^{-3} \cdot 8 = \frac{2^3}{a^3} = \left(\frac{2}{a}\right)^3$

6 a) Reihenfolge der Dominosteine: A – F – D – B – C – H – G – I – E – A, denn es gilt:
$a^6 = (-a)^6 = (-a)^{(-2)\cdot(-3)} = ((-a)^{-2})^{-3}$;
$\frac{a^5 \cdot a^{12} \cdot a^{-3}}{a^{-3} \cdot a^5 \cdot a^4} = \frac{a^{12}}{a^4} = a^{12-4} = a^8$; $(-a^{-4})^{-1} = -a^{(-4)\cdot(-1)} = -a^4$;
$\frac{a^3 \cdot a^{-10}}{a \cdot a^5} = \frac{a^{3-10}}{a^{1+5}} = \frac{a^{-7}}{a^6} = a^{-7-6} = a^{-13}$; $((-a)^2)^{-5} = a^{2\cdot(-5)} = \frac{1}{a^{10}}$;
$-(a^{-5})^{-1} = -a^{(-5)\cdot(-1)} = -a^5$;
$-\frac{a^6 \cdot a^{-8}}{a^5 \cdot a^3} = -\frac{a^{6-8}}{a^{5+3}} = -\frac{a^{-2}}{a^8} = -a^{(-2)-8} = -a^{-10} = -\frac{1}{a^{10}}$;
$\frac{a^4 \cdot a^2}{a^6 \cdot a^3} = \frac{a^{4+2}}{a^6 \cdot a^3} = \frac{a^6}{a^6 \cdot a^3} = \frac{1}{a^3} = a^{-3}$; $(-a)^6 = a^6$
b) individuelle Lösung

Seite 50

10 a) $((p+q)(p-q))^2 = (p^2 - q^2)^2$
b) $(a+b)(a-b) - (a-b)^2$
$= (a-b)(a+b-(a-b)) = (a-b)(2b) = 2ab - 2b^2$
c) $((x+1)(x-1))^{-2} = (x^2-1)^{-2} = \frac{1}{(x^2-1)^2}$
d) $2 \cdot \frac{(2xy + x^2)^3}{x^3} = 2 \cdot \left(\frac{2xy + x^2}{x}\right)^3 = 2 \cdot (2y + x)^3$

11 a) Der Oberflächeninhalt multipliziert sich mit dem Faktor a^2, das Volumen mit dem Faktor a^3:
$O' = 6 \cdot (ak)^2 = 6 \cdot a^2 \cdot k^2 = a^2 \cdot 6k^2 = a^2 \cdot O$,
$V' = (ak)^3 = a^3 \cdot k^3 = a^3 \cdot V$
b) Der Umfang multipliziert sich mit dem Faktor k und der Flächeninhalt vergrößert sich mit dem Faktor k^2, wenn k der entsprechende Faktor ist:
$U' = k \cdot a + k \cdot b + k \cdot c = k(a + b + c) = k \cdot U$
$A' = \frac{1}{2} \cdot (g \cdot k) \cdot (h \cdot k) = k^2 \cdot \left(\frac{1}{2} \cdot g \cdot h\right) = k^2 \cdot A$

12 a) Falsch. Gegenbeispiel:
$2^3 + 2^4 = 8 + 16 = 24$, aber $2^{3+4} = 2^7 = 128$
b) Falsch. Gegenbeispiel:
$3^2 + 5^2 = 9 + 25 = 34$, aber $(3+5)^2 = 8^2 = 64$
c) Wahr. Begründung: Da z.B. $3^2 + 4^2 = 5^2$ gilt, gilt auch für alle ganzen Zahlen k:
$(3k)^2 + (4k)^2 = 3^2 \cdot k^2 + 4^2 \cdot k^2 = k^2 \cdot (3^2 + 4^2) = k^2 \cdot 5^2$
$= (5k)^2$
d) Wahr. Eine Zahl x, deren Quadrat genauso groß wie das Doppelte dieser Zahl ist, muss folgende quadratische Gleichung erfüllen: $x^2 = 2x$. Diese Gleichung hat genau die beiden Lösungen 0 und 2.

13 I. $(5^3)^2 \cdot (4^{-2})^{-4} = 5^{3 \cdot 2} \cdot 4^{(-2) \cdot (-4)} = 5^6 \cdot 4^8 = 1{,}024 \cdot 10^9$;
Gesetz $(a^p)^q = a^{p \cdot q}$ falsch angewendet und Vorzeichenfehler beim Multiplizieren zweier negativer Zahlen.
II. $-3^{-3} + 3^0 = -\frac{1}{3^3} + 1 = \frac{26}{27}$
Vorzeichenfehler und negatives Vorzeichen im Exponent nicht beachtet, außerdem gilt: $3^0 = 1$.
III. $-3^4 - (-2^4) = -3^4 + 2^4 = -65$
Vorzeichenfehler, außerdem gilt das Gesetz $a^p \cdot b^p = (a \cdot b)^p$ nicht für die Addition.
IV. $6^9 + 3^9 = 10\,097\,379$
Das Gesetz $a^p \cdot b^p = (a \cdot b)^p$ gilt nicht für die Addition.
V. $\left(\left((-2)^{-2}\right)^{-2}\right)^{-2} = 2^{(-2) \cdot (-2) \cdot (-2)} = 2^{-8} = \frac{1}{256}$
Das Gesetz $(a^p)^q = a^{p \cdot q}$ wurde falsch angewendet, es wurde gerechnet: $(-2) \cdot (-2) \cdot (-2) \cdot (-2) = 16$.
VI. $\left(\frac{5}{3}\right)^{-b} \cdot \left(\frac{3}{5}\right)^b = \left(\frac{3}{5}\right)^b \cdot \left(\frac{3}{5}\right)^b = \left(\frac{9}{25}\right)^b$
Negatives Vorzeichen im Exponent nicht beachtet, die Gesetze $a^p \cdot b^p = (a \cdot b)^p$ und $a^p \cdot a^q = a^{p+q}$ wurden vermischt.
VII. $(3^{-k} \cdot 2^m \cdot 1^0 \cdot 2^{-m} \cdot 3^k)^2 = 1^2 = 1$
Das Gesetz $a^p \cdot a^q = a^{p+q}$ wurde falsch angewendet, denn $a^p \cdot a^{-p} = a^{p-p} = a^0 = 1$, nicht a.
VIII. $(a^2 \cdot b^3 \cdot b^2 \cdot a^3)^{-1} = (a^5 \cdot b^5)^{-1} = (a \cdot b)^{5 \cdot (-1)} = (a \cdot b)^{-5}$
Vorzeichenfehler (der Exponent −1 wurde als negatives Vorzeichen vor den Term gestellt) und das Gesetz $a^p \cdot a^q = a^{p+q}$ wurde falsch angewendet.

14 a) Runde 1: A) 400 B) 4 C) 1 D) 1
Runde 2: A) 0,05 B) −0,05 C) 256 D) 10^{-8}
b) individuelle Lösung

15 a) Ist dies der Fall, so gibt es zwei rationale Zahlen p und q mit $p \neq q$ und eine reelle Basis a, für die gilt: $a^p = a^q$. Damit gilt auch:
$\frac{a^p}{a^q} = 1$ bzw. $a^{p-q} = 1$ (1). Da die Zahlen p und q verschieden voneinander sind, ist $p - q \neq 0$. (1) ist also dann richtig, wenn $a = 1$ gilt.
Es ist also möglich, dass zwei Potenzen bei gleicher Basis und unterschiedlichen Exponenten gleich sind. Dies ist dann der Fall, wenn die Basis gleich 1 ist.
b) Ist dies der Fall, so gibt es eine rationale Zahl p und zwei reelle Basen a und b mit $a \neq b$, für die gilt: $a^p = b^p$. Damit gilt auch:
$\frac{a^p}{b^p} = 1$ bzw. $\left(\frac{a}{b}\right)^p = 1$. Da die Zahlen a und b verschieden voneinander sind, ist dies nur dann erfüllt, wenn $p = 0$ gilt.
Im Allgemeinen sind also zwei Potenzen mit verschiedenen Basen und gleichem Exponenten nicht gleich, außer wenn der Exponent gleich 0 ist.

16 Die Zahl 9^{99} ist viel größer als 99^9. Begründung:
Auf der einen Seite gilt:
$99^9 < 100^9 = 10^{18} = (5 \cdot 2)^{18} = 5^{18} \cdot 2^{18}$
Andererseits gilt:
$9^{99} > 5^{99} = 5^{18} \cdot 5^{18} \cdot 5^{63} > 5^{18} \cdot 2^{18} \cdot 5^{63} > 5^{18} \cdot 2^{18}$
Insgesamt gilt also:
$99^9 < 5^{18} \cdot 2^{18} < 9^{99}$
(Anmerkung: Die Differenz in der Größenordnung ist erheblich. Der Taschenrechner liefert:
$99^9 \approx 9{,}135 \cdot 10^{17}$ und $9^{99} \approx 2{,}95 \cdot 10^{94}$)

4 Potenzen mit rationalen Exponenten

Seite 51

Einstiegsaufgabe
Die Lösung für je 7 Menschen, Katzen, Mäuse, Ähren und Körner ist:
$7 \cdot 7 \cdot 7 \cdot 7 \cdot 7$ Körner $= 7^5$ Körner $= 16\,807$ Körner. Wenn nun die jeweilige Anzahl der Menschen, Katzen, Mäuse etc. unbekannt ist, die Anzahl der vor den Katzen bewahrten Körnern aber 1024 ist, so muss man offensichtlich die Lösung der Gleichung $x^5 = 1024$ finden. Um diese Gleichung zu lösen, benötigt man höheres Wurzelziehen (in diesem Fall die fünfte Wurzel aus 1024, also die Zahl 4) als bei der bereits bekannten Quadratwurzel. Damit motiviert dieser Impuls die Einführung höherer Wurzeln und damit auch die Einführung rationaler Exponenten.

Seite 52

1 a) 3 b) 2 c) $\frac{1}{2}$ d) 125
e) $\frac{1}{4}$ f) 2 g) $\frac{1}{5}$ h) $\frac{1}{5}$

2 a) $5^{\frac{3}{4}} = \sqrt[4]{125}$ b) $4^{\frac{1}{12}} = 2^{\frac{1}{6}} = \sqrt[6]{2}$
c) $10^{\frac{1}{6}} = \sqrt[6]{10}$ d) y
e) $36^{\frac{1}{2}} = 6$ f) $8^{\frac{1}{3}} = 2$
g) $144^{\frac{1}{2}} = 12$ h) $(64a^3)^{\frac{1}{3}} = 4a$
i) $5^{\frac{1}{6}} = \sqrt[6]{5}$ j) $4^{-\frac{3}{20}} = 2^{-\frac{3}{10}} = \frac{1}{\sqrt[10]{8}}$
k) $x^{-\frac{1}{2}} \cdot y = \frac{y}{\sqrt{x}}$ l) $x^{-1} : y^{\frac{1}{2}} = \frac{1}{x \cdot \sqrt{y}}$

3 a) $3^{\frac{2}{3}}$ b) $2^{\frac{3}{4}}$
c) $5^{\frac{2}{3}}$ d) $3^{-\frac{1}{2}}$
e) $6^{-\frac{1}{3}}$ f) $13^{-\frac{2}{5}}$
g) $a^{-\frac{3}{4}}$ h) $x^{-\frac{p}{n}}$
i) $5^{\frac{2}{6}} = 5^{\frac{1}{3}}$ j) $2^{\frac{3}{6}} = 2^{\frac{1}{2}}$
k) $x^{\frac{5}{10}} = x^{\frac{1}{2}}$ l) $2^{-\frac{8}{10}} = 2^{-\frac{4}{5}}$
m) $a^{-\frac{4k}{16}} = a^{-\frac{k}{4}}$ n) $x^{-\frac{3n}{15}} = x^{-\frac{n}{5}}$
o) $x^{-\frac{12a}{3a}} = x^{-4}$ p) $x^{\left(\frac{1}{3} - \frac{2}{5}\right)} = x^{-\frac{1}{15}}$

4 $5^{\frac{1}{3}} = 5^{\frac{2}{6}} = \sqrt[3]{5} = \left(\sqrt[6]{5}\right)^2$; $\frac{1}{\sqrt[3]{5}} = 5^{-\frac{2}{6}}$; $\frac{1}{5^{-\frac{2}{3}}} = \sqrt[3]{5^2} = (5^6)^{\frac{1}{9}}$

5 a) 5 für ■, 2 für ▲
b) 3 für ●, ■ beliebig
c) 8 (4; 2) für ●, 4 (2; 1) für ■
d) $\frac{1}{2}$ für ■
e) beliebige natürliche Zahl größer 1 für ■,
▲ = 2 · ■

6 a) $\sqrt[12]{b}$ b) $\sqrt[3]{a^2}$ c) $\frac{1}{\sqrt[6]{t^5}}$
d) $\frac{1}{\sqrt{x}}$ e) y^6 f) b^{3n}
g) $a^{-\frac{2}{3}}$ h) $g^{\frac{2}{3}}$ i) $z^{\frac{2}{3}}$
j) 1 k) $r^{\frac{17}{12}}$ l) $y^{\frac{1}{2}}$

Seite 53

7 a) etwa 1,41 s; 2 s; etwa 3,16 s
b) $h = 5t^2$
c) 5 m; 10 m; 125 m

10 Bei einer Windgeschwindigkeit von $10\,\frac{km}{h}$ werden 10 °C Lufttemperatur wie etwa 8,5 °C gefühlt, bei $15\,\frac{km}{h}$ Windgeschwindigkeit wie etwa 7,8 °C, bei $20\,\frac{km}{h}$ Windgeschwindigkeit wie etwa 7,3 °C.

11 a) $\sqrt[4]{\sqrt{x}} = \sqrt{\sqrt[4]{x}} = \sqrt[24]{x^3}$ und $\sqrt[6]{x} = \sqrt[3]{\sqrt{x}}$
b) $\sqrt[4]{\sqrt{256}} = \sqrt{\sqrt[4]{256}} = \sqrt[24]{256^3} = 2$; $\sqrt[6]{256} = \sqrt[3]{\sqrt{256}} \approx 2{,}52$
Die ersten drei Terme haben den kleinsten, die letzten beiden den größten Wert.
c) $\sqrt[4]{\sqrt{0{,}5}} = \sqrt{\sqrt[4]{0{,}5}} = \sqrt[24]{0{,}5^3} \approx 0{,}92$; $\sqrt[6]{0{,}5} = \sqrt[3]{\sqrt{0{,}5}} \approx 0{,}89$
Die ersten drei Terme haben den größten, die letzten beiden den kleinsten Wert.

12 Stellungnahme zu der Behauptung von Jan Louis:
Diese Behauptung gilt nur für $a > 1$. Wenn $0 < a < 1$ ist, gilt genau das Gegenteil, das heißt dann ist a^n immer kleiner als a und $\sqrt[n]{a}$ ist immer größer als a.
Stellungnahme zu der Behauptung von Karim:
Diese Behauptung gilt nur für $a > 1$. Wenn $0 < a < 1$ ist, gilt genau das Gegenteil, das heißt dann wird a^n immer kleiner und $\sqrt[n]{a}$ immer größer mit größer werdendem n.

13 a) $5^{\frac{3}{4}}$ b) $a^{\frac{1}{5}}$ c) 4 d) $10^{\frac{1}{6}}$
e) $(2a)^{\frac{1}{2}}$ f) 1 g) $5^{\frac{1}{6}}$ h) $2^{\frac{1}{2}}$
i) $2^{-\frac{1}{6}}$ j) $x^{\frac{3}{4}}$ k) $(ax)^{t-6}$ l) $3^{\frac{1}{5}}$

14 a) $6^{-\frac{1}{12}}$ b) $2^{\frac{1}{3}}$ c) $\left(\frac{2}{3}\right)^{\frac{1}{6}}$ d) $4^{\frac{7}{12}}$
e) $2^{\frac{1}{4}}$ f) $3^{\frac{3}{4}}$ g) $7^{\frac{8}{15}}$ h) $5^{\frac{1}{6}}$
i) $2^{\frac{3}{2}}$ j) $3^{\frac{1}{2n}}$ k) $5^{\frac{1}{4}}$ l) $a^{\frac{1}{3n}}$

15 a) $a^{\frac{m}{4}}$ b) $a^2 b$ c) $a^{-2} b$ d) $\frac{8}{27}x^5 y^{-\frac{9}{8}}$

Seite 54

16 a) 475 mm (59,375 mm; 30,4 mm)
b) $d = \left(\frac{19\,000}{b \cdot s}\right)^{\frac{1}{3}} = \sqrt[3]{\frac{19\,000}{b \cdot s}}$
c) $d \approx 6{,}8$ mm

17 a) $\sqrt{2}^{\sqrt{3}} \cdot \sqrt{2}^{\sqrt{3}} = (\sqrt{2} \cdot \sqrt{2})^{\sqrt{3}} = 2^{\sqrt{3}}$
b) $\sqrt{3}^{\sqrt{5}} : (2\sqrt{3})^{\sqrt{5}} = \left(\frac{\sqrt{3}}{2\sqrt{3}}\right)^{\sqrt{5}} = \left(\frac{1}{2}\right)^{\sqrt{5}} = 2^{-\sqrt{5}}$
c) $(\sqrt{2} \cdot \sqrt{3})^{\sqrt{12}} = \sqrt{6}^{\sqrt{4 \cdot 3}} = \sqrt{6}^{2\sqrt{3}} = \left((\sqrt{6})^2\right)^{\sqrt{3}} = 6^{\sqrt{3}}$
d) $\left(\sqrt[3]{4} : \sqrt[3]{2}\right)^{6\sqrt{2}} = \left(2^{\frac{2}{3} - \frac{1}{3}}\right)^{6\sqrt{2}} = \left(2^{\frac{1}{3}}\right)^{6\sqrt{2}} = 2^{2\sqrt{2}}$
$= (2^2)^{\sqrt{2}} = 4^{\sqrt{2}}$

18 a) $10^0 = 1$ b) $5^{\sqrt{2}}$
c) $2^{\sqrt{3}}$ d) $3^4 = 81$
e) $3^3 = 27$ f) $12^2 \cdot 12^{\sqrt{6}} = 12^{2+\sqrt{6}}$

*5 Potenzfunktionen mit natürlichen Exponenten

Seite 55

Einstiegsaufgabe
Obwohl Nick hier etwas angeben will, unterliegt er einem mathematischen Fehler. In Wirklichkeit ist sein doppelt so großer Radlader in der Lage, sogar achtmal so viel Sand aufzuladen wie der kleinere Radlader seines Freundes. Der Grund dafür liegt darin, dass ein Volumen sich verachtfacht, wenn man die Abmessungen (Höhe, Länge, Breite) jeweils verdoppelt. Dies motiviert die Einführung von Potenzfunktionen mit natürlichen Exponenten.

Seite 57

1 Der Graph zu $f: x \to a \cdot x^n$ wird aus dem Graphen der Funktion $p: x \to x^n$ durch Achsenstreckung senkrecht zur x-Achse mit dem Streckfaktor a entwickelt.

a) $f(0{,}1) = 0{,}0005$
$f(10) = 500$

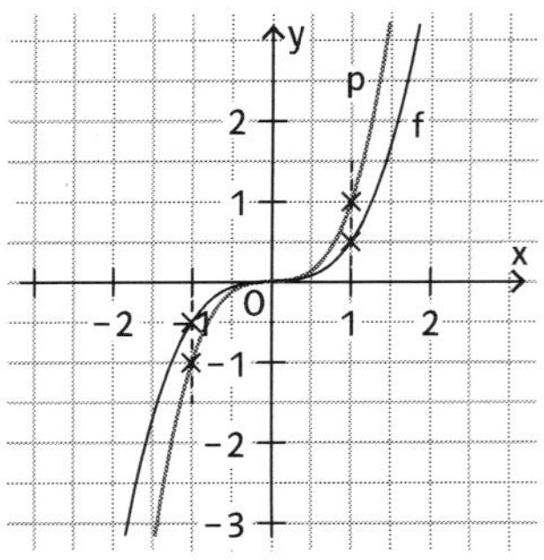

b) $f(0{,}1) = -0{,}0001$
$f(10) = -10\,000$

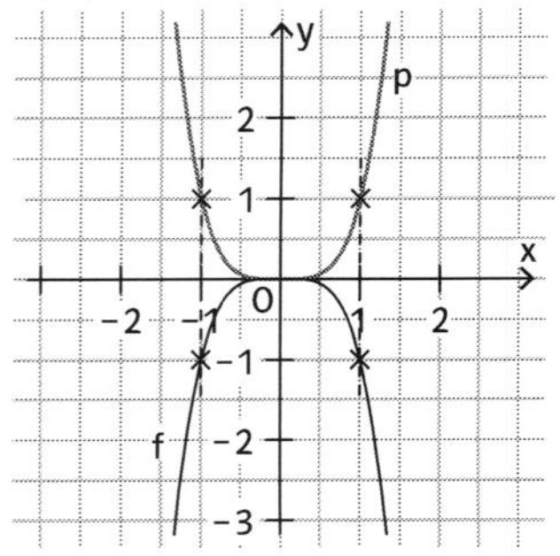

c) $f(0{,}1) = 0{,}000\,001$
$f(10) = 10\,000$

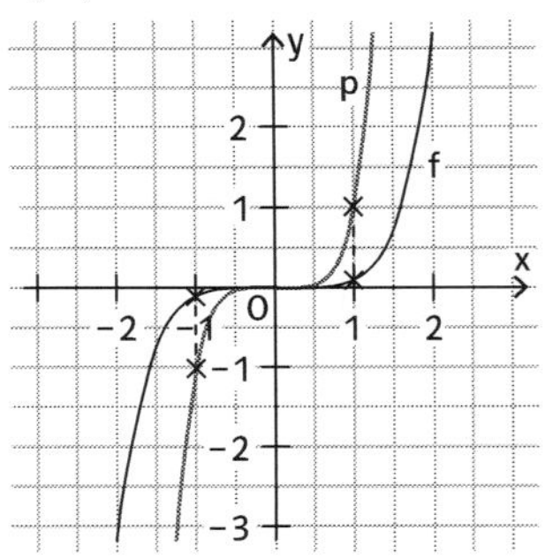

d) $f(0{,}1) = -0{,}000\,25$
$f(10) = -250$

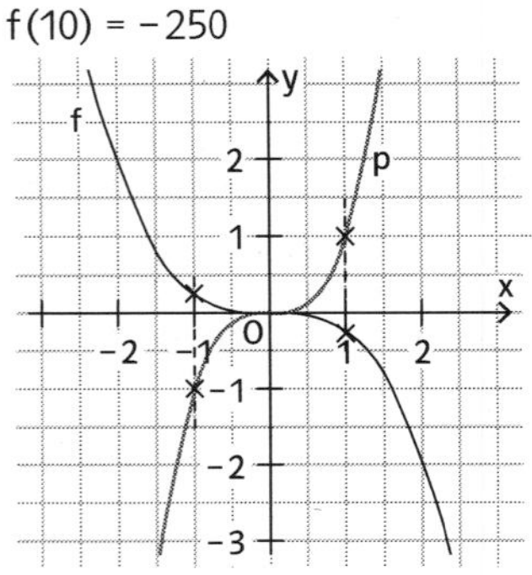

2 Zu f(x) gehört Graph C (weil die y-Achse Symmetrieachse ist und der Graph mit einem Faktor kleiner als 1 gestreckt wurde).
Zu g(x) gehört Graph D (weil der Graph symmetrisch zum Ursprung ist und an der x-Achse gespiegelt wurde).
Zu i(x) gehört Graph B (weil der Graph symmetrisch zum Ursprung ist und durch den Punkt (1 | 1) verläuft).
Zu k(x) gehört Graph A (weil die y-Achse Symmetrieachse ist und durch den Punkt (1 | 1) verläuft).
Dem Funktionsterm h(x) kann kein Graph zugeordnet werden, da der einzige mit einem Faktor größer als 1 gestreckte, zur y-Achse symmetrische Graph (Graph A) nicht durch den Punkt (1 | 8) verläuft.

Dem Funktionsterm j(x) kann kein Graph zugeordnet werden, da der einzige zum Ursprung symmetrische und nicht an der x-Achse gespiegelte Graph (Graph B) nicht durch den Punkt (1| 0,4) verläuft.

3 a) P liegt auf dem Graphen von g, aber nicht auf dem von f.
b) P liegt auf dem Graphen von g, aber nicht auf dem von f.
c) P liegt auf keinem der beiden Graphen g oder f.
d) P liegt auf keinem der beiden Graphen g oder f.
e) P liegt sowohl auf dem Graphen von f, als auch auf dem von g.

4 a) 243 b) −243 c) −2 d) 4
e) $7^3 = 343$

5 $f_1(x) = 1 \cdot x^4$
$f_{-2}(x) = -2 \cdot x^4$
$f_{0,25}(x) = 0,25 \cdot x^4$
Je größer der Betrag von a, desto schmaler verläuft der Graph.
Für negative Werte von a ist der Graph an der x-Achse gespiegelt.

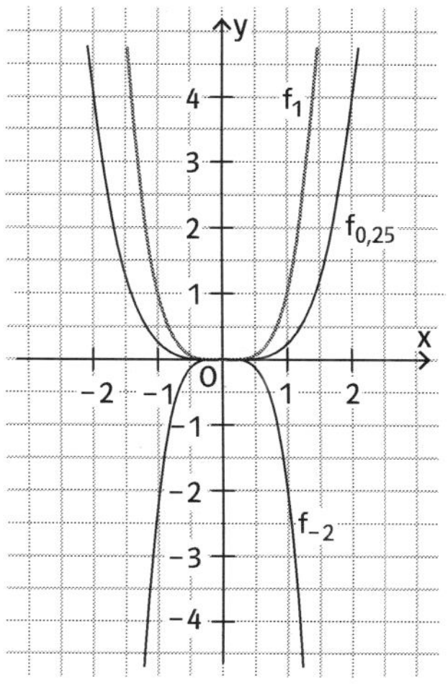

6 a) p = 64; q = −2; r = 0,1; s = −2
b) p = 2,488 32

7 a) Der Graph von g kann aus dem Graphen von f entstehen, indem dieser um 2 Einheiten nach oben verschoben wird.
Aus dem Funktionsterm kann man ablesen, dass der Graph durch den Punkt (0|2) geht, für x > 0 oberhalb der x-Achse verläuft und achsensymmetrisch ist (da f(−x) = f(x) für alle x gilt).
b) Der Graph von g kann aus dem Graphen von f entstehen, indem dieser um 1 Einheit nach unten verschoben wird.
Aus dem Funktionsterm kann man ablesen, dass der Graph achsensymmetrisch ist (also f(−x) = f(x) für alle x gilt) und durch den Punkt (0|−1) verläuft.
c) Der Graph von g kann aus dem Graphen von f entstehen, indem dieser um 2 Einheiten nach links verschoben wird. Es gibt keine Achsensymmetrie zur y-Achse (aber zur Geraden x = −2). Der Graph geht durch den Punkt (−2|0).
d) Der Graph von g kann aus dem Graphen von f entstehen, indem dieser um 3 Einheiten nach rechts verschoben wird. Es gibt keine Achsensymmetrie zur y-Achse (aber zur Geraden x = 3). Der Graph geht durch den Punkt (3|0).
e) Der Graph von g kann aus dem Graphen von f entstehen, indem dieser um 2 Einheiten nach rechts und um 1 Einheit nach oben verschoben wird. Es gibt keine Achsensymmetrie zur y-Achse (aber zur Geraden x = 2). Der Graph geht durch den Punkt (2|1)
f) Der Graph von g kann aus dem Graphen von f entstehen, indem dieser um 3 Einheiten nach links und um 2 Einheiten nach unten verschoben wird. Es gibt keine Achsensymmetrie zur y-Achse (aber zur Geraden x = −3). Der Graph geht durch den Punkt (−3|−2).
g) Der Graph von g kann aus dem Graphen von f entstehen, indem dieser mit dem Faktor 0,1 in y-Richtung gestaucht wird. Aus dem Funktionsterm kann man ablesen, dass der Graph durch den Ursprung (0|0) geht, für x > 0 oberhalb der x-Achse verläuft und achsensymmetrisch ist (da f(−x) = f(x) für alle x gilt).
h) Der Graph von g kann aus dem Graphen von f entstehen, indem dieser mit dem Faktor 0,5 in y-Richtung gestaucht und anschließend um 2 Einheiten nach rechts verschoben wird. Es gibt keine Achsensymmetrie zur y-Achse (aber zur Geraden x = 2). Der Graph geht durch den Punkt (2|0).
i) Der Graph von g kann aus dem Graphen von f entstehen, indem dieser an der x-Achse gespiegelt, mit dem Faktor 0,5 in y-Richtung gestaucht und anschließend um 2 Einheiten nach links und um 1 Einheit nach unten verschoben wird. Es gibt keine Achsensymmetrie zur y-Achse (aber zur Geraden x = −2). Der Graph geht durch den Punkt (2|0).

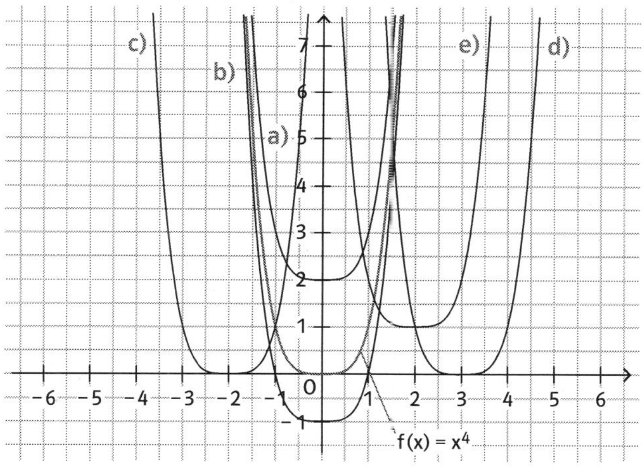

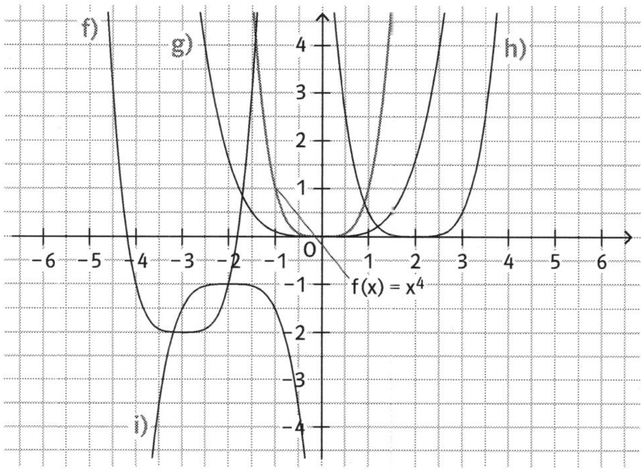

Seite 58

8 a) Zur Geraden $x = 0$ (y-Achse), da der zur y-Achse symmetrische Graph von $g(x) = x^{12}$ um 5 Einheiten nach oben verschoben wurde.
b) Zur Geraden $x = 0$ (y-Achse), da der zur y-Achse symmetrische Graph von $g(x) = x^8$ um 9 Einheiten nach unten verschoben wurde.
c) Zur Geraden $x = 0$ (y-Achse), da der zur y-Achse symmetrische Graph von $g(x) = x^{22}$ mit dem Faktor 12 gestreckt wurde.
d) Zur Geraden $x = -10$, da der zur y-Achse symmetrische Graph von $g(x) = x^{12}$ um 10 Einheiten nach links verschoben wurde.
e) Zur Geraden $x = 12$, da der zur y-Achse symmetrische Graph von $g(x) = x^{30}$ um 12 Einheiten nach rechts und um 12 Einheiten nach oben verschoben wurde.
f) $f(x) = 4x^{10} - 20 + 23 = 4x^{10} + 3$. Der Graph von f ist zur Geraden $x = 0$ (y-Achse) symmetrisch, da der zur y-Achse symmetrische Graph von $g(x) = x^{10}$ nur mit dem Faktor 4 gestreckt und um 3 Einheiten nach oben verschoben wurde.

9 a) Zum Punkt (0|7), da der zum Ursprung symmetrische Graph von $f(x) = x^7$ um 7 Einheiten nach oben verschoben wurde.
b) Zum Punkt (0|0), da der zum Ursprung symmetrische Graph von $f(x) = x^5$ an der x-Achse gespiegelt und mit dem Faktor 9,3 gestreckt wurde.
c) Zum Punkt (0|−14), da der zum Ursprung symmetrische Graph von $f(x) = x^{21}$ mit dem Faktor 8,4 gestreckt und anschließend um 14 Einheiten nach unten verschoben wurde.
d) Zum Punkt (−17|0), da der zum Ursprung symmetrische Graph von $f(x) = x^{13}$ um 17 Einheiten nach links verschoben wurde.
e) $g(x) = 3x^{19} - 15 + 2 = 3x^{19} - 13$. Der Graph von g ist zum Punkt (0|−13) symmetrisch, da der zum Ursprung symmetrische Graph von $f(x) = x^{19}$ mit dem Faktor 3 gestreckt und um 13 Einheiten nach unten verschoben wurde.
f) Zum Punkt (56|12), da der zum Ursprung symmetrische Graph von $f(x) = x^{33}$ um 56 Einheiten nach rechts und um 12 Einheiten nach oben verschoben wurde.

12 a) Der Graph ist achsensymmetrisch zur Geraden $x = 0$ (y-Achse), da der zur y-Achse symmetrische Graph von $y = x^6$ um 4 Einheiten nach oben verschoben wurde.
b) Der Graph ist symmetrisch zum Punkt (0|−9), da der zum Ursprung symmetrische Graph von $y = x^3$ um 9 Einheiten nach unten verschoben wurde.
c) Der Graph ist achsensymmetrisch zur Geraden $x = 0$ (y-Achse), da der zur y-Achse symmetrische Graph von $y = x^{28}$ mit dem Faktor 5,2 gestreckt wurde.
d) Der Graph ist symmetrisch zum Punkt (−7|0), da der zum Ursprung symmetrische Graph von $y = x^{11}$ um 7 Einheiten nach links verschoben wurde.
e) Der Graph ist achsensymmetrisch zur Geraden $x = 56$, da der zur y-Achse symmetrische Graph von $y = x^{34}$ um 56 Einheiten nach rechts und um 12 Einheiten nach oben verschoben wurde.
f) Der Graph ist achsensymmetrisch zur Geraden $x = 0$ (y-Achse), da der zur y-Achse symmetrische Graph von $y = x^{26}$ an der x-Achse gespiegelt und mit dem Faktor 6,4 gestreckt wurde.
g) $n(x) = -3x^{17} + 18 + 8 = -3x^{17} + 26$. Der Graph von n ist zum Punkt (0|26) symmetrisch, da der zum Ursprung symmetrische Graph von $y = x^{17}$ an der x-Achse gespiegelt, mit dem Faktor 3 gestreckt und anschließend um 26 Einheiten nach oben verschoben wurde.
h) Der Graph ist achsensymmetrisch zur Geraden $x = 8$, da der zur y-Achse symmetrische Graph von $y = x^{14}$ an der x-Achse gespiegelt, mit dem Faktor 7 gestreckt, um 8 nach rechts und schließlich um 9 Einheiten nach oben verschoben wurde.
i) Der Graph ist symmetrisch zum Punkt (6|2), da der zum Ursprung symmetrische Graph von $y = x^{19}$ zunächst an der x-Achse gespiegelt und mit dem Faktor 3 gestreckt sowie anschließend um 6 Einheiten nach rechts und 2 Einheiten nach oben verschoben wurde.

13 a) $f(x) = \frac{1}{64}x^4$ b) $f(x) = 5x^4$
c) $f(x) = -\frac{1}{1000}x^4$ d) $f(x) = -32x^4$

14 a) $a = 4;\ n = 3$ b) $a = 4;\ n = 5$

15 Graph oben: $f(x) = -\frac{3}{16}x^4 + 3$
Graph unten: $f(x) = -0{,}3x^5$

16 a) Das Gewicht verachtfacht sich, da sich das Volumen des Würfels verachtfacht und damit auch sein Gewicht, wenn man die Dichte des Holzes als zumindest annähernd gleich annimmt.
b) Wenn das Gewicht verdoppelt werden soll, bedeutet dies, dass auch das Volumen des Würfels verdoppelt werden soll, wenn man die Dichte des Holzes als zumindest annähernd gleich annimmt. Die neue Kantenlänge erhält man, indem die ursprüngliche Kantenlänge mit $\sqrt[3]{2}$ multipliziert wird (denn $(\sqrt[3]{2})^3 = 2$).

17 a)

v (in $\frac{m}{s}$)	0	1	2	3	4	5	10	15	20
P (in 10^5 W)	0	0,01	0,08	0,27	0,64	1,25	10	33,75	80

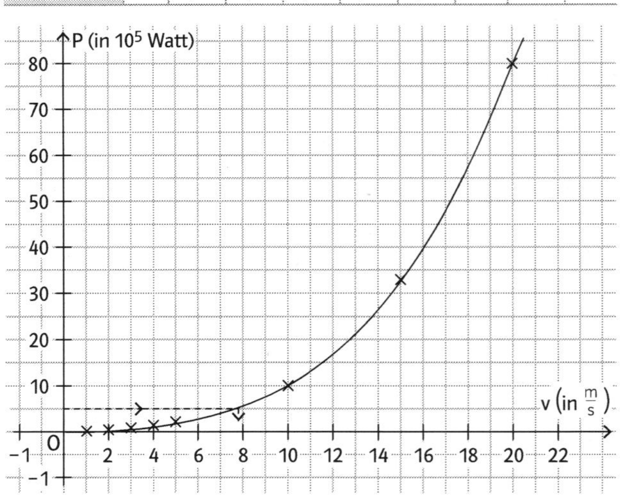

b) Bei einer Windgeschwindigkeit von etwa $8\,\frac{m}{s}$ beträgt die Leistung $5 \cdot 10^5$ Watt. $v = \sqrt[3]{500}\,\frac{m}{s} \approx 7{,}9\,\frac{m}{s}$

6 Potenzgleichungen

Seite 59

Einstiegsaufgabe

Anfangskapital: K; gesuchter Zinssatz: p

Damit sich das Anfangskapital nach 30 Jahren verdoppelt hat, muss gelten:

$K \cdot (1 + p)^{30} = 2 \cdot K$

$(1 + p)^{30} = 2$

$1 + p = \sqrt[30]{2} \approx 1{,}0234$ bzw. $p \approx 0{,}0234$

Gabi und Petra brauchen einen Zinssatz von 2,34 %, damit sich ihr Geld nach 30 Jahren verdoppelt haben wird. (Hinweis: Aus der zweiten Gleichung erkennt man, dass die Verdopplungszeit unabhängig vom Anfangskapital ist.)

Seite 60

1 a) zwei Lösungen: $20^{\frac{1}{6}} = \sqrt[6]{20}$; $-20^{\frac{1}{6}} = -\sqrt[6]{20}$

b) keine Lösung

c) genau eine Lösung: 2

d) genau eine Lösung: −0,5

e) zwei Lösungen: 5; −5

f) genau eine Lösung: −4

g) genau eine Lösung: −7

h) genau eine Lösung: $\frac{1}{3}$

2 a) $x^{\frac{1}{2}} = 11$; Lösung: 121

b) $x^{\frac{1}{3}} - 8 = 0$; Lösung: 512

c) $1 - (2x)^{\frac{1}{3}} = 0$; Lösung: 0,5

d) $(5 - x)^{\frac{1}{3}} = 2$; Lösung: −3

e) $x^{\frac{3}{2}} = 2$; Lösung $2^{\frac{2}{3}} = \sqrt[3]{4}$

f) $x^{\frac{2}{3}} + 2 = 0$; keine Lösung

g) $2 \cdot (x + 4)^{\frac{1}{3}} = 6$; Lösung: 23

h) $4 - x^{\frac{3}{4}} = 5$; keine Lösung

3 a) $8x^3 = 27$; $x^3 = \left(\frac{3}{2}\right)^3$

Lösung: 1,5

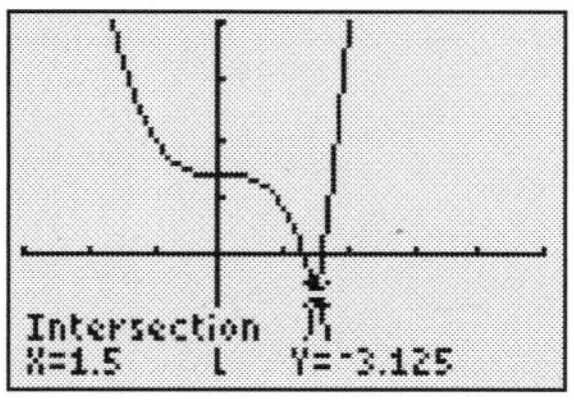

b) $100x^2 = 49$; $x^2 = \frac{49}{100}$

Lösungen: 0,7; −0,7

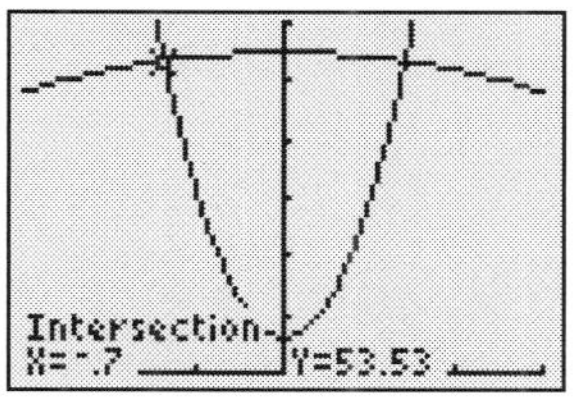

c) $x^5 = -234$

Lösung: −3

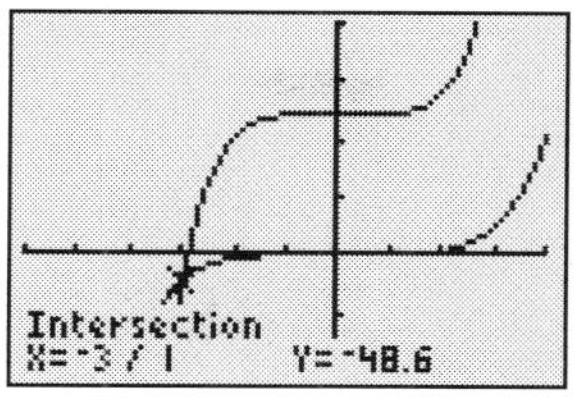

d) $2x^4 = -32$

keine Lösung

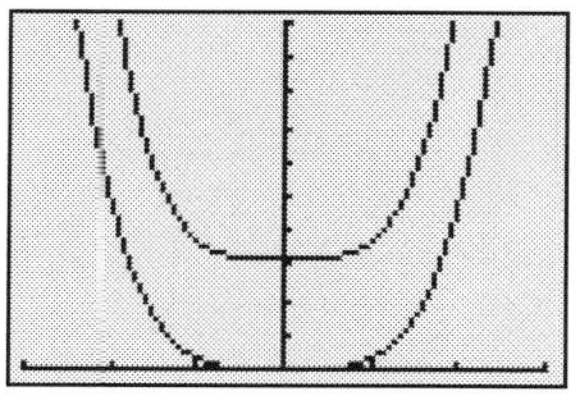

5 a) zum Beispiel $x^3 = 125$

b) zum Beispiel $x^3 + 3 = 0$

c) $x^2 = 2$

d) $x^{\frac{1}{2}} = 25$

6 a) zum Beispiel $x^3 = -1$ und $x^5 = -1$

b) Der Exponent q muss eine gerade natürliche Zahl sein, damit die Gleichung $x^q = a$ zwei Lösungen besitzt. Der Graph der Potenzfunktion $p(x) = x^q$ ist dann achsensymmetrisch zur y-Achse, für $a > 0$ gibt es zwei Lösungen, die sich allerdings nur im Vorzeichen unterscheiden. Folglich kann es keine Potenzgleichung $x^q = a$ mit den Lösungen −3 und 2 geben.

7 a) keine Lösung für $a < 0$;

zwei Lösungen, nämlich $\sqrt{a}$ und $-\sqrt{a}$ für $a > 0$

b) keine Lösung für $a > 0$;

zwei Lösungen, nämlich $\sqrt{-a}$ und $-\sqrt{-a}$ für $a < 0$

c) genau eine Lösung,

nämlich $-\sqrt[3]{a}$ für $a > 0$ bzw. $\sqrt[3]{-a}$ für $a < 0$

d) genau eine Lösung,

nämlich $-a$ für $a > 0$ und für $a < 0$

Vertiefen und Vernetzen

Seite 61

1 a) $2^0 = 1$; $2^0 + 2^1 = 3$; $2^0 + 2^1 + 2^2 = 7$;

$2^0 + 2^1 + 2^2 + 2^3 = 15$

Die Summe ist jeweils um 1 kleiner als die Potenz, die dem letzten Summanden folgen würde:

$2^0 = 1 = 2^1 - 1$; $2^0 + 2^1 = 3 = 2^2 - 1$;

$2^0 + 2^1 + 2^2 = 7 = 2^3 - 1 \ldots$

Für n Summanden ergibt sich die Summe

$2^0 + 2^1 + 2^2 + \ldots + 2^{n-1} = 2^n - 1$.

b) $3^0 = 1$; $3^0 + 3^1 = 4$; $3^0 + 3^1 + 3^2 = 13$;

$3^0 + 3^1 + 3^2 + 3^3 = 40$

Das Doppelte der Summe ist jeweils um 1 kleiner als die Potenz, die dem letzten Summanden folgen würde:

$3^0 = 1$, verdoppelt: $2 = 3^1 - 1$

$3^0 + 3^1 = 4$, verdoppelt: $8 = 3^2 - 1$

$3^0 + 3^1 + 3^2 = 13$, verdoppelt: $26 = 3^3 - 1 \ldots$

Für n Summanden ergibt sich die Summe

$3^0 + 3^1 + 3^2 + \ldots + 3^{n-1} = \frac{1}{2}(3^n - 1)$.

2 a) wahre Aussage: Mit $q > 1$ ist auch $q^n > 1$ und somit $1 > \frac{1}{q^n} = q^{-n}$.

b) wahre Aussage: Es ist $q^{-n} < 1$, also $\frac{1}{q^n} < 1$.

Dann ist $q^n > 1$ und daher $q > 1$.

c) wahre Aussage: Mit $q < 1$ ist wegen $q > 0$ auch $q^n < 1$ und somit $1 < \frac{1}{q^n} = q^{-n}$.

d) wahre Aussage: Es ist $q^{-n} > 1$, also $\frac{1}{q^n} > 1$. Dann ist $q^n < 1$ und daher $q < 1$.

3 **a)** Flüstern: 10^4 (lautes Rufen: 10^7, Motorrad: 10^8)
b) Disco (laute Musik)
c) Faktor 10
d) 10^{13}

4 Ein Jahr hat $365 \cdot 24 \cdot 60 \cdot 60 = 3{,}1536 \cdot 10^7\,s$.
Das Licht legt im Jahr also
$300\,000 \cdot 3{,}1536 \cdot 10^7\,km = 9{,}4608 \cdot 10^{12}\,km$ zurück.
Der Andromedanebel ist somit etwa
$2{,}7 \cdot 10^6 \cdot 9{,}4608 \cdot 10^{12}\,km = 2{,}554\,416 \cdot 10^{19}\,km$ von uns entfernt und hat einen Durchmesser von etwa
$163\,000 \cdot 9{,}4608 \cdot 10^{12}\,km = 1{,}542\,110\,4 \cdot 10^{18}\,km$.

5 **a)** Die Kantenlänge beträgt $a = \frac{1}{12} \cdot 60\,cm = 5\,cm$.
Daraus ergeben sich der Oberflächeninhalt
$O = 6a^2 = 150\,cm^2$ und das Volumen $V = a^3 = 125\,cm^3$.
b) Die Kantenlänge beträgt nun $a' = \frac{4}{3}a = \frac{20}{3}\,cm$.
Der Oberflächeninhalt ist $O' = \frac{16}{9}O = 266\frac{2}{3}\,cm^2$,
das Volumen $V' = \frac{64}{27}V = 296\frac{8}{27}\,cm^3$.
c) Der Würfel müsste die Kantenlänge
$a = \sqrt{\frac{O}{6}} \approx 12{,}25\,cm$ $\left(a = \sqrt[3]{V} \approx 12{,}6\,cm\right)$ haben.
Der Draht hätte die Länge $12a \approx 147{,}0\,cm$ (151,2 cm).

Seite 62

6 **a)** Bei einem 71 m hohen Turm kann eine Endgeschwindigkeit von etwa $37{,}3\,\frac{m}{s}$ erreicht werden. Das entspricht einer Geschwindigkeit von $134{,}4\,\frac{km}{h}$.
b) Aus $v = \sqrt{2g \cdot h}$ ergibt sich $h = \frac{v^2}{2g}$.
Die Birne ist aus etwa 11,5 m Höhe gefallen.
c) Wegen der mit wachsender Geschwindigkeit immer stärker anwachsenden Luftreibung kann die Geschwindigkeit bei der Fallbewegung nicht beliebig groß werden. Mithilfe einer geeigneten Sprungtechnik (vgl. Foto auf Seite 62, Schülerbuch) kann die Grenzgeschwindigkeit, die erreicht wird, auf etwa $200\,\frac{km}{h}$ begrenzt werden.

7 **a)** Bei doppeltem Gewicht würde das Ausmaß der Straßenschädigung auf das 16-Fache ansteigen.
b) Die Erhöhung der Achslast auf das 1,15-Fache führt zu einer Erhöhung der Straßenschädigung mit dem Faktor
$1{,}15^4 \approx 1{,}749$
Damit würde das Ausmaß der Straßenschädigung um etwa 75 % steigen.

8 $\sqrt[3]{300\,cm^3}\,cm + \sqrt[3]{120\,cm^3}\,cm + \sqrt[3]{60\,cm^3}\,cm \approx 15{,}54\,cm$

9 **a)**

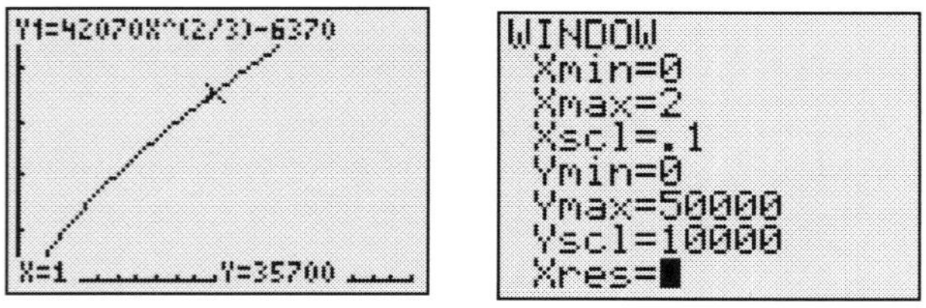

b) Ein geostationärer Satellit hat eine Umlaufzeit von einem Tag. Für die Höhe h (in km) ergibt sich
$h = 42\,070 \cdot 1^{\frac{2}{3}} - 6370 = 35\,700$ (vgl. Screen zu Teilaufgabe a)).
Ein geostationärer Satellit steht somit etwa 35 700 km über der Erdoberfläche.
c) Aus $10\,000 = 42\,070 \cdot T^{\frac{2}{3}} - 6370$ ergibt sich
$T = \left(\frac{16\,370}{42\,070}\right)^{\frac{3}{2}} \approx 0{,}243$.
Bei einer Höhe von 10 000 km dauert ein Umlauf etwa 0,243 Tage ≈ 5 h 50 min.

10 Das Volumen der Sonne wird von etwa
$\frac{1{,}41 \cdot 10^{18} \cdot (10^3\,m)^3}{1{,}08 \cdot 10^{21} \cdot m^3} \approx 1{,}3 \cdot 10^6$ Erdkugeln erreicht.

Seite 63

11 **a)** Auf die Sonde wirkte eine Strahlungsleistung von etwa $13{,}53\,\frac{kW}{m^2}$.
b) Die Temperatur könnte bis maximal etwa 425,7 °C anwachsen.

12 **a)** Die Seitenlänge des größten Dreiecks ist $s_1 = 4\,cm$. Die Seitenlänge s_{10} des 10. Dreiecks erhält man, indem man die ursprüngliche Seite nacheinander 9-mal halbiert:
$s_{10} = \left(\frac{1}{2}\right)^9 \cdot 4\,cm = 2^{-7}\,cm \approx 0{,}0078\,cm = 7{,}8 \cdot 10^{-5}\,m$.
$\Big(s_{100} = \left(\frac{1}{2}\right)^{99} \cdot 4\,cm = 2^{-97}\,cm \approx 6{,}31 \cdot 10^{-30}\,cm$
$= 6{,}31 \cdot 10^{-32}\,m;$
$s_n = \left(\frac{1}{2}\right)^{n-1} \cdot 4\,cm = 2^{3-n}\,cm\Big)$
b) Wegen $\frac{1}{1024} = 2^{-10}$ ergibt sich mit der allgemeinen Darstellung aus Teilaufgabe b) $3 - n = -10$, also $n = 13$.
Somit hat das 13. Dreieck die Kantenlänge $\frac{1}{1024}\,cm$.

13 **a)** Länge a_1 nach dem ersten Schritt:
$a_1 = 4 \cdot \frac{1}{3}a = \frac{4}{3}a$
Länge a_2 nach dem zweiten Schritt:
$a_2 = 16 \cdot \frac{1}{9}a = \frac{4}{3} \cdot \left(\frac{4}{3}a\right) = \frac{4}{3}a_1 = \left(\frac{4}{3}\right)^2 \cdot a$
b) Länge a_n nach dem n-ten Schritt: $a_n = \left(\frac{4}{3}\right)^n \cdot a$
Länge einer zunächst 6,25 cm langen Strecke nach 20 Schritten:
$a_{20} = \left(\frac{4}{3}\right)^{20} \cdot 6{,}25\,cm \approx 1970{,}9\,cm = 19{,}707\,m$
c) Aus $\left(\frac{4}{3}\right)^n \cdot a = 100a$ $\left(\left(\frac{4}{3}\right)^n \cdot a = 10^6 \cdot a;\ \left(\frac{4}{3}\right)^n \cdot a = 10^{50} \cdot a\right)$
ergibt sich $n = 16{,}0078\ldots$ ($n = 48{,}0235\ldots$; $n = 400{,}1961\ldots$).
Nach 17 Schritten ist der Streckenzug erstmals mehr als 100-mal so lang wie die Anfangsstrecke a.
(Entsprechend: nach 49 Schritten erstmals mehr als 10^6-mal so lang; nach 401 Schritten erstmals mehr als 10^{50}-mal so lang)

Exkursion: Ellipsen und Kepler'sche Gesetze

Seite 64

1 a) $e = \sqrt{a^2 - b^2} = \sqrt{5^2 - 2{,}5^2}\,\text{cm} = \sqrt{18{,}75}\,\text{cm} \approx 4{,}33\,\text{cm}$

b)

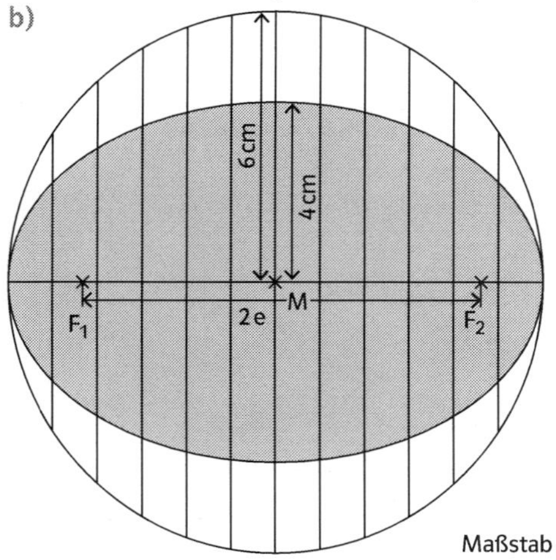

Maßstab 1:2

Die Brennpunkte F_1 bzw. F_2 liegen auf der großen Halbachse links bzw. rechts von M im Abstand von jeweils etwa 4,47 cm, denn es gilt:

$e = \sqrt{a^2 - b^2} = \sqrt{6^2 - 4^2}\,\text{cm} = \sqrt{20}\,\text{cm} \approx 4{,}47\,\text{cm}.$

2 a)

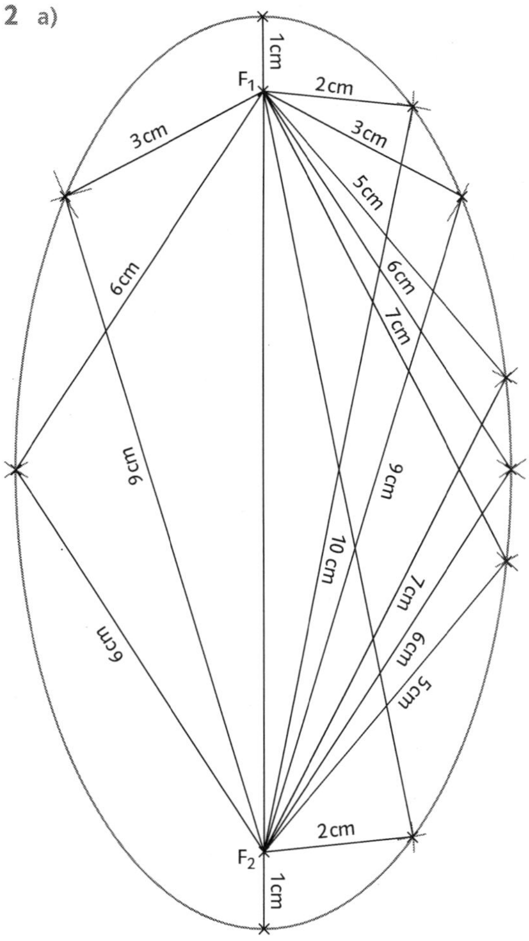

b) Aus $\overline{F_1F_2} = 2e = 10\,\text{cm}$ folgt $e = 5\,\text{cm}$.

Für die große Halbachse a gilt: $a = \frac{d}{2} = \frac{\overline{PF_1} + \overline{PF_2}}{2} = 6\,\text{cm}$.

Aus $b^2 = a^2 - e^2$ folgt somit für die kleine Halbachse:

$b = \sqrt{6^2 - 5^2}\,\text{cm} \approx 3{,}32\,\text{cm}$.

Seite 65

3 Für alle 15 möglichen Planetenpaare ist der Quotient $\frac{T_1^2}{T_2^2}$ annähernd genauso groß wie der Quotient $\frac{a_1^3}{a_2^3}$.

Beispiele:

Venus/Merkur

$\frac{T_1^2}{T_2^2} = \frac{0{,}6152^2}{0{,}2408^2} \approx 6{,}53$; $\frac{a_1^3}{a_2^3} = \frac{0{,}7233^3}{0{,}3871^3} \approx 6{,}52$

Jupiter/Erde

$\frac{T_1^2}{T_2^2} = \frac{11{,}8616^2}{1^2} \approx 140{,}70$; $\frac{a_1^3}{a_2^3} = \frac{5{,}2028^3}{1^3} = 140{,}84$

Saturn/Mars

$\frac{T_1^2}{T_2^2} = \frac{29{,}4563^2}{1{,}8808^2} \approx 245{,}29$; $\frac{a_1^3}{a_2^3} = \frac{9{,}5389^3}{1{,}5237^3} \approx 245{,}36$

4 a) Für die mittlere Sonnenentfernung r_1 des Neptuns ergibt sich zum Beispiel mithilfe der Erddaten:

$r_1^3 = \frac{T_1^2}{T_2^2} \cdot r_2^3 = \frac{165{,}49^2}{1^2} \cdot (1\,\text{AE})^3$, also $r_1 \approx 30{,}14\,\text{AE}$.

b) Für die Umlaufzeit T_2 des Uranus ergibt sich zum Beispiel mithilfe der Erddaten:

$T_1^2 = \frac{r_1^3}{r_2^3} \cdot T_2^2 = \frac{19{,}2809^3}{1^3} \cdot (1\,\text{Jahr})^2$, also $T_1 \approx 84{,}66$ Jahre.

III Kreis- und Körperberechnungen

Lösungshinweise zu den Erkundungen

Seite 70

Körper finden

Körpernetze

Wenn man die Figuren ausschneidet und versucht, sie jeweils zu einem Körper zusammenzufalten, erkennt man Folgendes:
Die Figuren (2), (4), (5) und (6) sind Netze von Körpern.
Die Figuren (1), (3), (7), (8) und (9) sind keine Körpernetze. Es folgen die Begründungen, warum die Figuren (1), (3), (7), (8) und (9) keine Körpernetze sein können:

Netz (1): Die Seitenlängen der vier an dem Rechteck „hängenden" Dreiecke sind bei Weitem zu kurz, um daraus einen Körper, in diesem Fall eine Pyramide mit rechteckiger Grundfläche, zu falten.

Netz (3): Es fehlt die viereckige Grundfläche, um die Figur zu einer Pyramide mit viereckiger Grundfläche falten zu können.

Netz (7): Um aus der Figur einen Zylinder falten zu können, müssten die beiden Rechteckseiten, an denen die Kreise „hängen", deutlich länger sein.

Netz (8): Die Bogenlänge des Viertelkreises ist zu klein, um aus der Figur einen Kegel zu falten. Die Bogenlänge müsste genau so groß sein wie der Umfang des kleinen Kreises.

Netz (9): Ein Netz eines Quaders benötigt immer drei Paare kongruenter Rechtecke. Dies ist bei der gegebenen Figur nicht der Fall.

Pyramide: Netz (2)
Prisma: Netz (4)
Kegel: Netz (5)
Zylinder: Netz (6)

Oberflächeninhalte bestimmen

Bei einer Pyramide (Netz 2) bestimmt man den Oberflächeninhalt, indem man den Flächeninhalt der Grundfläche (hier Dreieck) bestimmt und dann die Flächeninhalte der (hier drei) Seitenflächen (hier Dreiecke) hinzuaddiert.
Berechnung des Oberflächeninhalts dieser Pyramide:
Grundfläche (Dreieck):
$0{,}5 \cdot 3\,\text{cm} \cdot 1{,}5\,\text{cm} = 2{,}25\,\text{cm}^2$
Summe der drei Seitenflächen (Dreiecke):
$0{,}5 \cdot 2\,\text{cm} \cdot 1{,}4\,\text{cm} + 0{,}5 \cdot 2{,}2\,\text{cm} \cdot 1{,}9\,\text{cm} + 0{,}5 \cdot 3\,\text{cm} \cdot 1{,}2\,\text{cm}$
$= 5{,}29\,\text{cm}^2$
Gesamter Oberflächeninhalt:
$2{,}25\,\text{cm}^2 + 5{,}29\,\text{cm}^2 = 7{,}54\,\text{cm}^2$

Bei einem Prisma (Netz 4) bestimmt man den Flächeninhalt der Grundfläche (hier Dreieck) und verdoppelt diesen Flächeninhalt, da die Grundfläche („unten") ja deckungsgleich noch einmal als Deckfläche („oben") vorkommt. Anschließend bestimmt man die Summe der Flächeninhalte der (hier drei) rechteckigen Seitenflächen und addiert diese Summe zu dem vorher berechneten verdoppelten Flächeninhalt der Grundfläche.

Berechnung des Oberflächeninhalts dieses Prismas:
Summe aus Grundfläche und Deckfläche (kongruente Dreiecke): $2 \cdot (0{,}5 \cdot 2\,\text{cm} \cdot 3\,\text{cm}) = 6\,\text{cm}^2$
Summe der drei Seitenflächen (Rechtecke):
$3\,\text{cm} \cdot 0{,}7\,\text{cm} + 2\,\text{cm} \cdot 0{,}7\,\text{cm} + 3{,}6\,\text{cm} \cdot 0{,}7\,\text{cm} = 6{,}02\,\text{cm}^2$
Gesamter Oberflächeninhalt:
$6\,\text{cm}^2 + 6{,}02\,\text{cm}^2 = 12{,}02\,\text{cm}^2$

Bei einem Kegel (Netz 5) bestimmt man zunächst den Flächeninhalt der Grundfläche (Kreis). Dazu addiert man den Flächeninhalt der Mantelfläche, die im Netz einen Kreisausschnitt darstellt.
Berechnung des Oberflächeninhalts dieses Kegels:
Grundfläche (Kreis):
$\pi \cdot (1\,\text{cm})^2 = \pi\,\text{cm}^2 \approx 3{,}14\,\text{cm}^2$
Mantelfläche (Kreisausschnitt):
$\pi \cdot (3\,\text{cm})^2 \cdot \frac{120°}{360°} = 3\pi\,\text{cm}^2 \approx 9{,}42\,\text{cm}^2$
Oberflächeninhalt gesamt (gerundet):
$3{,}14\,\text{cm}^2 + 9{,}42\,\text{cm}^2 = 12{,}56\,\text{cm}^2$

Bei einem Zylinder (Netz 6) bestimmt man den Flächeninhalt der Grundfläche (Kreis) und verdoppelt diesen Flächeninhalt, da die Grundfläche („unten") ja deckungsgleich noch einmal als Deckfläche („oben") erscheint. Anschließend bestimmt man den Flächeninhalt der rechteckigen Mantelfläche und addiert diesen Flächeninhalt zu dem vorher berechneten verdoppelten Flächeninhalt des Grundkreises.
Berechnung des Oberflächeninhalts dieses Zylinders:
Summe aus Grundfläche und Deckfläche (kongruente Kreise): $2 \cdot (\pi \cdot (1\,\text{cm})^2) = 2\pi\,\text{cm}^2 \approx 6{,}28\,\text{cm}^2$
Mantelfläche (Rechteck): $6{,}28\,\text{cm} \cdot 2\,\text{cm} = 12{,}56\,\text{cm}^2$
Oberflächeninhalt gesamt (gerundet):
$6{,}28\,\text{cm}^2 + 12{,}56\,\text{cm}^2 = 18{,}84\,\text{cm}^2$

Seite 71

Auf der Suche nach Kreisformeln

Messergebnisse auswerten

- Die Messergebnisse lassen vermuten, dass U zu d proportional ist. Das bedeutet $U = k \cdot d$
  Dabei ist k der Proportionalitätsfaktor. k ist etwa gleich 3 oder 3,1 oder 3,15 (je nach Ausgang des praktischen Versuches).
- Die grafische Auswertung bestätigt die Vermutung. Es entsteht eine Gerade durch den Nullpunkt.
- $d = 1\,\text{m} \rightarrow U \approx 3{,}1\,\text{m}$
  $d = 100\,\text{m} \rightarrow U \approx 310\,\text{m}$
- k ist etwa so groß wie die Kreiszahl π.

1 Flächeninhalt eines Kreises

Seite 72

Einstiegsaufgabe
Die Einstiegsaufgabe kann als Anregung genommen werden, einmal praktisch auszuprobieren, wie groß so ein Kreis wirklich ist. In einer Klasse gibt es meist etwa 30 Schüler. Die Schüler stellen sich im Kreis auf und man kann so sehen, ob der Kreis in ein Klassenzimmer passt. Das kann man auch im Freien ausprobieren und den Durchmesser bestimmen.
Der Durchmesser kann auch rechnerisch ermittelt werden. Bei durchschnittlich 1,70 m pro Schüler erhält man einen Durchmesser von rund 8 m. Daraus kann man schließen, dass die Baumscheibe tatsächlich fast den ganzen Boden des Klassenzimmers bedecken würde.

Seite 73

1 a) $A \approx 72{,}38\,m^2$ b) $A \approx 176{,}71\,dm^2$
c) $A \approx 10{,}75\,dm^2$ d) $A \approx 1963{,}50\,cm^2$
e) $A \approx 1{,}40\,m^2$ f) $A \approx 1{,}33\,cm^2$
g) $A \approx 17{,}35\,m^2$ h) $A \approx 176{,}71\,km^2$

2 a) $A \approx \pi r^2$; $r = \sqrt{\frac{A}{\pi}} = \sqrt{\frac{1{,}00\,m^2}{\pi}} \approx 0{,}56\,m$; $d = 2r \approx 1{,}13\,m$
b) $r \approx 0{,}62\,dm$; $d \approx 1{,}24\,dm$
c) $r \approx 4{,}37\,cm$; $d \approx 8{,}74\,cm$
d) $r \approx 5{,}00\,m$; $d \approx 10{,}00\,m$
e) $r = 11\,cm$; $d = 22\,cm$
f) $r = 2{,}3\,m$; $d = 4{,}6\,m$
g) $r = \frac{1}{2}\,km$; $d = 1\,km$
h) $r = \sqrt{2}\,cm \approx 1{,}41\,cm$; $d = 2\sqrt{2}\,cm \approx 2{,}83\,cm$

3 a) $d = 0{,}6\,m$; $r = 0{,}3\,m$; $A = \pi \cdot (0{,}3\,m)^2 \approx 0{,}28\,m^2$
b) Das Empfangsgebiet des Fernsehsenders ist $\pi \cdot (45\,km)^2$ groß, also etwa $6362\,km^2$.

4 Radius: $r = 0{,}9\,m + 0{,}2\,m = 1{,}1\,m$
Flächeninhalt: $A \approx 3{,}8\,m^2$

Seite 74

7 Fläche des Abfalls = Fläche des Quadrats – Fläche der Kreisscheibe
Da die Kreisscheibe möglichst groß sein soll, beträgt ihr Radius $\frac{25}{2}$ cm. Die Fläche des Abfalls beträgt $(25\,cm)^2 - \pi(12{,}5\,cm)^2 \approx 134{,}1\,cm^2$.

8 a) Die Fläche des Abfalls beträgt (siehe auch Aufgabe 7): $a^2 - \pi\left(\frac{a}{2}\right)^2 = a^2\left(1 - \frac{\pi}{4}\right) \approx 0{,}2146\,a^2$.
Da die Fläche des Quadrats a^2 ist, beträgt der Anteil der Fläche des Abfalls etwa 21,46 % von der Fläche des Quadrats.

b) Bei vier gleich großen Kreisscheiben ist der Radius einer solchen Kreisscheibe $\frac{a}{4}$. Dann ergibt sich die Fläche des Abfalls zu

$$a^2 - 4 \cdot \pi\left(\frac{a}{4}\right)^2 = a^2 - \frac{\pi}{4}a^2 = a^2\left(1 - \frac{\pi}{4}\right) \approx 0{,}2146\,a^2.$$

Die Fläche des Abfalls beträgt also etwa 21,46 % von der Fläche des Quadrats.
Bei neun gleich großen Kreisscheiben ist der Radius einer solchen Kreisscheibe $\frac{a}{6}$. Die Fläche des Abfalls ist dann

$$a^2 - 9 \cdot \pi\left(\frac{a}{6}\right)^2 = a^2 - \frac{\pi}{4}a^2 = a^2\left(1 - \frac{\pi}{4}\right) \approx 0{,}2146\,a^2.$$

Die Fläche des Abfalls ist also wieder etwa 21,46 % von der Fläche des Quadrats. Allgemein ist der Radius bei n^2 gleich großen Kreisscheiben $\frac{a}{2n}$ und damit die Fläche des Abfalls $a^2 - n^2 \cdot \pi\left(\frac{a}{2n}\right)^2 = a^2 - \frac{\pi}{4}a^2 = a^2\left(1 - \frac{\pi}{4}\right) \approx 0{,}2146\,a^2$.
Die Fläche des Abfalls beträgt also stets etwa 21,46 % von der Fläche des Quadrats.

9

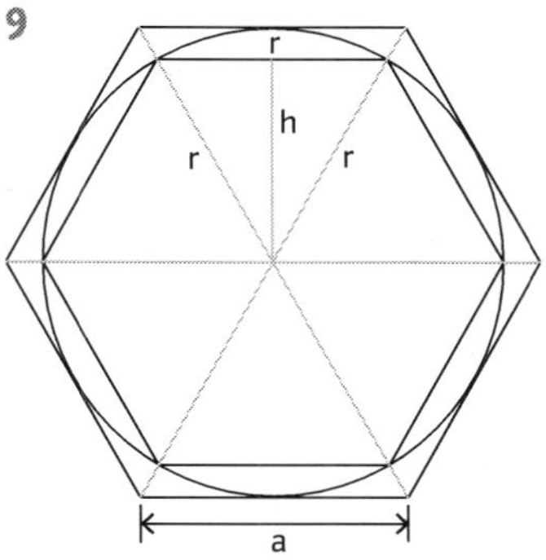

Fläche des einbeschriebenen Sechsecks:
$A_1 = 6 \cdot \frac{1}{2}rh = 3r \cdot r\frac{\sqrt{3}}{2} = r^2\frac{3\sqrt{3}}{2}$
Die Grundseite des umbeschriebenen Sechsecks wird mit a bezeichnet. Es ist $\tan(30°) = \frac{\frac{a}{2}}{r} = \frac{1}{3}\sqrt{3}$, also $a = \frac{2}{3}\sqrt{3}\,r$.
Damit ergibt sich für die Fläche des umbeschriebenen Sechsecks $A_2 = 6 \cdot \frac{1}{2}ar = 3 \cdot \frac{2}{3}\sqrt{3}\,r^2 = 2\sqrt{3}\,r^2$.
Für die Kreisfläche A gilt die Abschätzung
$A_1 < A < A_2$, also $\frac{3\sqrt{3}}{2}r^2 < \pi r^2 < 2\sqrt{3} \cdot r^2$
oder $1{,}5\sqrt{3} < \pi < 2\sqrt{3}$, also etwa $2{,}60 < \pi < 3{,}46$.
Diese Abschätzung für π ist noch sehr ungenau, man hat π noch nicht einmal auf die Einerstellen genau abgeschätzt. Für genauere Abschätzungen muss man die Anzahl der Eckpunkte der ein- und umbeschriebenen Vielecke deutlich erhöhen.
(vgl. die Tabelle im Schülerbuch auf Seite 73).

10 linke Figur:
$A = \pi \cdot (4\,cm)^2 - \pi \cdot (2\,cm^2) = 12\pi\,cm^2 = 37{,}70\,cm^2$
rechte Figur:
$A = \pi \cdot (4\,cm)^2 - \frac{1}{2}\pi \cdot (2{,}5\,cm^2) = 12{,}875\pi\,cm^2 = 40{,}45\,cm^2$

11 Der Radius des inneren Kreises ist r_i. Dann gilt
$\pi r^2 = 3 \cdot \pi r_i^2$, also $r_i = \frac{1}{\sqrt{3}}r = \frac{1}{3}\sqrt{3}\,r \approx 0{,}58\,r$.

12 a) Aus dem Halbkreis wurde so viel „herausgeschnitten“ wie wieder „addiert“ wurde, also:

$A = \frac{1}{2}A_{Kreis} = \frac{1}{2}\pi \cdot (4\,cm)^2 = 8\pi\,cm^2 \approx 25{,}13\,cm^2$.

b) $A = \frac{1}{2}\pi \cdot [(4\,cm)^2 - (2\,cm)^2] + \pi \cdot (1\,cm)^2$

$= 7\pi\,cm^2 \approx 21{,}99\,cm^2$

c) Aus der Symmetrie der Figur ergibt sich, dass die gefärbte Fläche der Fläche eines Halbkreises mit Radius 4 cm entspricht, d.h.

$A = \frac{1}{2} \cdot \pi \cdot (4\,cm)^2 = 8\pi\,cm^2 \approx 25{,}13\,cm^2$.

2 Umfang eines Kreises

Seite 75

Einstiegsaufgabe
Der Umfang des Rades hängt vom Durchmesser ab. Kennt der Kilometerzähler den Durchmesser, so kann er den Umfang berechnen. Damit kann er über die Anzahl der Radumdrehungen die Fahrstrecke bestimmen.

Seite 76

1 a) Umfang: $U \approx 25{,}1\,cm$
b) Neuer Umfang: $U \approx 50{,}3\,cm$, also doppelt so groß.
c) Neuer Umfang: $U \approx 31{,}4\,cm$.
Der Umfang vergrößert sich um 2π, also etwa 6,3 cm.

2 a) Durchmesser: $d \approx 25\,m$; Radius: $r \approx 12{,}5\,m$
b) Neuer Durchmesser: $d \approx 12{,}5\,m$, also halb so groß.
c) Neuer Durchmesser: $d \approx 23{,}4\,m$.
Er wird um $1{,}6\,m = 160\,cm$ kleiner.

3 a) $\pi\,cm + 2\,cm \approx 5{,}14\,cm$ b) $\pi\,cm + 4\,cm \approx 7{,}14\,cm$
c) $2\pi\,cm + 6\,cm \approx 12{,}28\,cm$ d) $2\pi\,cm + \pi\,cm \approx 9{,}42\,cm$

4 a) $r = 10{,}15\,cm$; $A = \pi r^2 \approx 323{,}65\,cm^2$;
$U = \pi d \approx 63{,}77\,cm$

b) $r = \sqrt{\frac{A}{\pi}} = 1{,}2\,km$; $d = 2{,}4\,km$; $U \approx 7{,}54\,km$

c) $r = \frac{U}{2\pi} = \frac{1}{8}m$; $d = \frac{1}{4}m$; $A \approx 4{,}91\,dm^2$

d) $r = 7{,}98\,m$; $d \approx 15{,}96\,m$; $U \approx 50{,}13\,m$

5 $U \approx 40\,000\,km$; $r \approx 6366\,km$

6 a) $U = \pi d = \pi \cdot 9{,}2\,m \approx 28{,}90\,m$
b) 16 Männer

Seite 77

9 a) $U = \frac{1}{2}(2\pi \cdot (1 + 2 + 4 + 2)) = 9\pi$

b) $U = \frac{1}{2}(2\pi \cdot (1 + 2 + 3 + 4)) = 10\pi$

10 Umfang der ISS-Umlaufbahn:
$2 \cdot \pi \cdot (6370\,km + 400\,km) \approx 42\,537\,km$
Geschwindigkeit: ca. 28 358 km/h

11 Umfang der ASTRA-Bahn:
$2 \cdot \pi \cdot (6370 + 35\,900)\,km \approx 265\,600\,km$
Strecke pro Stunde: $\approx 11\,070\,km$

12 a) Länge: $l \approx 7{,}85\,m$
b) Flächeninhalt: $A \approx 0{,}55\,m^2$

13 a) Differenz der Radien:

$R - r = \frac{U + 2\,m}{2\pi} - \frac{U}{2\pi} = \frac{1}{\pi}m \approx 0{,}318\,m$

Ein Mensch könnte darunter hindurchkriechen.
b) Die Differenz der Radien ist vom jeweiligen Umfang unabhängig, sie hängt nur von der Vergrößerung des Umfangs ab.
Für einen Fußball, eine Erbse oder für $r = 0$ ist diese Differenz gleich groß wie für die Erde, genauer

$\frac{U + d}{2\pi} - \frac{U}{2\pi} = \frac{d}{2\pi}$, wobei d die jeweilige Vergrößerung des Umfangs ist.

3 Kreisausschnitt und Kreisbogen

Seite 78

Einstiegsaufgabe
Flächeninhalt des Viertelkreises:
$\frac{1}{4} \cdot \pi \cdot (3\,m)^2 \approx 7{,}1\,m^2$
Umfang des Viertelkreises:
$\frac{1}{4} \cdot 2\pi \cdot 3\,m \approx 4{,}7\,m$
Frau Müller-Schwarz muss Pflastersteine für $7{,}1\,m^2$ und Randsteine für 4,7 m besorgen.

Seite 79

1

a) $b \approx 4{,}71\,cm$	b) $b \approx 9{,}42\,cm$	c) $b \approx 18{,}85\,cm$
$A \approx 21{,}2\,cm^2$	$A \approx 42{,}4\,cm^2$	$A \approx 169{,}6\,cm^2$
b) $b \approx 5{,}65\,cm$	e) $b \approx 15{,}7\,cm$	f) $b \approx 25{,}04\,cm$
$A \approx 50{,}9\,cm^2$	$A \approx 47{,}1\,cm^2$	$A \approx 159{,}0\,cm^2$
g) $b \approx 1{,}55\,dm$	h) $b \approx 0{,}990\,cm$	i) $b \approx 15{,}36\,cm$
$A \approx 1{,}86\,dm^2$	$A \approx 0{,}416\,cm^2$	$A \approx 24{,}57\,cm^2$

2 $\alpha = \frac{180°}{\pi} \approx 57{,}3°$; $A = 0{,}5\,m^2$

3 a) $\alpha \approx 63{,}7°$ b) $\alpha \approx 40{,}9°$ c) $\alpha \approx 163{,}7°$

4 a) $b \approx 2{,}09\,cm$, $A \approx 4{,}19\,cm^2$ b) $\alpha \approx 23{,}9°$, $A = 7{,}5\,cm^2$ c) $\alpha \approx 36{,}1°$, $U = 8{,}70\,dm$

5 $A \approx 10{,}82\,cm^2$ $U \approx 14{,}82\,cm$

6 a) Fig. 2: $r = 4\,cm$; $A = \frac{26}{9}\pi\,cm^2 \approx 9{,}08\,cm^2$;
$U = 8\,cm + \frac{13}{9}\pi\,cm \approx 12{,}54\,cm$

Fig. 3: $r = 2\,cm$; $A = 2{,}48\pi\,cm^2 \approx 7{,}78\,cm^2$;
$U = 12\,cm + 2{,}48\pi\,cm \approx 19{,}78\,cm$
Fig. 4: $r = 2{,}8\,cm$; $A = \frac{1}{4} \cdot \pi \cdot (2{,}8\,cm)^2 \approx 6{,}2\,cm^2$;
$U = \frac{1}{4} \cdot 2 \cdot \pi \cdot 2{,}8\,cm + 4 \cdot 2{,}8\,cm \approx 15{,}6\,cm$

Fig. 5: $r_1 = 3\,cm$; $r_2 = 2\,cm$; $r_3 = 1{,}5\,cm$;
$A = 16\,cm^2 - \frac{529}{288}\pi\,cm^2 \approx 10{,}23\,cm^2$;
$U = 16\,cm + \frac{127}{72}\pi\,cm \approx 21{,}54\,cm$
b) individuelle Lösung

7 a) Radius von Mars: 3397 km
Radius der Umlaufbahn der Sonde:
3397 km + 313 km = 3710 km
Umfang der Umlaufbahn: $U \approx 23\,310{,}6\,km$
Zeit für den Umlauf: 112 Minuten $= \frac{112}{60}h = \frac{28}{15}h$
Geschwindigkeit der Sonde: $\frac{23\,310{,}6\,km}{\frac{28}{15}h} \approx 12\,490\,\frac{km}{h}$
b) individuelle Lösung, zum Beispiel:
Die Sonde umkreist den Mars nicht in einer kreisförmigen sondern einer elliptischen Bahn.

Seite 80

10 a) $A = a^2 - \frac{\pi}{4}a^2$
b) Flächeninhalt einer weißen Fläche: $A_{weiß} = a^2 - \frac{\pi}{4}a^2$
Flächeninhalt der gefärbten Fläche:
$A_{gefärbt} = a^2 - 2\left(a^2 - \frac{\pi}{4}a^2\right) = \frac{\pi}{2}a^2 - a^2$
c) Die weißen Flächen lassen sich zu einem Rechteck mit den Seitenlängen a und $\frac{a}{2}$ ergänzen.
Daher gilt: $A_{gefärbt} = \frac{1}{2}a^2$
d) Für jeden der vier Teile der gefärbten Fläche gilt:
$A = \frac{\pi}{8}a^2 - \frac{a^2}{4}$.
Für die gesamte gefärbte Fläche gilt daher:
$A_{gesamt} = \frac{\pi}{2}a^2 - a^2$.

11 a) $A_{Kreis} = \pi \cdot \left(\frac{3}{2}a\right)^2 = \frac{9}{4}\pi a^2$
$A_{gefärbt} = \frac{1}{2}\pi a^2 + \frac{1}{2}\pi(2a)^2 - \pi\left(\frac{1}{2}a\right)^2$
$= \left(\frac{1}{2} + 2 - \frac{1}{4}\right)\pi a^2 = \frac{9}{4}\pi a^2$
b) Die vier Flächen sind gleich groß, denn: $A_{orange} = \pi \cdot r^2$
$A_{grün} = \frac{1}{2}(2r)^2\pi - \pi \cdot r^2 = \pi \cdot r^2$
$A_{blau} = A_{lila} = \frac{1}{2} \cdot \left(\pi \cdot (2r)^2 - A_{grün} - A_{orange}\right)$
$= \frac{1}{2} \cdot (4\pi \cdot r^2 - 2\pi \cdot r^2) = \pi \cdot r^2$

12 a) $\frac{\pi}{12}$ b) $\frac{5}{12}\pi$ c) $\frac{2}{3}\pi$ d) $\frac{3}{4}\pi$
e) $\frac{5}{4}\pi$ f) $\frac{7}{4}\pi$ g) $\frac{11}{6}\pi$ h) $\frac{23}{12}\pi$

Seite 81

13

a) 18°	b) 36°	c) 22,5°	d) 225°
e) 120°	f) 315°	g) 150°	h) 288°
i) ≈ 57,3°	j) ≈ 114,6°	k) ≈ 143,2°	l) ≈ 286,5°
m) ≈ 47,0°	n) ≈ 71,6°	o) ≈ 162,1°	p) ≈ 257,8°

14 $b = \frac{\alpha}{180°}\pi r$ und $x = \frac{\alpha}{180°}\pi$, also $b = xr$
$A = \frac{\alpha}{360°}\pi r^2$ und $x = \frac{\alpha}{180°}\pi$,
also $\frac{1}{2}x = \frac{\alpha}{360°}\pi$ und damit $A = \frac{1}{2}xr^2$

a) $b = xr = 4{,}8\,cm$; $A = \frac{1}{2}xr^2 = 19{,}2\,cm^2$
b) $b = 8{,}1\,cm$; $A = 54{,}675\,cm^2$

15 a) $A = \frac{5}{12} \cdot \pi \cdot (40\,cm + 20\,cm)^2 - \frac{5}{12} \cdot \pi \cdot (20\,cm)^2$
$\approx 4190\,cm^2$
Es werden durch den Scheibenwischer ca. $4190\,cm^2$ Glasfläche überstrichen.
b) Umfang der gewischten Fläche:
$U = 2 \cdot 40\,cm + \frac{5}{6} \cdot \pi \cdot 60\,cm + \frac{5}{6} \cdot \pi \cdot 20\,cm \approx 290\,cm$

16 Länge des Schaukelarms = Radius r = 22 m
$d = 2 \cdot r = 44\,m \Rightarrow$ Breite stimmt etwa (kommen 0,8 m hinzu – eventuell ist die Länge des Schaukelarms ohne Achse berechnet)
$U = \frac{2}{3} \cdot 2\pi r \approx 92{,}15\,m \Rightarrow$ maximaler Schaukelweg stimmt
Die Flughöhe des Schaukelarms setzt sich etwa wie folgt zusammen: Flughöhe $h \approx 2\,m + r + a$
Die Strecke a ist eine Seite im rechtwinkligen Dreieck und liegt einem 30°-Winkel gegenüber (s. Skizze). Das Dreieck ist somit ein halbes gleichseitiges Dreieck. Also gilt für a: $a = \frac{1}{2}r$ (da r Seite des ganzen gleichseitigen Dreiecks ist).
Damit ist $h = 2\,m + \frac{3}{2}r = 2\,m + \frac{3}{2} \cdot 22\,m = 35\,m$.
Das ist deutlich weniger als die angegebenen 45 m.

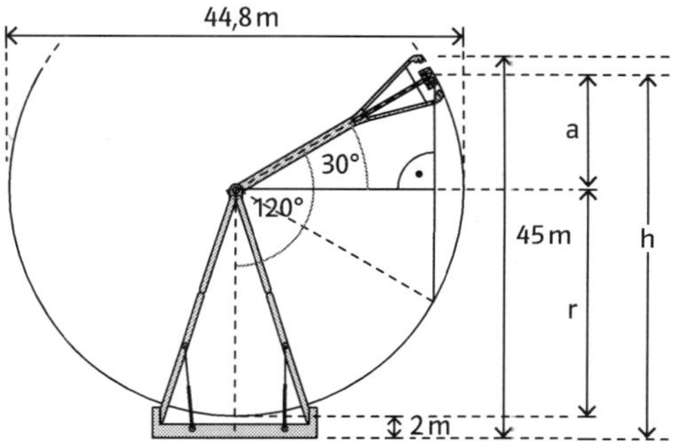

17 b = 5000 Stadien ≈ 787 500 m = 787,5 km
Es gilt $b = \frac{\alpha}{180°}\pi r$ und $U = 2\pi r$, also $U = \frac{360°}{\alpha}b$.
Daraus folgt U = 250 000 Stadien bzw. U ≈ 39 375 km.

18 $A = \frac{1}{2}br$; $U = b + 2r$, also $b = U - 2r$
$A = \frac{1}{2}(U - 2r)r = \frac{rU}{2} - r^2 = -\left(r - \frac{U}{4}\right)^2 + \frac{U^2}{16}$
Der Graph von A ist eine nach unten geöffnete Parabel.
Der Scheitelpunkt liegt bei $\left(\frac{U}{4}\middle|\frac{U^2}{16}\right)$.
Da die Parabel nach unten geöffnet ist, ist der Flächeninhalt für $r = \frac{U}{4}$ am größten.
Aus $U = 4r = b + 2r$ folgt $b = 2r$.

4 Verfahren zur näherungsweisen Bestimmung von π

Seite 82

Einstiegsaufgabe
Die Drehung des Riesenrads beschreibt eine Kreislinie. Betrachtet man die Gondeln und ihre Verbindungsseile, so erkennt man ein in den Kreis einbeschriebenes n-Eck, das der Kreislinie optisch sehr nah kommt.
Diese Einstiegsaufgabe bereitet die Annäherung des Kreises durch eine Folge von n-Ecken und damit eine Näherung für π vor.

Seite 83

1 a) Tastenfolge beispielsweise für den TI-84 Plus
(1) s**6** = 1 abspeichern:
[1] [STO] [ALPHA] [MATH] [ENTER]
(2) u_6 berechnen:
[6] [×] [2ND] [(-)] [ENTER]
(3) S_6 berechnen:
[ALPHA] [MATH] [÷] [2ND] [x²] [1] [-] [ALPHA] [MATH] [x²] [÷] [4] [)] [ENTER]
(4) U_6 berechnen:
[6] [×] [2ND] [(-)] [ENTER]
(5) S_{12} berechnen und abspeichern:
[2ND] [x²] [2] [-] [2ND] [x²] [4] [-] [ALPHA] [MATH] [x²] [)] [)] [STO] [ALPHA] [MATH]
Für die weiteren Berechnungen wiederholt man die Schritte (2) bis (5), wobei man für die Umfänge u_n und U_n jeweils n einsetzen muss. (Durch mehrfaches Drücken von [2ND] [(-)] kann man weiter zurückliegende Befehle erneut aufrufen und spart somit Tipparbeit.)
b)

n	s_n	u_n	S_n	U_n
6	1	6	1,154 700 538	6,928 203 230
12	0,517 638 090 2	6,211 657 082	0,535 898 384 9	6,430 780 618
24	0,261 052 384 4	6,265 257 227	0,263 304 995 2	6,319 319 884
48	0,130 806 258 5	6,278 700 406	0,131 086 925 6	6,292 172 430
96	0,065 438 165 6	6,282 063 902	0,065 473 220 8	6,285 429 199
192	0,032 723 463 3	6,282 904 945	0,032 727 844 3	6,283 746 100
384	0,016 362 279 2	6,283 115 216	0,016 362 826 8	6,283 325 494
768	0,008 181 208 1	6,283 167 784	0,008 181 276 5	6,283 220 035 3

c) Ab dem 96-Eck erhält man π auf zwei Stellen genau, ab dem 1536-Eck auf vier Stellen genau. Für eine Genauigkeit von acht Stellen reicht die Rechenleistung des GTR nicht aus.

2 a) Ein n-Eck wird in n gleichschenklige Dreiecke mit Scheitel M und r = 1 als Schenkel unterteilt. In Fig. 2 auf Seite 82 des Schülerbuches ist eins dieser n Dreiecke das Dreieck MBA. Durch die Winkelhalbierenden in allen n Dreiecken entsteht ein 2n-Eck.
Die Winkelhalbierende in MBA steht senkrecht auf der Basis. In den entstehenden rechtwinkligen Dreiecken DMB und DBC kann der Satz des Pythagoras angewandt werden.

(1) Im Dreieck DBC ist s_{2n} die Hypothenuse, $\overline{CD}$ und $\frac{s_n}{2}$ sind die Katheten, also $s_{2n}^2 = \overline{CD}^2 + \left(\frac{s_n}{2}\right)^2$.

(2) Im Dreieck DMB ist die Hypothenuse $\overline{MB} = r = 1$, die Katheten sind $\frac{s_n}{2}$ und $\overline{MC} - \overline{CD} = 1 - \overline{CD}$, also

$1 = \left(1 - \overline{CD}\right)^2 + \left(\frac{s_n}{2}\right)^2$.

b) $1 = \left(1 - \overline{CD}\right)^2 + \left(\frac{s_n}{2}\right)^2 = 1 - 2\overline{CD} + \overline{CD}^2 + \left(\frac{s_n}{2}\right)^2$,

also $\overline{CD}^2 - 2\overline{CD} + \left(\frac{s_n}{2}\right)^2 = 0$

Die Lösungen dieser quadratischen Gleichung ergeben sich mithilfe der pq-Formeln zu

$\overline{CD} = 1 + \sqrt{1 - \left(\frac{s_n}{2}\right)^2}$ und $\overline{CD} = 1 - \sqrt{1 - \left(\frac{s_n}{2}\right)^2}$.

Die Lösung $\overline{CD} = 1 + \sqrt{1 - \left(\frac{s_n}{2}\right)^2}$ wird verworfen, da $\overline{CD}$ nicht größer als 1 sein kann $\left(\overline{CD} < r = 1\right)$.

Somit gilt $\overline{CD} = 1 - \sqrt{1 - \left(\frac{s_n}{2}\right)^2}$.

c) $s_{2n}^2 = \left(1 - \sqrt{1 - \left(\frac{s_n}{2}\right)^2}\right)^2 + \left(\frac{s_n}{2}\right)^2$

$= 1 - 2\sqrt{1 - \left(\frac{s_n}{2}\right)^2} + 1 - \left(\frac{s_n}{2}\right)^2 + \left(\frac{s_n}{2}\right)^2$

$= 2 - 2\sqrt{1 - \left(\frac{s_n}{2}\right)^2} = 2 - \sqrt{4 - s_n^2}$

Wegen $s_{2n} > 0$ ergibt sich $s_{2n} = \sqrt{2 - \sqrt{4 - s_n^2}}$.

3 a) $\pi - 3 \approx 0{,}14159$; etwa 4,507 % Abweichung
$\pi - \left(\frac{16}{9}\right)^2 \approx -0{,}01890$; etwa −0,602 % Abweichung
$\pi - \left(3 + \frac{1}{7}\right) \approx -0{,}00126$; etwa −0,040 % Abweichung
$\pi - \left(3 + \frac{10}{71}\right) \approx 0{,}00075$; etwa 0,024 % Abweichung
$\pi - \sqrt{10} \approx -0{,}02069$; etwa −0,658 % Abweichung
$\pi - \left(3 + \frac{17}{120}\right) \approx -0{,}00007$; etwa −0,002 % Abweichung
$\pi - \left(1{,}8 + \sqrt{1{,}8}\right) \approx -0{,}00005$; etwa −0,002 % Abweichung
b) individuelle Lösung

4 Bei $n = 4$ gilt für den Innenwinkel des Vierecks $\alpha = 90°$. Es ist $s_4 = \sqrt{r^2 + r^2}$. Da $r = 1$, gilt $s_4 = \sqrt{1 + 1} = \sqrt{2}$.

n	s_n	$\frac{1}{2}u_n = \frac{1}{2}n \cdot s_n$	S_n	$\frac{1}{2}U_n = \frac{1}{2}n \cdot S_n$
4	1,414 213 562 4	2,828 427 124 7	2,000 000 000 0	4,000 000 000 0
8	0,765 366 864 7	3,061 467 458 9	0,828 427 124 7	3,313 708 499 0
16	0,390 180 644 0	3,121 445 152 3	0,397 824 734 8	3,182 597 878 1
32	0,196 034 280 7	3,136 548 490 4	0,196 982 806 7	3,151 724 907 4
64	0,098 135 348 7	3,140 331 157 0	0,098 253 699 5	3,144 118 385 2
128	0,049 082 457 0	3,141 277 250 9	0,049 097 244 2	3,142 223 299
256	0,024 543 076 6	3,141 513 801 1	0,024 544 924 8	3,141 750 369 2

Die Näherung ist auf drei Stellen nach dem Komma genau.

5 Zylinder

Seite 84

Einstiegsaufgabe

Aus einem rechteckigen Papier, das die Seitenlängen a und b hat, lassen sich im Fall $a \neq b$ zwei verschiedene Zylinder basteln (wobei genaugenommen nur der Zylindermantel gebastelt wird).

Die beiden Zylinder haben die gleichen Mantelflächen, aber unterschiedlich große Grundflächen und deshalb auch unterschiedliche Oberflächeninhalte.

$\left(G_a = \frac{1}{4\pi}a^2,\ G_b = \frac{1}{4\pi}b^2,\ O_a = ab + \frac{1}{2\pi}a^2\right.$ und $\left.O_b = ab + \frac{1}{2\pi}b^2\right)$

Auch das Volumen der beiden Zylinder unterscheidet sich für $a \neq b$, da die Zylinder unterschiedliche Radien haben.

$\left(V_a = \frac{1}{4\pi}a^2 b \text{ und } V_b = \frac{1}{4\pi}ab^2\right)$

Seite 85

1 a) $G = \pi \cdot (12\,cm)^2 = 144\pi\,cm^2$
$V = \pi \cdot (12\,cm)^2 \cdot 60\,cm = 8640\pi\,cm^3 \approx 27143{,}36\,cm^3$
$M = 2\pi \cdot 12\,cm \cdot 60\,cm = 1440\pi\,cm^2 \approx 4523{,}89\,cm^2$
$O = 2 \cdot 144\pi\,cm^2 + 1440\pi\,cm^2 = 1728\pi\,cm^2 \approx 5428{,}67\,cm^2$
b) $G = \pi \cdot (8\,cm)^2 = 64\pi\,cm^2$
$V = \pi \cdot (8\,cm)^2 \cdot 26\,cm = 1664\pi\,cm^3 \approx 5227{,}61\,cm^3$
$M = 2\pi \cdot 8\,cm \cdot 26\,cm = 416\pi\,cm^2 \approx 1306{,}90\,cm^2$
$O = 2 \cdot 64\pi\,cm^2 + 416\pi\,cm^2 = 544\pi\,cm^2 \approx 1709{,}03\,cm^2$
c) $G = \pi \cdot (45\,cm)^2 = 2025\pi\,cm^2$
$V = \pi \cdot (45\,cm)^2 \cdot 120\,cm = 243\,000\pi\,cm^3$
$\approx 763\,407{,}01\,cm^3 \approx 763{,}41\,dm^3 \approx 0{,}76\,m^3$
$M = 2\pi \cdot 45\,cm \cdot 120\,cm = 10\,800\pi\,cm^2 \approx 33\,929{,}20\,cm^2$
$\approx 3{,}39\,m^2$
$O = 2 \cdot 2025\pi\,cm^2 + 10\,800\pi\,cm^2 = 14\,850\pi\,cm^2$
$\approx 46\,652{,}65\,cm^2 \approx 4{,}67\,m^2$
d) $G = \pi \cdot (24\,m)^2 = 576\pi\,m^2$
$V = \pi \cdot (24\,m)^2 \cdot 0{,}055\,m = 31{,}68\pi\,m^3$
$\approx 99{,}5\,m^3$
$M = 2\pi \cdot 24\,m \cdot 0{,}055\,m = 2{,}64\pi\,m^2 \approx 8{,}3\,m^2$
$O = 2 \cdot 576\pi\,m^2 + 2{,}64\pi\,m^2 = 1154{,}64\pi\,m^2$
$\approx 3627{,}4\,m^2$
e) $G = \pi \cdot (2{,}4\,mm)^2 = 5{,}76\pi\,mm^2$
$V = \pi \cdot (2{,}4\,mm)^2 \cdot 27\,mm = 155{,}52\pi\,mm^3 \approx 488{,}58\,mm^3$
$M = 2\pi \cdot 2{,}4\,mm \cdot 27\,mm = 129{,}6\pi\,mm^2 \approx 407{,}15\,mm^2$
$O = 2 \cdot 5{,}76\pi\,mm^2 + 129{,}6\pi\,cm^2 = 141{,}12\pi\,mm^2$
$\approx 443{,}34\,mm^2$
f) $G = \pi \cdot (0{,}38\,cm)^2 = 0{,}1444\pi\,cm^2$
$V = \pi \cdot (0{,}38\,cm) \cdot 1250\,cm = 180{,}5\pi\,cm^3 \approx 567{,}06\,cm^3$
$M = 2\pi \cdot 0{,}38\,cm \cdot 1250\,cm = 950\pi\,cm^2 \approx 2984{,}51\,cm^2$
$O = 2 \cdot 0{,}1444\pi\,cm^2 + 950\pi\,cm^2 = 950{,}2888\pi\,cm^2$
$\approx 2985{,}42\,cm^2$

2 $r_1 = 4\,m$
$V_1 = \pi \cdot (4\,m)^2 \cdot 35\,000\,m = 560\,000\pi\,m^3 \approx 1\,759\,291{,}89\,m^3$
$r_2 = 2{,}5\,m$
$V_2 = \pi \cdot (2{,}5\,m)^3 \cdot 35\,000\,m = 218\,750\pi\,m^3 \approx 687\,223{,}393\,m^3$
$V_{ges} = 2 \cdot V_1 + V_2 = 1\,338\,750\pi\,m^3 \approx 4\,205\,807{,}17\,m^3$
Der Abraum beträgt ca. $4\,205\,807{,}17\,m^3$.
$4\,205\,807{,}17 : 12 \approx 350\,483{,}93$
Das sind also ca. 350 484 Lkw-Ladungen.

3 $r = 10\,cm$
$V = \pi \cdot r^2 \cdot h = \pi \cdot (10\,cm)^2 \cdot 18\,cm = 1800\pi\,cm^3$
$\approx 5654{,}87\,cm^3 \approx 5{,}6\,dm^3 = 5{,}6\,l$
Der Eimer kann also 5 l Farbe enthalten.

4 a) $M = 2\pi r \cdot h$
$h = \frac{M}{2\pi r} = \frac{450\,cm^2}{2\pi \cdot 6\,cm} = \frac{37{,}5}{\pi}cm \approx 11{,}9\,cm$
$V = \pi \cdot (6\,cm)^2 \cdot \frac{37{,}5}{\pi}cm = 1350\,cm^3$
$O = 2\pi \cdot (6\,cm)^2 + 450\,cm^2 \approx 676{,}2\,cm^2$
b) $V = \pi r^2 \cdot h$
$h = \frac{V}{\pi r^2} = \frac{2000\,cm^3}{\pi \cdot 57{,}76\,cm^2} \approx 11{,}0\,cm$
$M = 2\pi r \cdot \frac{V}{\pi r^2} = 2\,\frac{V}{r} = 2\,\frac{2000\,cm^3}{7{,}6\,cm} \approx 526{,}3\,cm^2$
$O = 2 \cdot \pi \cdot (7{,}6\,cm)^2 + 526{,}3\,cm^2 \approx 889{,}2\,cm^2$
c) $O = 2\pi r^2 + 2\pi r h = 2\pi r(r + h)$
$h = \frac{O}{2\pi r} - r = \frac{375\,cm^2}{2\pi \cdot 2{,}5\,cm} - 2{,}5\,cm \approx 21{,}4\,cm$
$V = \pi \cdot (2{,}5\,cm)^2 \cdot 21{,}4\,cm \approx 420{,}2\,cm^3$
$M = 2\pi \cdot 2{,}5\,cm \cdot 21{,}4\,cm \approx 336{,}2\,cm^2$

5 $r = 1{,}6\,cm$
$V = \pi \cdot (1{,}6\,cm)^2 \cdot h = 5\,cm^3$
$h = \frac{5\,cm^3}{\pi \cdot 2{,}56\,cm^2} \approx 0{,}62\,cm \approx 6{,}2\,mm$
Die Teilstriche sind in Abständen von ca. 6,2 mm anzubringen.

8 a) $V = \pi r^2 \cdot h;\ r = 5\,cm$
$h = \frac{V}{\pi r^2} = \frac{1000\,cm^3}{\pi \cdot (5\,cm)^2} = \frac{40}{\pi}cm \approx 12{,}7\,cm$
$G = \pi r^2 = \pi \cdot (5\,cm)^2 = 25\pi\,cm^2$
$M = 2\pi \cdot 5\,cm \cdot \frac{40}{\pi}cm = 400\,cm^2$
$O = 2 \cdot 25\pi\,cm^2 + 400\,cm^2 \approx 557{,}08\,cm^2$
Materialbedarf: $640{,}64\,cm^2$ Blech

b) $V = \pi r^2 \cdot h;\ r = 4\,cm$

$h = \frac{V}{\pi r^2} = \frac{500\,cm^3}{\pi \cdot (4\,cm)^2} = \frac{31{,}25}{\pi}\,cm \approx 9{,}9\,cm$

$G = \pi r^2 = \pi \cdot (4\,cm)^2 = 16\pi\,cm^2$

$M = 2\pi \cdot 4\,cm \cdot \frac{31{,}25}{\pi}\,cm = 250\,cm^2$

$O = 2 \cdot 16\pi\,cm^2 + 250\,cm^2 \approx 350{,}53\,cm^2$

Materialbedarf: $403{,}11\,cm^2$ Blech

c) $V = \pi r^2 \cdot h;\ r = 12{,}5\,cm$

$h = \frac{V}{\pi r^2} = \frac{2000\,cm^3}{\pi \cdot (12{,}5\,cm)^2} = \frac{12{,}8}{\pi}\,cm \approx 4{,}1\,cm$

$G = \pi r^2 = \pi \cdot (12{,}5\,cm)^2 = 156{,}25\pi\,cm^2$

$M = 2\pi \cdot 12{,}5\,cm \cdot \frac{12{,}8}{\pi}\,cm = 320\,cm^2$

$O = 2 \cdot 156{,}25\pi\,cm^2 + 320\,cm^2 \approx 1301{,}75\,cm^2$

Materialbedarf: $1497\,cm^2$ Blech

9 $V = \pi \cdot (0{,}6\,m)^2 \cdot 1\,280\,000\,m = 460\,800\pi\,m^3$
$\approx 1\,447\,645{,}895\,m^3$
Es passen 1 447 645 895 l Öl in die Pipeline.

Seite 86

10 a) $M = 2\pi \cdot 60\,cm \cdot 260\,cm = 31\,200\pi\,cm^2$
$\approx 98\,017{,}69\,cm^2 \approx 9{,}8\,m^2$
Es können $9{,}8\,m^2$ beklebt werden.
b) $V_{ges} = \pi \cdot (60\,cm)^2 \cdot 260\,cm = 936\,000\pi\,cm^3$
$V_{innen} = \pi \cdot (55\,cm)^2 \cdot 260\,cm = 786\,500\pi\,cm^3$
$\frac{786\,500\pi}{936\,000\pi} \approx 0{,}84 = 84\,\%$
Der innere Hohlraum beträgt etwa 84 % des Gesamtvolumens.

11 a) $V_{Seite} = 2 \cdot \pi r^2 \cdot h$
$= 2 \cdot \pi \cdot (1{,}5\,m)^2 \cdot 31{,}6\,m = 142{,}2\pi\,m^3$
$\approx 446{,}73\,m^3$
$V_{Mitte} = \pi \cdot (2{,}7\,m)^2 \cdot (30{,}7\,m + 4{,}5\,m) = 256{,}6\pi\,m^3$
$\approx 806{,}16\,m^3$
Die beiden seitlichen Treibstoffbehälter enthalten zusammen nur ungefähr halb so viel Treibstoff wie die beiden mittleren Behälter.
b) $142{,}2\pi\,m^3 \approx 446\,734\,l$
$446\,734\,l : 55 \approx 8122\,l$
Beim Start werden pro km ca. 8000 Liter Treibstoff verbraucht.

12 a) Quader 1 (links): $V = 102{,}87\,cm^3$; $O = 203{,}98\,cm^2$
Quader 2 (rechts): $V = 166{,}87\,cm^3$; $O = 251{,}98\,cm^2$
Zylinder: $V = 75{,}40\,cm^3$; $O = 169{,}65\,cm^2$
Viertelzylinder: $V = 75{,}40\,cm^3$; $O = 164{,}53\,cm^2$
Prisma mit dreieckiger Grundfläche: $V = 102{,}87\,cm^3$;
$O = 242{,}38\,cm^2$
b) Quader 1:

$V = a^2 \cdot 2a - \pi\left(\frac{a}{4}\right)^2 \cdot 2a = 2a^3 - \frac{\pi}{8}a^3 = \left(2 - \frac{\pi}{8}\right)a^3 \approx 1{,}6\,a^3$

$O = \left(a^2 - \pi\left(\frac{a}{4}\right)^2\right) \cdot 2 + 4a \cdot 2a + \pi\frac{a}{2} \cdot 2a$

$= \left(2 - \frac{\pi}{8}\right)a^2 + 8a^2 + \pi a^2 = \left(10 + \frac{7}{8}\pi\right)a^2 \approx 12{,}7\,a^2$

Quader 2:

$V = 1{,}5a \cdot a \cdot 2a - \frac{\pi}{8}a^3 = \left(3 - \frac{\pi}{8}\right)a^3 \approx 2{,}6\,a^3$

$O = \left(1{,}5a^2 - \pi\left(\frac{a}{4}\right)^2\right) \cdot 2 + 5a \cdot 2a + \pi\frac{a}{2} \cdot 2a$

$= \left(3 - \frac{\pi}{8}\right)a^2 + 10a^2 + \pi a^2 = \left(13 + \frac{7}{8}\pi\right)a^2 \approx 15{,}7\,a^2$

Zylinder:

$V = \pi \cdot \left(\frac{a}{2}\right)^2 \cdot 2a - \frac{\pi}{8}a^3 = \frac{3}{8}\pi a^3 \approx 1{,}2\,a^3$

$O = \left(\pi \cdot \left(\frac{a}{2}\right)^2 - \pi\left(\frac{a}{4}\right)^2\right) \cdot 2 + \pi \cdot a \cdot 2a + \pi\frac{a}{2} \cdot 2a = \frac{27}{8}\pi a^2$

$\approx 10{,}6\,a^2$

Viertelzylinder:

$V = \frac{1}{4}\pi a^2 \cdot 2a - \frac{\pi}{8}a^3 = \frac{3}{8}\pi a^3 \approx 1{,}2\,a^3$

$O = \frac{1}{4}\pi \cdot 2a \cdot 2a + 2a \cdot 2a + \pi\frac{a}{2} \cdot 2a = (2\pi + 4)\,a^2 \approx 10{,}3\,a^2$

Prisma mit dreieckiger Grundfläche:

$V = \frac{1}{2} \cdot 2a \cdot a \cdot 2a - \frac{\pi}{8}a^3 = \left(2 - \frac{\pi}{8}\right)a^3 \approx 1{,}6\,a^3$

$O = \left(\frac{1}{2} \cdot 2a \cdot a - \pi\left(\frac{a}{4}\right)^2\right) \cdot 2 + (a + 2a + 2{,}2a) \cdot 2a + \pi\frac{a}{2} \cdot 2a$

$= \left(12{,}4 + \frac{7}{8}\pi\right)a^2 \approx 15{,}1\,a^2$

13 a) Schätzung Größe des Mannes: 1,80 m
Schätzung Durchmesser des Tanks: 2,00 m
Schätzung Länge des Tanks: 10 m (ca. fünfmal so lang wie der Mann hoch)
b) $V = \pi \cdot r^2 \cdot h \approx (1\,m)^2 \cdot 10\,m \cdot \pi = 10\pi\,m^3 \approx 31{,}416\,m^3$
$= 31\,416\,l$
c) $O = 2\pi r \cdot (r + h) = 2\pi \cdot 11\,m^2 = 22\pi\,m^2 \approx 69{,}115\,m^2$
$m = O \cdot 0{,}3\,cm \cdot 7{,}9\,\frac{g}{cm^3} \approx 691\,150\,cm^2 \cdot 0{,}3\,cm \cdot 7{,}9\,\frac{g}{cm^3}$
$= 1\,638\,026{,}41\,g$
$\approx 1{,}6\,t$
Der leere Tank wiegt ungefähr 1,6 t.

14 $500\,000\,l = 500\,m^3$
Wenn die Länge 8,80 m, die Breite 8,55 m und die Höhe 42 m ist, ergibt sich ein Fassungsvermögen von
$8{,}8 \cdot 8{,}55 \cdot 42\,m^3 = 3160{,}08\,m^3$.
Folglich ist der Turm entweder nur bis zu einer Höhe von $500\,m^3 : (8{,}8\,m \cdot 8{,}55\,m) \approx 6{,}65\,m$ gefüllt oder mindestens ein Wert stimmt nicht.

6 Der Satz des Cavalieri

Seite 87

Einstiegsaufgabe
Auf den ersten Blick könnte man tatsächlich denken, dass die linke Vase ein größeres Volumen hat als die rechte. Die kritische Nachfrage „Ehrlich?" ist aber berechtigt. Wenn man genau hinschaut, könnten die Vasen zunächst einmal gleich hoch sein und die gleiche rechteckige (möglicherweise sogar quadratische) Grundfläche haben. Die interessante Frage, die man mit den Schülerinnen und Schülern diskutieren könnte, ist jedoch, ob diese beiden Bedingungen (gleiche Höhe und gleiche Grundfläche) bei zwei Körpern ausreichen, um daraus schließen zu können, dass sie auch das gleiche Volumen haben. Man könnte die Schülerinnen und Schüler bitten, andere Körper zu zeichnen, die etwa die gleiche Höhe

und die gleiche Grundfläche wie die beiden Vasen haben, „in der Mitte" jedoch ganz anders geformt sind (z.B. bauchig nach außen oder schlank nach innen gebogen). So werden die Schülerinnen und Schüler sicherlich erkennen, dass die beiden Bedingungen (gleiche Höhe und gleiche Grundfläche) bei zwei Körpern nicht ausreichen können, um auch das gleiche Volumen zu garantieren. Diese Überlegungen können als Hinführung zum Satz des Cavalieri dienen.

Seite 88

1 $V = 18\,cm \cdot 15\,cm \cdot 25\,cm = 6750\,cm^3$

2 a) $V = \pi r^2 h \approx 2969\,cm^3$

b) $\sin(\alpha) = \frac{h}{10} \Rightarrow h \approx 7{,}1\,cm \Rightarrow V = \pi r^2 h \approx 391{,}9\,cm^3$

c) $h \approx 6{,}9\,cm \Rightarrow V = \pi r^2 h \approx 3134\,cm^3$

3 Nein, denn die dritte Bedingung des Satzes von Cavalieri ist nicht erfüllt. Ein Kegel hat zur Spitze hin immer kleiner werdende Kreise als Schnittflächen, während bei einem Zylinder alle senkrecht zur Höhe ausgeführten Schnitte Kreise erzeugen, die genauso groß sind wie der Grundkreis. Das Volumen des Zylinders ist somit größer als das des Kegels.

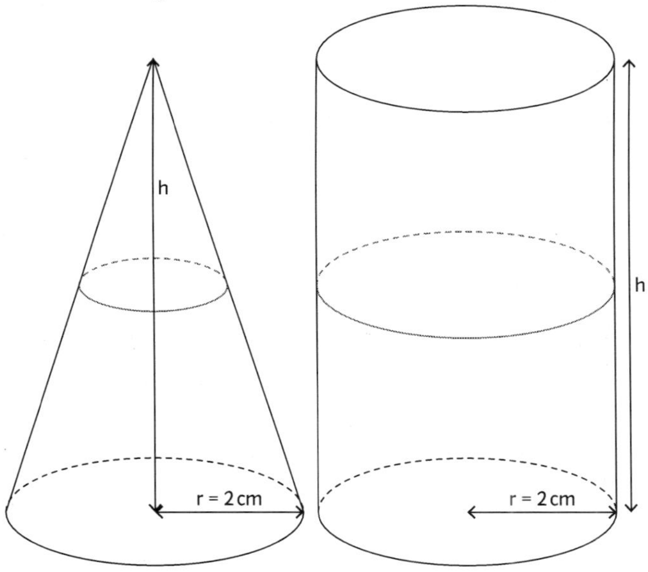

Seite 89

5 a) links: $V = \frac{abh}{2}$ Mitte: $V = \frac{abh}{4}$ rechts: $V = \frac{abh}{4}$

b) links: 50% Mitte: 25% rechts: 25%

6 Der Stapel enthält 6 Raummeter Holz.

7 Die Volumen beider Quader sind gleich groß, denn die Größen ihrer Grundflächen sind identisch und sie haben die gleiche Höhe. Nach dem Satz des Cavalieri sind sie somit volumengleich.
Vergleich der Oberflächeninhalte:
h: Höhe des geraden Quaders
Die Seitenflächen des (geraden) Quaders bestehen aus zwei Quadraten (Seitenlänge a) und vier Rechtecken (Seitenlänge a, h), die des schiefen Quaders aus zwei Quadraten (Seitenlänge a), zwei Rechtecken (Seitenlängen a, h_a mit $h_a > h$) und zwei Parallelogrammen (Seitenlängen a, h_a und Höhe h). Die Flächeninhalte der Quadrate und der Parallelogramme sind jeweils gleich groß (a^2 bzw. $a \cdot h$ entsprechend). Ein Vergleich der seitlichen Rechtecke ergibt:

$A_{\text{Rechteck ger. Quader}} = a \cdot h < a \cdot h_a = A_{\text{Rechteck schiefer Quader}}$

Somit gilt: Der Oberflächeninhalt des schiefen Quaders ist größer als der des geraden Quaders.

8 Das gleiche Volumen haben jeweils die Körper
- (1) und (6), da alle drei Bedingungen des Satzes von Cavalieri erfüllt sind. Die Flächeninhalte der Grundflächen und die Höhen sind offensichtlich gleich. Die Schnittflächen im gleichen Abstand parallel zur Grundfläche sind identisch mit den jeweiligen Grundflächen und damit ebenfalls flächeninhaltsgleich.
- (2) und (7), da alle drei Bedingungen des Satzes von Cavalieri erfüllt sind. Die Flächeninhalte der Grundflächen und die Höhen sind offensichtlich gleich.
  Die Schnittflächen im gleichen Abstand parallel zur Grundfläche sind ebenfalls flächeninhaltsgleich, weil sie durch zentrische Streckung mit der Spitze der Pyramide bzw. des Kegels als Streckzentrum entstanden sein können.
- (3) und (5), da alle drei Bedingungen des Satzes von Cavalieri erfüllt sind. Die Flächeninhalte der Grundflächen und die Höhen sind offensichtlich gleich.
  Die Schnittflächen im gleichen Abstand parallel zur Grundfläche sind ebenfalls flächeninhaltsgleich, weil sie durch zentrische Streckung mit der Spitze der Pyramide mit dreieckiger bzw. viereckiger Grundfläche als Streckzentrum entstanden sein können.

Das Volumen von Körper (4) ist größer als das Volumen der Körper (2) bzw. (7), obwohl diese gleich große Grundflächen und gleiche Höhe haben. Das liegt daran, dass bei Körper (4) die Schnittflächen im gleichen Abstand parallel zur Grundfläche genau so groß bleiben wie dessen Grundfläche, während sie bei den Körpern (2) und (7) zur Spitze hin kleiner als deren jeweilige Grundfläche werden.

7 Pyramide und Kegel

Seite 90

Einstiegsaufgabe
Die interessante Frage, die hier zwischen den Zeilen aufgeworfen wird, ist, was Sandra genau damit meint, wenn sie sagt „Aber nur halb voll, bitte." Mindestens ebenso interessant ist, wie Christian Sandras Bitte versteht, d.h. wie er Sandras Glas nun befüllen wird. Vermutlich meint Sandra mit „halb voll" das halbe Volumen des gesamten Glases. Aber bedeutet dies, dass Christian nun das Glas bis zur halben Höhe vom spitz zulaufenden Boden des Glases aus betrachtet befüllen sollte? Die Antwort ist nein, denn das bis zur halben Höhe befüllte Glas enthält weit weniger Orangensaft als das halbe Fassungsvermögen (Volumen) des gesamten Glases. Die in der Realität oft beobachtete gedankliche Falle, nämlich die halbe Höhe eines solchen kegelförmigen Glases mit dem

halben Fassungsvermögen des Glases gleichzusetzen, gilt es zusammen mit den Schülern zu diskutieren. Man sollte die Schüler nach möglichen Gründen dafür suchen lassen, warum das bis zur halben Höhe befüllte Glas weniger als die Hälfte seines Fassungsvermögens enthält. Einige Schüler werden vermutlich die Form des Glases (Kegel) als Argument anführen, da die Füllhöhe des Glases nach oben hin bei gleichbleibender Befüllungsgeschwindigkeit langsamer und langsamer steigt. Diesen Gedanken kann man als Hinführung zur Formel des Volumens eines Kegels nutzen. In dieser Formel wird dann auch klar, warum das bis zur halben Höhe gefüllte Glas weit weniger als das halbe Volumen des Glases beinhaltet. Das Volumen hängt ja nicht nur von der Höhe des Kegels, sondern auch vom Radius des Grundkreises ab. In Aufgabe 15 dieser Lerneinheit müssen die Schülerinnen und Schüler verschiedenen Fragen in diesem Zusammenhang noch genauer nachgehen.

Seite 91

1 $V_1 = \frac{64}{3}\pi\,cm^3 \approx 67{,}02\,cm^3$; $V_2 = 8\pi\,cm^3 \approx 25{,}13\,cm^3$
$V_3 = 8\pi\,cm^3 \approx 25{,}13\,cm^3$; $V_4 = \frac{196}{3}cm^3 = 65\frac{1}{3}cm^3$;
$V_5 = 24\pi\,cm^3 \approx 75{,}40\,cm^3$; $V_5 > V_1 > V_4 > V_3 = V_2$

2 $V = 11333{,}\overline{3}\,cm^3$

Seite 92

3 a) $a = 2\sqrt{h'^2 - h^2} = 4{,}8\,cm$ $V = \frac{1}{3}a^2h = 53{,}76\,cm^3$
$A = \frac{1}{2}ah' = 17{,}76\,cm^2$ $O = 4A + a^2 = 94{,}08\,cm^2$
b) $V = \frac{1}{3}a^2h = 39191{,}04\,cm^3$ $h' = \sqrt{h^2 + \frac{a^2}{4}} = 66{,}6\,cm$
$A = \frac{1}{2}ah' = 1438{,}56\,cm^2$ $O = 4A + a^2 = 7620{,}48\,cm^2$
c) $V = \frac{1}{3}a^2h = 81{,}2544\,m^3$ $h' = \sqrt{h^2 + \frac{a^2}{4}} \approx 8{,}46\,m$
$A = \frac{1}{2}ah' \approx 23{,}36\,m^2$ $O = 4A + a^2 \approx 123{,}9\,m^2$
d) $h = \sqrt{h'^2 - \frac{a^2}{4}} = 60\,cm$ $V = \frac{1}{3}a^2h = 317520\,cm^3$
$A = \frac{1}{2}ah' = 5481\,cm^2$ $O = 4A + a^2 = 37800\,cm^2$
e) $V = \frac{1}{3}a^2h \approx 185{,}4\,m^3$ $h' = \sqrt{h^2 + \frac{a^2}{4}} \approx 8{,}8\,m$
$A = \frac{1}{2}ah' \approx 37{,}4\,m^2$ $O = 4A + a^2 \approx 221{,}9\,m^2$
f) $a = 2\sqrt{h'^2 - h^2} = 6{,}6\,m$ $V = \frac{1}{3}a^2h = 81{,}312\,m^3$
$A = \frac{1}{2}ah' = 21{,}45\,m^2$ $O = 4A + a^2 = 129{,}36\,m^2$

4 a) $r = \sqrt{s^2 - h^2} = 9\,cm$ $V \approx 3393\,cm^3$
$M \approx 1159\,cm^2$ $O \approx 1414\,cm^2$
b) $h = \sqrt{s^2 - r^2} = 28{,}8\,cm$ $V \approx 20388\,cm^3$
$M \approx 3169\,cm^2$ $O \approx 5293\,cm^2$
c) $h = \frac{3V}{\pi r^2} = 9\,cm$ $s = \sqrt{h^2 + r^2} \approx 12{,}0\,cm$
$M \approx 303\,cm^2$ $O \approx 504\,cm^2$
d) $r = \sqrt{s^2 - h^2} = 5\,cm$ $V \approx 314\,cm^3$
$M \approx 204\,cm^2$ $O \approx 283\,cm^2$
e) $r = \frac{M}{s\pi} \approx 5{,}0\,cm$ $h = \sqrt{s^2 - r^2} \approx 5{,}6\,cm$
$V \approx 146\,cm^3$ $O \approx 196\,cm^2$
f) $r = \frac{M}{s\pi} = 5{,}625\,cm$ $h = \sqrt{s^2 - r^2} \approx 3{,}1\,cm$
$V \approx 101\,cm^3$ $O \approx 212\,cm^2$
g) $r = \sqrt{\frac{3V}{\pi h}} \approx 10{,}9\,cm$ $s = \sqrt{h^2 + r^2} \approx 22{,}8\,cm$
$M \approx 782\,cm^2$ $O \approx 1157\,cm^2$
h) $r = \sqrt{\frac{O - M}{\pi}} \approx 5{,}5\,cm$ $s = \frac{M}{\pi r} \approx 7{,}4\,cm$
$h = \sqrt{s^2 - r^2} \approx 5{,}0\,cm$ $V \approx 157\,cm^3$

5 a) $M = \pi s \frac{2\pi \cdot s \cdot \frac{\alpha}{360°}}{2\pi} = \pi s^2 \frac{\alpha}{360°} \approx 50\,cm^2$
($67\,cm^2$; $101\,cm^2$; $151\,cm^2$)
b) $V = \frac{1}{3}r^2\pi\sqrt{s^2 - r^2}$
$= \frac{1}{3}\pi\left(s \cdot \frac{\alpha}{360°}\right)^2 \cdot s \cdot \sqrt{1 - \left(\frac{\alpha}{360°}\right)^2} \approx 32{,}45\,cm^3$
($56{,}19\,cm^3$; $116{,}08\,cm^3$; $199{,}48\,cm^3$)

8 a) Zeichnen des Kreisausschnitts und Formen des Kegelmantels: individuelle Lösung
$M = 12\pi\,cm^2 \approx 37{,}70\,cm^2$; $r = 2\,cm$;
$h = 4\sqrt{2}\,cm \approx 5{,}66\,cm$; $V = \frac{16}{3}\pi\sqrt{2}\,cm^3 \approx 23{,}70\,cm^3$
b) Mantelfläche vervierfacht sich, Kegelradius verdoppelt sich, Höhe verdoppelt sich, Volumen verachtfacht sich.
c) Mantelfläche halbiert sich, Radius halbiert sich, Höhe nimmt leicht zu von $\sqrt{32}\,cm \approx 5{,}66\,cm$ auf $\sqrt{35}\,cm \approx 5{,}92\,cm$.
Volumen sinkt auf $\frac{1}{3}\pi\sqrt{35}\,cm^3 \approx 6{,}20\,cm^3$, also auf ca. ein Viertel des Vorwertes.
d) Mantelfläche verdoppelt sich, Radius bleibt unverändert, Höhe verdoppelt sich etwa, Volumen nimmt auf mehr als das Doppelte zu.

9 a) $V = \frac{1}{3}\pi r^2 h \approx 36{,}2\,m^3$
b) $M = r\sqrt{h^2 + r^2}\,\pi \approx 48{,}72\,m^2$
⇒ Die Belegung kostet etwa 13 885 €.

10 gleiche Ergebnisse für die drei- und die vierseitige Pyramide
a) (1) neu: $2h$ (2) neu: $\frac{h}{2}$
(3) neu: $\frac{h}{3}$ (4) neu: $n \cdot h$
b) (1) neu: $\sqrt{2}a$ (2) neu: $\frac{a}{\sqrt{2}} = \frac{\sqrt{2}}{2}a$
(3) neu: $\frac{a}{\sqrt{3}} = \frac{\sqrt{3}}{3}a$ (4) neu: $\sqrt{n}a$

Seite 93

11 a) i) Alle sechs Pyramiden haben gleich große Grundflächen, die von den Seitenflächen des Würfels (Quadrate) gebildet werden.
ii) Die vier Raumdiagonalen eines Würfels schneiden sich in dessen Mittelpunkt. Der Mittelpunkt des Würfels ist gleich weit von den acht Ecken des Würfels entfernt. Daher sind die vier Seitenkanten der sechs Pyramiden jeweils gleich lang.
Aus i) und ii) folgt, dass alle sechs Pyramiden identisch sind.
b) Für den Würfel gilt: $V = a^3$. Für die Pyramide gilt: $G = a^2$ und $h = \frac{a}{2}$. Es ergibt sich:
$V_{Pyramide} = \frac{1}{6} \cdot a^3 = \frac{1}{3} \cdot \frac{1}{2} \cdot a^2 \cdot a = \frac{1}{3} \cdot a^2 \cdot \frac{a}{2} = \frac{1}{3} \cdot a^2 \cdot h$
$= \frac{1}{3} \cdot G \cdot h$

12 $V = (10\,m \cdot 10\,m \cdot 4\,m) - \frac{1}{3}(10\,m \cdot 10\,m \cdot 4\,m) = 266,\overline{6}\,m^3$

13 Zunächst bezeichnet man den Flächeninhalt der beliebigen Grundfläche für die gegebene Pyramide mit G. Dann kann man mit der Formel für den Flächeninhalt eines gleichseitigen Dreiecks $\frac{a^2}{4} \cdot \sqrt{3}$ die Seitenlänge a desjenigen gleichseitigen Dreiecks berechnen, das gerade den Flächeninhalt G hat:

$G = \frac{a^2}{4} \cdot \sqrt{3}$

$G \cdot 4 = a^2 \cdot \sqrt{3}$

$\frac{G \cdot 4}{\sqrt{3}} = a^2$

$\sqrt{\frac{4G}{\sqrt{3}}} = a$

Wählt man also für die Maßzahl der Seitenlänge a eines gleichseitigen Dreiecks den Wert $\sqrt{\frac{4G}{\sqrt{3}}}$, so hat dieses Dreieck den gleichen Flächeninhalt G wie die gegebene beliebige Grundfläche der gegebenen Pyramide. Mit dem Satz des Cavalieri folgt nun, dass eine dreiseitige Pyramide mit der Seitenlänge $\sqrt{\frac{4G}{\sqrt{3}}}$ der Grundfläche sowie der gleichen Höhe wie die der gegebenen Pyramide auch das gleiche Volumen haben muss, denn nun sind alle drei Bedingungen des Satzes erfüllt:
- die Flächeninhalte der Grundflächen beider Pyramiden sind gleich,
- die Höhen der beiden Pyramiden sind gleich,
- wegen der zu Grunde liegenden zentrischen Streckung haben alle Schnittflächen im gleichen Abstand parallel zur Grundfläche den gleichen Flächeninhalt.

14 a) $V = \frac{1}{3}\pi d^3 \approx 8{,}38\,l$
Oberfläche ohne Deckfläche (offen):
$\pi d^2\left(1 + \frac{\sqrt{5}}{4}\right) \approx 1959{,}12\,cm^2$
b) $V = \left(3 + \frac{\pi}{6}\right)d^3 \approx 28{,}19\,l$
Oberfläche ohne Deckfläche (offen):
$d^2\sqrt{17}\left(3 + \frac{\pi}{4}\right) \approx 6243{,}04\,cm^2$
c) $V = 2{,}4\,d^3 \approx 19{,}2\,l$
Oberfläche ohne Deckfläche (offen):
$d^2\left(6{,}95 + 0{,}15\sqrt{349}\right) \approx 3900{,}89\,cm^2$

15 a) Es ist noch ein Achtel, also 12,5 %, gefüllt.
b) Die Höhe ist um den Faktor $\sqrt[3]{\frac{1}{2}}$ auf ca. 7,7 cm abgesunken.
c) Die Höhe hat auf die Hälfte, also 4,85 cm, abgenommen.
d) Der Rauminhalt hat um den Faktor $\frac{1}{\sqrt{8}}$ abgenommen, also sind noch ca. 35,36 % des Rauminhalts des Glases gefüllt.
e) Die Höhe hat um den Faktor $\sqrt{\frac{1}{2}}$ abgenommen, sie beträgt noch ca. 6,86 cm.

16 Bei Drehung um a entsteht ein Kegel mit $r = a$ und $h = a$.
Es ist $V = \frac{1}{3} \cdot a^2 \cdot \pi \cdot a = \frac{1}{3} \cdot \pi \cdot a^3$

Bei Drehung um c entsteht ein Doppelkegel, der aus zwei identischen Kegeln mit $r = \sqrt{a^2 - \left(\frac{c}{2}\right)^2}$ und $h = \frac{c}{2}$ besteht.
Es ist $V = 2 \cdot \frac{1}{3} \cdot \pi \cdot \left(\sqrt{a^2 - \left(\frac{c}{2}\right)^2}\right)^2 \cdot \frac{c}{2} = \frac{c}{3} \cdot \pi \cdot \left(a^2 - \left(\frac{c}{2}\right)^2\right)$

8 Kugel

Seite 94

Einstiegsaufgabe
Sowohl der abgebildete Dodekaeder als auch der Fußball können zu Netzen mit geradlinig begrenzten Vielecken „entfaltet" werden. Auch ein Körper, der aus noch viel mehr geradlinig begrenzten Vielecken als der Fußball zusammengesetzt und damit noch mehr der Form einer Kugel angenähert wäre, ließe sich (zumindest theoretisch) noch zu einem Netz „entfalten". Der „Grenzfall" der „idealen" Kugel kann jedoch nicht mehr zu einem Netz aus geradlinig begrenzten Vielecken entfaltet werden, da die Kugel eine gleichmäßig gewölbte Oberfläche hat. Diese Beobachtung ist Grundlage für zwei wichtige Erkenntnisse dieser Lerneinheit. Die erste wichtige Erkenntnis ist, dass es für die Berechnung des Oberflächeninhalts einer Kugel keine „triviale" Lösung geben kann. Die zweite Erkenntnis liegt darin, dass eine zumindest näherungsweise Bestimmung des Oberflächeninhalts einer Kugel möglicherweise zu bewerkstelligen ist über eine „unendliche" Addition der Flächeninhalte von „unendlich" vielen und „unendlich" kleinen, annähernd geradlinig begrenzten Vielecken, in die die Kugeloberfläche zerlegt wird. Diese „Grenzwertbetrachtung" kommt auf Seite 95 bei der Herleitung der Formel für den Oberflächeninhalt einer Kugel tatsächlich zur Anwendung.

Seite 95

1 a) $V \approx 1767\,cm^3$	$O \approx 707\,cm^2$
b) $r \approx 15{,}0\,cm$	$V \approx 14\,126\,cm^3$
c) $V \approx 5{,}88\,m^3$	$O \approx 15{,}8\,m^2$
d) $r \approx 3{,}0\,m$	$O \approx 113\,m^2$
e) $V \approx 8181\,cm^3$	$O \approx 1963\,cm^2$
f) $r \approx 0{,}40\,m$	$V \approx 0{,}266\,m^3$
g) $r \approx 1{,}86\,m$	$O \approx 43{,}5\,m^2$
h) $r \approx 7{,}8\,cm$	$O \approx 767{,}7\,cm^2$

2 a) $O = d^2\pi \approx 4072\,m^2$
Es sind etwa $4072\,m^2$ zu streichen.
b) $V = \frac{4}{3} \cdot \pi \cdot (17{,}6\,m)^3 \approx 22\,836\,m^3$
Der Kessel fasst maximal etwa $22\,836\,m^3$ Gas.

3 $d \approx 14{,}2\,cm$; $O \approx 633{,}7\,cm^2$

4 Der Ball ist auf beiden Seiten etwa 10,1 cm vom Ring entfernt.

5 a) $r \approx 6366\,km$ b) $O \approx 5{,}1 \cdot 10^8\,km^2$
c) $V \approx 1{,}1 \cdot 10^{12}\,km^3$

Seite 96

6 a) $V = \frac{4}{3}\pi \cdot 6{,}5^3\,cm^3 \approx 1150{,}35\,cm^3$

b) $r = \frac{12{,}3}{2\pi} \approx 1{,}958\,cm$; $V \approx 31{,}42\,cm^3$

c) $r \approx 9{,}27\,cm$; $V \approx 1668{,}70\,cm^3$

d) $V = \frac{5}{3}\pi a^3 \approx 1954{,}32\,cm^3$

e) $r = \sqrt{\frac{O}{4\pi}} \approx 6{,}31\,cm$; $V \approx 1051{,}31\,cm^3$

8 a) $V = \pi r^2 h + \frac{2}{3}r^3\pi = \pi r^2\left(h + \frac{2}{3}r\right)$

$O = \pi r^2 + 2\pi r h + 2\pi r^2 = 3\pi r^2 + 2\pi r h = \pi r \cdot (3r + 2h)$

b) $V = \frac{1}{3}\pi r^2 h + \frac{2}{3}\pi r^3 = \frac{1}{3}\pi r^2 (h + 2r)$

$O = \pi r\sqrt{h^2 + r^2} + 2\pi r^2$

c) $V = \frac{1}{2} \cdot \frac{4}{3} \cdot \pi \cdot r^3 = \frac{2}{3}\pi r^3$

$O = \frac{1}{2} \cdot 4\pi r^2 + r^2 \cdot \pi = 2\pi r^2 + r^2 \cdot \pi = 3\pi r^2$

d) $V = \frac{2}{3}\pi\left(\frac{3a}{2}\right)^3 + \frac{\pi}{4}a^3 = \frac{5}{2}\pi a^3$

$O = 2\pi \cdot \left(\frac{3}{2}a\right)^2 + \pi\left(\frac{3}{2}a\right)^2 + 2\pi \cdot \frac{a}{2} \cdot a = \frac{31}{4}\pi a^2$

9 a) Radius verdoppelt sich.
b) Radius erhöht sich um den Faktor $\sqrt{2}$.
c) Radius erhöht sich um den Faktor $\sqrt[3]{2}$.

10 $O = 3\pi r^2 + 2\pi r h$; $O(r) = 3\pi r^2 + 24\pi r$

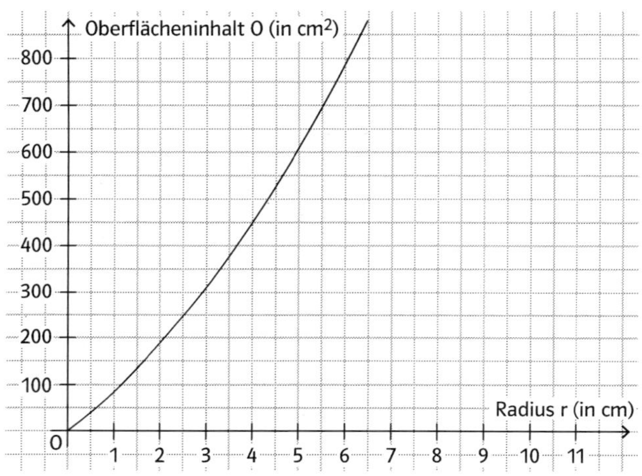

11 $V \approx 523{,}6\,cm^3$
a) $m \approx 1{,}5\,kg$
b) $m \approx 10{,}1\,kg$
c) $m \approx 0{,}26\,kg$
d) $m \approx 21\,g$

12 a) $V = 1000 \cdot \frac{1}{3}\frac{d^3}{2}\pi = \frac{1}{3}\frac{x^3}{2}\pi \Rightarrow (10d)^3 = x^3$

$\Rightarrow x = 10d$

b) $O_{alt} = 1000\,d^2\pi$; $O_{neu} = (10d)^2\pi \Rightarrow \frac{O_1}{O_2} = 10$

Die kleinen Kugeln haben 10-mal mehr Oberfläche als die große.

13 $V \approx 0{,}065\,cm^3$ (302 400 Tropfen pro Woche)
$\Rightarrow$ etwa 19,8 l gehen verloren

$19{,}8\,l = 19{,}8\,dm^3$; $r = \sqrt[3]{\frac{3 \cdot 19{,}8\,dm^3}{4\pi}} \approx 1{,}68\,dm$;

der Tropfen hätte einen Radius von 1,68 dm.

Seite 97

14 a) $V = \frac{4}{3}r^3\pi = \pi r^2 h_z = \frac{1}{3}\pi r^2 h_k$

$\Rightarrow h_z = \frac{4}{3}r$; $h_k = 4r$

b) $O = 4r^2\pi = 2r^2\pi + 2\pi r h_z = \pi r\sqrt{h_k^s + r^2} + r^2\pi$

$\Rightarrow h_z = r$; $h_k = \sqrt{8}r$

15 $d_1 = 0{,}5\,cm$; $d_2 = 1\,m$; $V = \frac{d_1^3}{6} = \frac{d_2^3}{4}\pi h$

$\Rightarrow h = \frac{4d_1^3}{6d_2^3} \approx 8{,}3 \cdot 10^{-8}\,cm$

16 individuelle Lösung
Vorgehensweise:
- Länge und Radius des zylinderförmigen Pfropfens bestimmen.
- Das Volumen des Pfropfens und das der Seifenblasenhaut sind gleich.
- Durchmesser der Seifenblase experimentell ermitteln.
- Volumen der „nicht hohlen" Seifenblase errechnen.
- Differenz aus Volumen „nicht hohle" Seifenblase und Volumen Pfropfen = Volumen Hohlraum in der Seifenblase.
- Radius des Hohlraums errechnen.
- Differenz aus Radius Seifenblase und Radius Hohlraum = Dicke der Seifenblasenhaut.

17 a) $V = \frac{4}{3}\pi r_a^3 - \frac{4}{3}\pi r_i^3 = \frac{4}{3}\pi\left(r_a^3 - r_i^3\right)$

b) $V = \frac{4}{3}\pi\left[r_a^3 - (r_a - d)^3\right] = \frac{4}{3}\pi\left(3r_a^2 d - 3r_a d^2 + d^3\right)$

$= 4\pi d\left(r_a^2 - r_a d + \frac{1}{3}d^2\right)$

c) $r_a \gg d \Rightarrow r_a^2 \gg \left|-r_a d + \frac{1}{3}d^2\right|$, dieser Term kann vernachlässigt werden

$\Rightarrow V \approx 4r_a^2\pi d$

d) $V_{Näherung} \approx 628{,}3\,cm^3$ $\quad V_{Exakt} \approx 597{,}4\,cm^3$

Fehler: +5,18 %

18 $V_{Zylinder} = \pi \cdot (3{,}4\,cm)^2 \cdot 20{,}4\,cm \approx 740{,}86\,cm^3$

Volumen der drei Bälle:

$V_{Bälle} = 3 \cdot \frac{4}{3} \cdot \pi \cdot (3{,}4\,cm)^3 \approx 493{,}91\,cm^3$

Leer bleibender Raum in Prozent:

$\frac{740{,}86\,cm^3 - 493{,}91\,cm^3}{740{,}86\,cm^3} \approx 0{,}333 = 33{,}3\,\%$

19 Erdradius: 6378 km
Volumen des Schmelzwassers, das auf den Weltmeeren eine Erhöhung des Meeresspiegels um 10 m = 0,01 km bewirkt:

$V_{Wasser} = \frac{2}{3} \cdot \frac{4}{3}\pi \cdot (6378{,}01^3\,km^3 - 6378^3\,km^3)$

$\approx 3\,407\,930\,km^3$

Dicke des Grönlandeises:

$3\,407\,930\,km^3 : 2{,}1\,Mio.\,km^2 \approx 1{,}623\,km$

Das Grönlandeis müsste im Schnitt 1,6 km dick sein.

20 a) $r_{gr.K.} = \frac{1}{2}a$ $\quad a_{kl.W.} = \frac{a}{\sqrt{3}} = \frac{\sqrt{3}}{3}a$

$r_{kl.K.} = \frac{a}{2\sqrt{3}} = \frac{\sqrt{3}}{6}a$

b) $V_{gr.W.} = a^3$ $\quad V_{gr.K.} = \frac{\pi}{6}a^3$

$V_{kl.W} = \frac{\sqrt{3}}{9}a^3$ $\quad V_{kl.K.} = \frac{\sqrt{3}}{54}\pi a^3$

$O_{gr.W.} = 6a^2$ $\quad O_{gr.K.} = \pi a^2$

$O_{kl.W.} = 2a^2$ $\quad O_{kl.K.} = \frac{\pi}{3}a^2$

c) $a_W = \frac{1}{3}a$ $\quad r_K = \frac{1}{6}a$

$V_W = \frac{1}{27}a^3$ $\quad V_K = \frac{\pi}{162}a^3$

$O_W = \frac{2}{3}a^2$ $\quad O_K = \frac{\pi}{9}a^2$

Vertiefen und Vernetzen

Seite 98

1 a) Der Umfang des Sees beträgt etwa 2,20 km. Für diese Strecke braucht man zu Fuß eine gute halbe Stunde.
b) etwa 0,3848 km², also etwa 38,5 ha

2 etwa 13 300 km²

3 Die Tiefe h des Brunnens entspricht dem 13-fachen Umfang der Trommel.
$h = 13 \cdot 2\pi \cdot 20\,\text{cm} \approx 817\,\text{cm} = 8{,}17\,\text{m}$

4 $d = 2 \cdot \sqrt{\frac{0{,}5\,\text{mm}^2}{\pi}} = 0{,}8\,\text{mm}$

5 a) $U = 2\pi r \approx 942\,477\,800\,\text{km}$
b) $\frac{U}{365} \approx 2\,582\,000\,\text{km}$
c) $\frac{U}{365 \cdot 24} \approx 107\,600\,\text{km}$

6 Es gilt $\pi r_A^2 = 200\,\text{mm}^2 + \pi r_I^2$, also
$r_A = \sqrt{\frac{200\,\text{mm}^2}{\pi} + r_I^2}$.
a) $r_A \approx 8{,}36\,\text{mm}$ b) $r_A \approx 8{,}93\,\text{mm}$ c) $r_A \approx 9{,}42\,\text{mm}$

7 a) Die Länge der inneren Laufbahn ist l, die Länge von jedem der geraden Stücke ist a.
Dann gilt $l = 2a + 2\pi r = 400\,\text{m}$.
Daraus folgt $a = \frac{l}{2} - \pi r = 200\,\text{m} - \pi \cdot 36{,}9\,\text{m} = 84{,}08\,\text{m}$.
b) Wenn l′ die Länge der zweiten Bahn von innen ist, dann gilt $l' = 2a + 2\pi(r + 1{,}22\,\text{m}) \approx 407{,}67\,\text{m}$. Die Kurvenvorgabe muss also etwa 7,67 m betragen.

8 „Handwerkerformel": $U = d \cdot 3 \cdot 1{,}05 = 3{,}15\,d$
Es wurde mit der Näherung $\pi \approx 3{,}15$ gerechnet.

Seite 99

9 a) Für $\alpha = 60°$ haben die beiden gleich großen Kreisausschnitte jeweils einen Mittelpunktswinkel von 120°.
Für den gesamten Flächeninhalt gilt dann
$A = 2 \cdot \frac{120°}{360°}\pi r^2 + \frac{60°}{360°}\pi r^2 = \frac{5}{6}\pi r^2 \approx 15{,}08\,\text{cm}^2$.
$U = 2 \cdot 2\pi r \cdot \frac{120°}{360°} + 2\pi r \cdot \frac{60°}{360°} + 2r = 14{,}37\,\text{cm}$

b) $r = \sqrt{\frac{6}{5\pi} \cdot A} = \sqrt{\frac{6}{5\pi} \cdot 30\,\text{cm}^2} \approx 3{,}39\,\text{cm}$

c) Wenn β der Mittelpunktswinkel der beiden gleich großen Kreisausschnitte ist, dann gilt
$\beta = 180° - \left(90° - \frac{\alpha}{2}\right) = 90° + \frac{\alpha}{2}$.
Für den gesamten Flächeninhalt ergibt sich dann
$A = 2 \cdot \frac{\beta}{360°}\pi r^2 + \frac{\alpha}{360°}\pi r^2 = \left(\frac{2 \cdot \left(90° + \frac{\alpha}{2}\right)}{360°} + \frac{\alpha}{360°}\right)\pi r^2$
$= \left(\frac{1}{2} + \frac{\alpha}{180°}\right)\pi r^2$.
Daraus folgt für α: $\alpha = \left(\frac{A}{\pi r^2} - \frac{1}{2}\right) \cdot 180° \approx 53{,}24°$.

10 a) Die Figur enthält zwei gleichseitige Dreiecke (Innenwinkel: 60°). Der Mittelpunktswinkel der beiden gleich großen Kreisausschnitte beträgt daher jeweils 300°.
Länge der roten Begrenzungslinie:
$l = 2 \cdot 2\pi \cdot \left(\frac{1}{2}r\right) + 2 \cdot \frac{300°}{180°}\pi r = 2\pi r + \frac{10}{3}\pi r = \frac{16}{3}\pi r$
$\approx 33{,}51\,\text{cm}$
Die beiden Kreise mit dem Radius r überdecken sich in einem Flächenstück, das sich aus zwei Segmenten mit
$s = r$, $h = \left(1 - \frac{1}{2}\sqrt{3}\right)r$ und $b = \frac{60°}{180°}\pi r = \frac{1}{3}\pi r$ zusammensetzt.
Für den Flächeninhalt A der gefärbten Fläche gilt:
$A = 2 \cdot \left(\pi r^2 - \pi\left(\frac{r}{2}\right)^2 - \left(\frac{1}{2}br - \frac{1}{2}s(r-h)\right)\right)$
$= 2 \cdot \left(\pi r^2 - \frac{\pi}{4}r^2 - \frac{\pi}{6}r^2 + \frac{r}{2}\left(r - \left(1 - \frac{1}{2}\sqrt{3}\right)r\right)\right)$
$= 2 \cdot \left(\frac{7}{12}\pi r^2 + \frac{\sqrt{3}}{4}r^2\right) = \left(\frac{7}{6}\pi + \frac{\sqrt{3}}{2}\right)r^2$
$\approx 18{,}12\,\text{cm}^2$.
b) $r = \sqrt{\frac{A}{\frac{7}{6}\pi + \frac{\sqrt{3}}{2}}} \approx 2{,}36\,\text{cm}$

11 a) $V_{Zyl} : V_{HK} : V_{Kegel} = \pi r^3 : \frac{2}{3}\pi r^3 : \frac{1}{3}\pi r^3 = 1 : \frac{2}{3} : \frac{1}{3} = 3:2:1$
b) $O_{Zyl} : O_{HK} : O_{Kegel} = 4\pi r^2 : 3\pi r^2 : (1 + \sqrt{2})\pi r^2$
$= 4 : 3 : (1 + \sqrt{2}) = 4 : 3 : 2{,}41$
c) $V_{Zyl} : V_{Kugel} : V_{Kegel} = 2\pi r^3 : \frac{4}{3}\pi r^3 : \frac{2}{3}\pi r^3 = 2 : \frac{4}{3} : \frac{2}{3} = 3:2:1$

12 a)

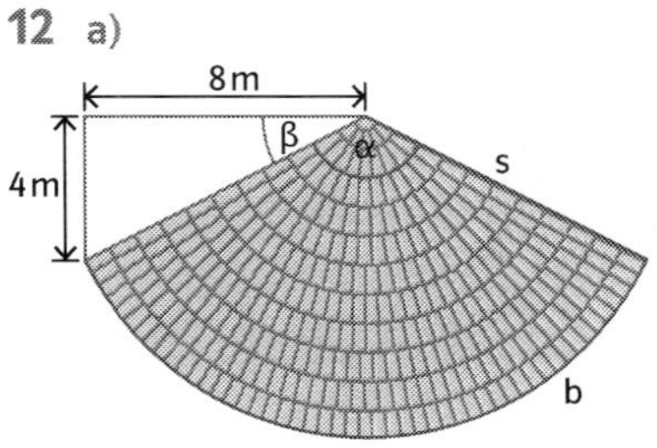

Berechnung des Winkels α:
$\alpha = 180° - 2 \cdot \beta$
$\tan(\beta) = \frac{4\,\text{m}}{8\,\text{m}} = \frac{1}{2}$; also $\beta \approx 26{,}6°$
Damit ist $\alpha \approx 126{,}9°$.
$b = 2\pi \cdot \sqrt{(4\,\text{m})^2 + (8\,\text{m})^2} \cdot \frac{\alpha}{360°}$
$\approx 2\pi \cdot \sqrt{80}\,\text{m} \cdot \frac{126{,}9°}{360°} \approx 19{,}81\,\text{m}$
Für den Radius r der Grundfläche gilt $r = \frac{b}{2\pi}$ bzw.
$r = s \cdot \frac{\alpha}{360°}$, also ist
$r \approx \sqrt{80}\,\text{m} \cdot \frac{126{,}9°}{360°} \approx 3{,}15\,\text{m}$.

Volumen des Kirchturms:
$V \approx \frac{1}{3}\pi \cdot (3{,}15\,m)^2 \cdot 40\,m \approx 416{,}4\,m^3$

b) Mantelflächeninhalt des Daches (als Kreisausschnitt):
$M = \pi \cdot (\sqrt{80}\,m)^2 \cdot \frac{\alpha}{360°}$

$\approx \pi \cdot 80\,m^2 \cdot \frac{126{,}9°}{360°} \approx 88{,}6\,m^2$

c) $88{,}6\,m^2 \cdot 1{,}2 = 106{,}32\,m^2$
$106{,}32\,m^2 \cdot 375\,€/m^2 = 39\,870\,€$
Die Kosten für das Decken des Daches betragen etwa 39 870 €.

13 Volumen der regelmäßigen sechseckigen Pyramide (allgemein):
$V = \frac{1}{3} \cdot G \cdot h$ mit $G = 6 \cdot \frac{1}{2} a \sqrt{a^2 - \left(\frac{a}{2}\right)^2} = 3a\sqrt{\frac{3a^2}{4}} = \frac{3\sqrt{3}}{2} \cdot a^2$

Also ist $V = \frac{1}{3} \cdot \frac{3\sqrt{3}}{2} a^2 h = \frac{\sqrt{3}}{2} a^2 h$.

Oberflächeninhalt der regelmäßigen sechseckigen Pyramide:
$O = G + 6 \cdot \frac{1}{2} a h'$, also ist $O = \frac{3\sqrt{3}}{2} a^2 + 3ah'$

a) Berechnung des Volumens:
$h = \sqrt{(5\,cm)^2 - (4\,cm)^2} = 3\,cm$

$V = \frac{\sqrt{3}}{2} \cdot (4\,cm)^2 \cdot 3\,cm \approx 41{,}6\,cm^3$

Berechnung des Oberflächeninhalts:
$h' = \sqrt{h^2 + \left(a^2 - \frac{a^2}{4}\right)} = \sqrt{h^2 + \frac{3}{4}a^2}$, also ist
$h' = \sqrt{(3\,cm)^2 + \frac{3}{4} \cdot (4\,cm)^2} = \sqrt{21}\,cm.$

Damit ist
$O = \frac{3\sqrt{3}}{2}(4\,cm)^2 + 3 \cdot 4\,cm \cdot \sqrt{21}\,cm \approx 96{,}6\,cm^2$

b) Berechnung des Volumens:
$V = \frac{\sqrt{3}}{2} \cdot (33\,cm)^2 \cdot 56\,cm \approx 52\,813{,}7\,cm^3$

Berechnung des Oberflächeninhalts:
$h' = \sqrt{h^2 + \frac{3}{4}a^2}$, also ist
$h' = \sqrt{(56\,cm)^2 + \frac{3}{4} \cdot (33\,cm)^2} \approx 62{,}87\,cm.$

Damit ist
$O \approx \frac{3\sqrt{3}}{2}(33\,cm)^2 + 3 \cdot 33\,cm \cdot 62{,}87\,cm \approx 9053{,}4\,cm^2.$

c) Berechnung des Volumens:
$a = \sqrt{s^2 - h^2} = \sqrt{(25\,m)^2 - (20\,m)^2} = 15\,m$

$V = \frac{\sqrt{3}}{2} \cdot (15\,m)^2 \cdot 20\,m \approx 3897{,}1\,m^3$

Berechnung des Oberflächeninhalts:
$h' = \sqrt{h^2 + \frac{3}{4}a^2}$, also ist
$h' = \sqrt{(20\,m)^2 + \frac{3}{4} \cdot (15\,m)^2} \approx 23{,}85\,m.$

Damit ist
$O \approx \frac{3\sqrt{3}}{2}(15\,m)^2 + 3 \cdot 15\,m \cdot 23{,}85\,m \approx 1657{,}8\,m^2.$

Seite 100

14 a)

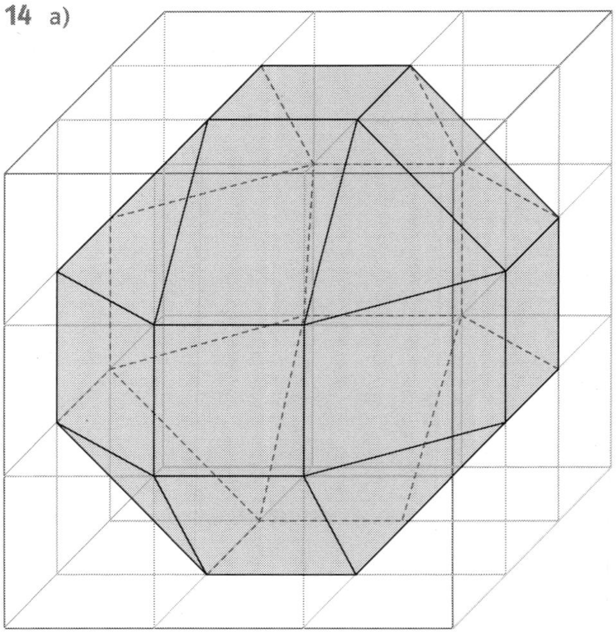

b) Die Oberfläche des Körpers besteht aus sechs – jeweils kongruenten – Quadraten, aus zwölf – jeweils kongruenten – Rechtecken und aus acht – jeweils kongruenten – gleichseitigen Dreiecken. Die Seitenlängen der Quadrate betragen $\frac{1}{3}$ der Kantenlänge a des Ausgangswürfels, in diesem Fall also 2 cm. Damit haben die Quadrate einen Flächeninhalt von $4\,cm^2$.
Die Seitenlängen der Rechtecke betragen $\frac{a}{3}$ und $\frac{\sqrt{2}a}{3}$, in diesem Fall also 2 cm und $2 \cdot \sqrt{2}\,cm^2 \approx 2{,}828\,cm$.
Damit haben die Rechtecke einen Flächeninhalt von $4 \cdot \sqrt{2}\,cm^2 \approx 5{,}657\,cm^2$. Die Seitenlängen der gleichseitigen Dreiecke betragen $\frac{\sqrt{2}a}{3}$, in diesem Fall also $2 \cdot \sqrt{2}\,cm \approx 2{,}828\,cm$.
Damit haben die gleichseitigen Dreiecke einen Flächeninhalt von $\frac{\sqrt{3}}{18}a^2 = 2 \cdot \sqrt{3}\,cm^2 \approx 3{,}464\,cm^2$.

15 a) Das Volumen der kleinen Pyramide soll gleich groß wie das Volumen des Pyramidenstumpfes sein. Dies bedeutet, dass das Volumen der kleinen Pyramide halb so groß wie das Volumen der gesamten Pyramide sein muss.

$V_{kleine\ Pyramide} = \frac{1}{3}a_2^2 h_2 = \frac{1}{3}a_2^2(h - h_1)$

$V_{große\ Pyramide} = \frac{1}{3}a_1^2 h$

Die kleine Pyramide kann durch eine zentrische Streckung mit dem Streckzentrum bei S und dem Streckfaktor $k = \frac{h_1 + h_2}{h_2}$ auf die große Pyramide abgebildet werden. Somit gilt $a_2 = \frac{h_2}{h_1 + h_2}a_1 = \frac{h - h_1}{h}a_1$

und damit $V_{kleine\ Pyramide} = \frac{1}{3}\left(\frac{h - h_1}{h}\right)^2 a_1^2(h - h_1)$.

Aus $V_{\text{große Pyramide}} = 2V_{\text{kleine Pyramide}}$ folgt

$\frac{1}{3}a_1^2 h = 2 \cdot \frac{1}{3}\left(\frac{h - h_1}{h}\right)^2 a_1^2 (h - h_1)$,

$h = 2\frac{(h - h_1)^3}{h^2}$,

$1 = 2\left(\frac{h - h_1}{h}\right)^3$,

$h_1 = \left(1 - \frac{1}{\sqrt[3]{2}}\right)h \approx 0{,}21h$.

Die Höhe h_1 des Pyramidenstumpfes muss etwa das 0,21-Fache der Höhe h der großen Pyramide betragen.

b) Das Volumen des kleinen Kegels soll doppelt so groß wie das Volumen des Kegelstumpfes sein. Dies bedeutet, dass das Volumen des kleinen Kegels zwei Drittel des Volumens des gesamten Kegels betragen muss.

$V_{\text{kleiner Kegel}} = \frac{1}{3}\pi r_2^2 h_2 = \frac{1}{3}\pi r_2^2 (h - h_1)$

$V_{\text{großer Kegel}} = \frac{1}{3}\pi r_1^2 h$

Aus dem zweiten Strahlensatz ergibt sich

$\frac{h_1 + h_2}{h_2} = \frac{r_1}{r_2}$, also $r_2 = \frac{h_2}{h_1 + h_2} r_1 = \frac{h - h_1}{h} r_1$ und damit

$V_{\text{kleiner Kegel}} = \frac{1}{3}\pi\left(\frac{h - h_1}{h}\right)^2 r_1^2 (h - h_1)$.

Aus $V_{\text{kleiner Kegel}} = \frac{2}{3}V_{\text{großer Kegel}}$ folgt

$\frac{1}{3}\pi\left(\frac{h - h_1}{h}\right)^2 r_1^2 (h - h_1) = \frac{2}{3} \cdot \frac{1}{3}\pi r_1^2 h$,

$\left(\frac{h - h_1}{h}\right)^3 = \frac{2}{3}$,

$h_1 = \left(1 - \sqrt[3]{\frac{2}{3}}\right)h \approx 0{,}13h$.

Die Höhe h_1 des Pyramidenstumpfes muss etwa das 0,13-Fache der Höhe h der großen Pyramide betragen.

16 a) $V_{\text{Kegelstumpf}} \approx 96{,}9\,\text{cm}^3$

$O_{\text{Kegelstumpf}} \approx 137{,}8\,\text{cm}^2$

b) $V_{\text{Kegelstumpf}} \approx 1021\,\text{cm}^3$

$O_{\text{Kegelstumpf}} \approx 604{,}8\,\text{cm}^2$

c) $V_{\text{Pyramidenstumpf}} = 312\,\text{cm}^3$

$O_{\text{Pyramidenstumpf}} \approx 295{,}1\,\text{cm}^2$

d) $V_{\text{Pyramidenstumpf}} \approx 1493{,}3\,\text{cm}^3$

$O_{\text{Pyramidenstumpf}} \approx 887{,}1\,\text{cm}^2$

17 a) Die Figur kann nicht Schatten unter einer Parallelprojektion sein, denn vier sichtbare Kanten könnten nur aus einer senkrechten (bzw. orthogonalen) Parallelprojektion stammen (also wenn die Bildebene parallel zu einer Fläche des Würfels ist und die Projektionsgeraden senkrecht dazu stehen). In diesem Fall würde man aber als Bild ein Quadrat und kein Rechteck erhalten.

b) Die Figur kann nicht Schatten unter einer Parallelprojektion sein. Beim Würfel sind jeweils vier Kanten parallel zueinander. Es gibt daher keine Lage der Bildebene, bei der fünf parallele Kanten entstehen könnten.

c) Die Figur kann nicht Schatten unter einer Parallelprojektion sein, denn bei einer Parallelprojektion werden parallele Strecken zu einander parallelen Strecken abgebildet (vgl. Kante unten rechts).

d) Die Figur ist nur dann Schatten des Würfels unter einer Parallelprojektion, wenn der Würfel ein Festkörper ist. Besteht der Würfel nur aus Kanten, dann fehlen auf dem Schattenbild Linien.

18 Drehkörper (1):

Der Drehkörper ist ein Kegelstumpf mit ausgeschnittenem Kegel.

Volumen:

$V = V_{\text{Kegelstumpf}} - V_{\text{Kegel}}$

$= \frac{1}{3}\pi \cdot 2s \cdot \left((2s)^2 + 2s \cdot s + s^2\right) - \frac{1}{3}\pi s^2 \cdot 2s = 4\pi s^3$

Oberflächeninhalt:

$O = M_{\text{Kegelstumpf}} + G_{\text{Kegelstumpf}} + M_{\text{Kegel}}$

Den Mantelflächeninhalt eines Kegelstumpfes kann man einer Formelsammlung entnehmen.

Es ist $M_{\text{Kegelstumpf}} = (r_1 + r_2)\pi \cdot m$. Dabei ist

$m = \sqrt{(r_1 - r_2)^2 + h^2}$ die Länge einer Mantellinie.

$O = (2s + s)\pi\sqrt{(2s - s)^2 + (2s)^2} + \pi(2s)^2 + \pi s\sqrt{(2s)^2 + s^2}$

$= 4\pi s^2(1 + \sqrt{5})$

Drehkörper (2):

Der Drehkörper ist ein umgedrehter Kegelstumpf mit aufgesetztem Kegel.

Volumen:

$V = V_{\text{Kegelstumpf}} + V_{\text{Kugel}}$

$= \frac{1}{3}\pi \cdot 2s\left((4s)^2 + 4s \cdot 3s \cdot (3s)^2\right) + \frac{1}{3}\pi(4s)^2 \cdot 3s = \frac{122}{3}\pi s^3$

Oberflächeninhalt:

$O = M_{\text{Kegelstumpf}} + G_2 + M_{\text{Kegel}}$

$= (4s + 3s)\pi\sqrt{(4s - 3s)^2 + (2s)^2} + \pi(3s)^2$

$+ \pi \cdot 4s\sqrt{(3s)^2 + (4s)^2}$

$= \left(29 + 7\sqrt{5}\right)\pi s^2$

19 a) $V_{\text{Würfel}} = a^3$

$V_{\text{Kugeln}} = \frac{4}{3}\pi\left(\frac{a}{2n}\right)^3 \cdot n^3 = \frac{1}{6}\pi a^3$

$O_{\text{Würfel}} = 6a^2$

$O_{\text{Kugeln}} = 4\pi\left(\frac{a}{2n}\right)^2 \cdot n^3 = \pi n a^2$

b) Das Volumen hängt nicht von n ab.

20 Setzt man die Teilkörper anders zusammen, so ergibt sich ein Zylinder mit der Höhe 13 cm und einem Radius von 2,5 cm (siehe Skizze).
Volumen:
$V = G \cdot h = \pi r^2 \cdot h = \pi \cdot (2{,}5\,\text{cm})^2 \cdot 13\,\text{cm} \approx 255{,}3\,\text{cm}^3$
Mantelflächeninhalt:
$M = 2\pi r \cdot h = 2\pi \cdot 2{,}5\,\text{cm} \cdot 13\,\text{cm} \approx 204{,}2\,\text{cm}^2$

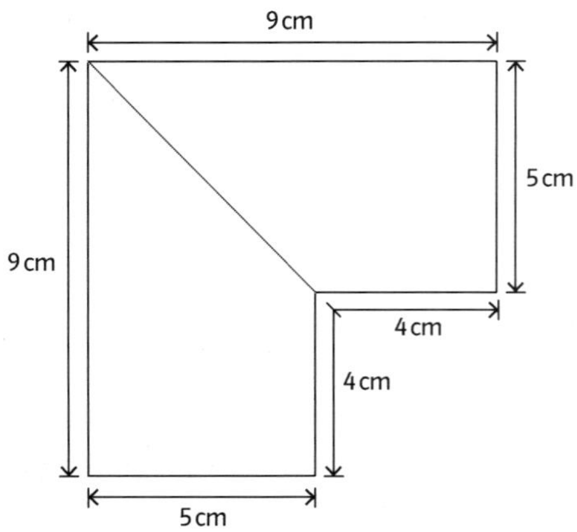

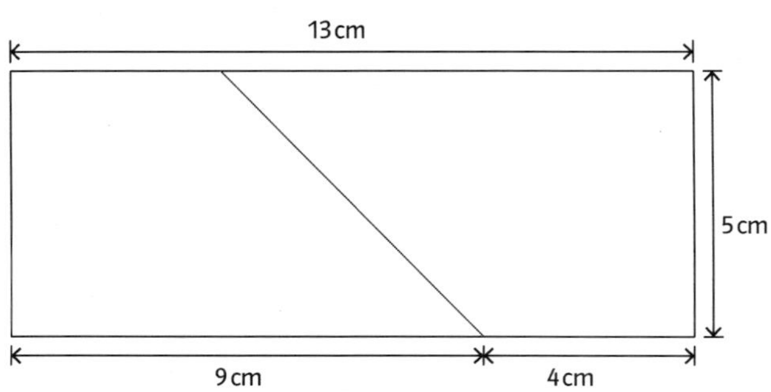

Exkursion: Schätzen der Kreiszahl π mit statistischen Verfahren

Seite 101

1 individuelle Lösung

2 individuelle Lösung

IV Exponentialfunktion und Wachstumsprozesse

Lösungshinweise zu den Erkundungen

Seite 106

Schätzt den Zinseszins-Effekt – ein Spiel für zwei bis vier Spieler
individuelle Lösung – Die Schüler können hier ihre Beobachtungen darstellen. Es kann z. B. der Zinseszinseffekt tabellarisch verdeutlicht werden. Oder es kann herausgestellt werden, dass eine Verdopplung des Zinssatzes nicht zwangsläufig zu einer Halbierung der Zeit führt.

Produkte	Prozente	Wachstumsfaktor	Jahre bis zur Verdoppelung mit Zinseszins	Jahre bis zur Verdoppelung ohne Zinseszins	Zinseszinseffekt
1	0,01	1,01	70	100	30
2	0,02	1,02	36	50	14
3	0,03	1,03	24	34	10
4	0,04	1,04	18	25	7
5	0,05	1,05	15	20	5
6	0,06	1,06	12	17	5
8	0,08	1,08	10	13	3
9	0,09	1,09	9	12	3
10	0,1	1,1	8	10	2
12	0,12	1,12	7	9	2
15	0,15	1,15	5	7	2
16	0,16	1,16	5	7	2
18	0,18	1,18	5	6	1
20	0,2	1,2	4	5	1
24	0,24	1,24	4	5	1
25	0,25	1,25	4	4	0
30	0,3	1,3	3	4	1
36	0,36	1,36	3	3	0

Was kostet die Welt?

Forschungsauftrag 1: Der Joseph-Cent
1. $2017 \cdot (0{,}05 \cdot 0{,}01\,€) = 1{,}0085\,€$. Im Jahr 2017 hätten die Nachkommen insgesamt 1,01 € an Zinsen erhalten.
2. individuelle Schätzungen;
Term: $0{,}01\,€ \cdot 1{,}05^{2017} \approx 5{,}480\,450\,053 \cdot 10^{40}\,€$
in Worten: ca. 54 Sextilliarden 804 Sextillionen 500 Quintilliarden 53 Quintillionen €.
(Hier kann natürlich mit den Näherungswerten des TR gerechnet werden.)

Forschungsauftrag 2: Veranschaulichung des Joseph-Kapitals
1. individuelle Beschreibung – hierbei sollten die Besonderheiten des Verlaufs eines Graphen herausgestellt werden, der ein exponentielles Wachstum beschreibt.
2. Schuldenstand in Fig. 1: 2031944205648
Einwohnerzahl: ca. 68 Millionen
Rechnung:
$(5{,}480\,450\,053 \cdot 10^{40}\,€ - 2\,031\,944\,205\,648\,€) : 68\,000\,000$
$\approx 8{,}059 \cdot 10^{32} \approx 806$ Quintillionen €
(Hier kann natürlich mit den Näherungswerten des TR gerechnet werden.)
Jeder Bundesbürger erhielte etwa 806 Quintillionen €. Hier kann herausgestellt werden, dass die Summe des angesparten Geldes so unfassbar groß ist, dass selbst die Staatsschulden der gesamten Bundesrepublik im Rahmen dieser Rechnung unerheblich klein erscheinen.
3. Volumen des Goldklumpens von der Größe der Erde:
$$\frac{4}{3} \cdot \pi \cdot r^3 = \frac{4}{3} \cdot \pi \cdot 6370^3\,\text{km}^3 \approx 1{,}0827 \cdot 10^{12}\,\text{km}^3$$
$$= 1{,}0827 \cdot 10^{21}\,\text{m}^3 = 1{,}0827 \cdot 10^{27}\,\text{cm}^3.$$
Gewicht des Goldklumpens:
$1{,}0827 \cdot 10^{27}\,\text{cm}^3 \cdot 19{,}32\,\text{g/cm}^3 = 2{,}0918 \cdot 10^{28}\,\text{g}$
Wert des Goldklumpens: Eine Feinunze Gold kostet etwa $1200\,€ : 19 \approx 38{,}58\,€$.
Also: $2{,}0918 \cdot 10^{28} \cdot 38{,}58\,€ \approx 8{,}0702 \cdot 10^{29}\,€$
Anzahl der Goldklumpen, die der angesparte Josephcent wert ist: $5{,}48045 \cdot 10^{40} : (8{,}0702 \cdot 10^{29}) \approx 6{,}79 \cdot 10^{10}$.
Das Kapital im Jahr 2017 entspräche dem Wert von etwa 68 Milliarden Goldklumpen von der Größe der Erde.

Kritischer Rückblick:
- individuelle Ergebnisse – Solche Zusammenbrüche sind z. B. Finanz- und Weltwirtschaftskrisen.
- individuelle Ergebnisse – Das Beispiel des Joseph-Cents macht deutlich, dass ein Kapital immer nur über einen begrenzten Zeitraum mit Zins- und Zinseszins anwachsen kann, da ansonsten ein Kapital zustande käme, für das es auf der ganzen Welt gar keinen „reellen Gegenwert“ geben kann (vgl. die Erd-Goldklumpen). In der realen Finanzwelt äußern sich diese „Beschränkungen“ beispielsweise in Gestalt solcher oben erwähnten Finanzkrisen mit erheblichen Kapitalverlusten. Daher ist eine Verzinsung mit konstantem Zinssatz über 2000 Jahre hinweg nur ein „Gedankenexperiment“.

Seite 107

Moore's Law

1

- individuelle Ergebnisse – Hier sollten u. a. die Besonderheiten eines Graphen hervorgehoben werden, der ein exponentielles Wachstum beschreibt (plötzliches „dramatisches" Anwachsen der Werte).
-

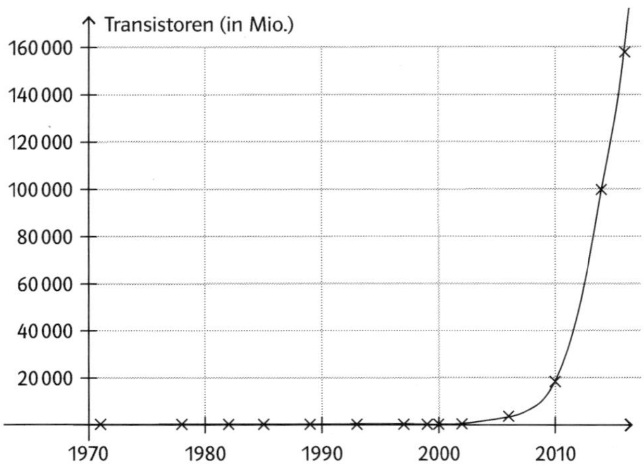

2

- Für die Skizzierung der beiden Graphen, die von einer Verdopplung der Transistoranzahl alle 18 bzw. 24 Monate ausgehen, kann man z. B. mit folgender „einfachen" Wertetabelle arbeiten:

Jahr	reale Daten	Verdopplung nach 18 Monaten	Verdopplung nach 24 Monaten
1971	2250	2250	2250
1972			
1973			4500
1974		9000	
1975			9000
1976			
1977		36 000	18 000
1978	29 000		
1979			36 000
1980		144 000	
1981			72 000
1982	134 000		
1983		576 000	144 000
1984			
1985	275 000		288 000

- Man erhält folgendes Diagramm:

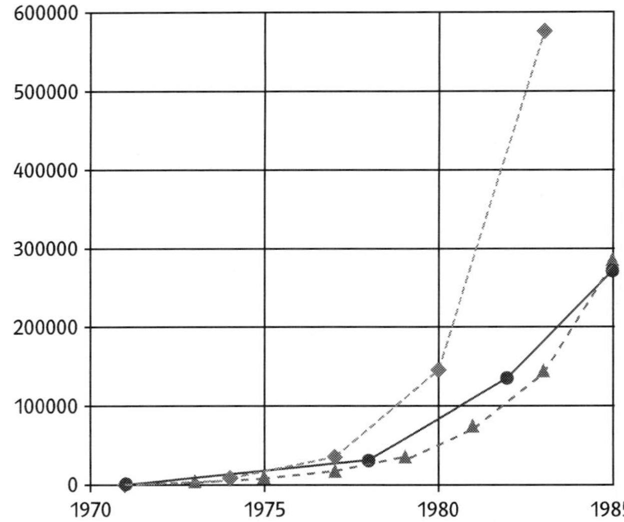

● reale Daten
◆ Verdopplung nach jeweils 18 Monaten
▲ Verdopplung nach jeweils 24 Monaten

Die realen Datenpunkte liegen etwa zwischen den beiden hinzugefügten Graphen.
Anmerkung: Ein Diagramm für den Zeitraum bis 2006 wäre etwas weniger übersichtlich und würde wesentlich deutlichere Abweichungen zeigen (weil die Prognosen natürlich alle auf dem Wert aus dem Jahr 1971 beruhen und weitere reale Daten nicht in die Betrachtung einbezogen werden).

-

Zeitschritte	Jahre	Transistoren
0	0	2250
1	1,5	$2250 \cdot 2$
2	3	$2250 \cdot 2^2$
3	4,5	$2250 \cdot 2^3$
4	6	$2250 \cdot 2^4$
5	7,5	$2250 \cdot 2^5$
t	$1{,}5 \cdot t$	$2250 \cdot 2^t$

Zeitschritte	Jahre	Transistoren
0	0	2250
1	2	$2250 \cdot 2$
2	4	$2250 \cdot 2^2$
3	6	$2250 \cdot 2^3$
4	8	$2250 \cdot 2^4$
5	10	$2250 \cdot 2^5$
t	$2 \cdot t$	$2250 \cdot 2^t$

Für die geschätzte Anzahl der Transistoren A nach t Zeitschritten (ein Zeitschritt beträgt dabei 18 Monate bzw. 24 Monate) erhält man den Term: $A(t) = 2250 \cdot 2^t$.

- Die Bezeichnung „exponentiell" kommt daher, dass die abhängige Variable (hier t) im Exponenten auftritt.

3

- Individuelle Erklärungen – Ein exponentielles Wachstum erscheint einem ab einem gewissen Punkt geradezu explosionsartig. Daher hat man natürlich nicht gewagt anzunehmen, dass Moores Gesetz einen vergleichsweise derart „langen" Zeitraum gelten könnte.

- Geht man von dem Wert aus dem Jahr 1971 aus, erhält man als Prognose für das Jahr 2029 mit $t = 58:2 = 29$: $A(29) = 2250 \cdot 2^{29} \approx 1{,}2 \cdot 10^{12}$. Man könnte mit 1,2 Billionen Transistoren rechnen. Sinnvoller wäre es hier, von dem Wert aus dem Jahr 2006 auszugehen mit $t = 23:2 = 11{,}5$: $A(11{,}5) = 3\,400\,000\,000 \cdot 2^{11{,}5} \approx 9{,}8 \cdot 10^{12}$. In diesem Fall könnte man mit 9,8 Billionen Transistoren rechnen.
- individuelle Erklärungen (s.o.)

1 Wachstum – absolute und relative Änderung

Seite 108

Einstiegsaufgabe
Vergleicht man die zwei Graphen, so sieht man, dass im Jahr 2009 die Linie für den Wert von Silber niedriger als die für den Wert von Gold anfängt, aber im Jahr 2012 fast gleich hoch liegt. Das heißt, dass die (mittlere) Steigerung beim Silberwert größer war als die beim Goldwert. Diejenigen, die zu Beginn des Jahres 2011 Silber verkauft haben, haben sogar noch mehr profitiert, denn zu diesem Zeitpunkt war die Steigerung des Silberwertes noch höher.

Seite 109

1 a) absolute Änderung: $d = 5\,€$ (pro Jahr)
relative Änderung: $p = \frac{5}{20} = 0{,}2$;
Zunahme um 20 % (pro Jahr)
b) absolute Änderung: $d = 10\,€ \cdot 0{,}05 = 0{,}50\,€$ (pro Jahr)
relative Änderung: Zunahme um 5 % (pro Jahr)
c) absolute Änderung: $d = -2\,\text{mm}$ (pro Minute)
Es handelt sich um eine Abnahme; die genaue prozentuale Änderung kann nicht angegeben werden, da die ursprüngliche Länge der Kerze nicht bekannt ist.
d) relative jährliche Abnahme um 50 %
Die absolute Änderung ist von Jahr zu Jahr unterschiedlich, z. B.:
im ersten Jahr: $-500\,€$;
im zweiten Jahr: $-250\,€$;
im dritten Jahr: $-125{,}50\,€$ …
e) $p = \frac{B(t+1) - B(t)}{B(t)} = \frac{3B(t) - B(t)}{B(t)} = 2 = 200\,\%$,
also relative stündliche Zunahme um 200 %.
Die absolute Änderung ist von Stunde zu Stunde unterschiedlich, z. B.:
in der 1. Stunde: $B(1) - B(0) = 45\,g - 15\,g = 30\,g$;
in der 2. Stunde: $B(2) - B(1) = 135\,g - 45\,g = 90\,g$;
in der 3. Stunde: $B(3) - B(2) = 405\,g - 135\,g = 270\,g$ …

2 a) absolute Änderung: 0,25 Millionen €;
relative Änderung: $\frac{0{,}25}{3{,}2} = 0{,}078125 \approx 7{,}8\,\%$
b) In diesem Jahr beträgt der Gewinn
$560\,000\,€ \cdot 0{,}922 = 516\,320\,€$.
c) Prozentuale Änderung im abgelaufenen Jahr:
$\frac{6500}{45600 - 6500} \approx 16{,}62\,\%$;
im kommenden Jahr: $\frac{6500}{45600} \approx 14{,}25\,\%$
d) Änderung im abgelaufenen Jahr: $-5391{,}30\,€$;
im kommenden Jahr: $-4960\,€$

Seite 110

3 a)

Zeitschritt	von 0 nach 1	von 1 nach 2	von 2 nach 3	von 3 nach 4	von 4 nach 5
Änderung	+5	+2,5	−2,5	+5	+10
relative Änderung	+100 %	+25 %	−20 %	+50 %	+66,67 %

b) Nein. Bei gleicher Zunahme ändert sich die prozentuale Zunahme mit dem Grundwert; z. B. größte Zunahme von 4 nach 5, größte prozentuale Zunahme von 0 nach 1.
c) $B(6) = 20$

4 a) $B(2) = 1{,}6 \cdot 1{,}12 = 1{,}792$
b) $B(9) = 34 \cdot (1 - 0{,}043) = 32{,}538$
c) $B(4) = 12{,}8 : 1{,}075 \approx 11{,}907$

7 a)

Zeitschritt (in Jahren)	absolute Änderung	relative Änderung
von 2011 auf 2012	976 − 730 = 246	$\frac{246}{730} \approx 33{,}7\,\%$
von 2012 auf 2013	1348 − 976 = 372	$\frac{372}{976} \approx 38{,}1\,\%$
von 2013 auf 2014	1750 − 1348 = 402	$\frac{402}{1348} \approx 29{,}8\,\%$
von 2014 auf 2015	2100 − 1750 = 350	$\frac{350}{1750} = 20\,\%$
von 2015 auf 2016	2690 − 2100 = 590	$\frac{590}{2100} \approx 28{,}1\,\%$

Von 2015 auf 2016 ist die absolute Änderung am größten; von 2012 auf 2013 ist die relative Änderung am größten.
b) Die relative oder prozentuale Änderung ist vom jeweiligen Bezugswert abhängig. Ist dieser klein, so kann auch eine verhältnismäßig kleinere Änderung eine größere prozentuale Änderung ergeben.

8 a)

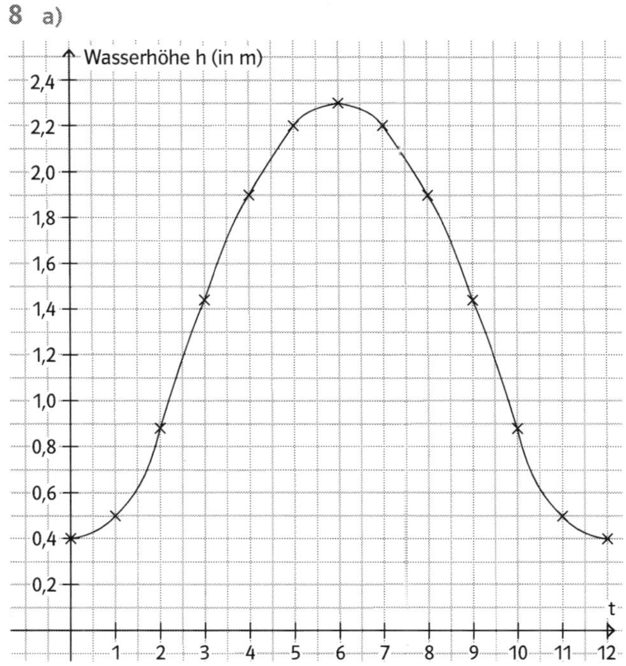

b) Da sich die im Diagramm gezeichnete Entwicklung (vgl. Teilaufgabe a)) alle 12 Stunden wiederholt, entspricht die Wasserhöhe für $t = 22$ der Wasserhöhe für $t = 10$; die Änderung im Intervall [22; 23] ist gleich der Änderung im Intervall [10; 11]. Damit ist:
$h(22) = 0{,}85$; Änderung im Intervall [22; 23]: $-0{,}35$

c)

Zeitschritt (in h)	Tidenhub (in m) (absolute Änderung)	relative Änderung
von 0 nach 1	+0,1	+25%
von 1 nach 2	+0,35	+70%
von 2 nach 3	+0,6	+70,6%
von 3 nach 4	+0,45	+31,0%
von 4 nach 5	+0,3	+15,8%
von 5 nach 6	+0,1	+4,5%

Der höchste Tidenhub fällt in diesem Fall mit der höchsten relativen Änderung zusammen; die zweithöchste relative Änderung (die fast so groß wie die höchste ist) entspricht aber einem mäßig hohen Tidenhub. Es fällt ebenfalls auf, dass der Tidenhub während der 5. Stunde – obwohl nicht ganz klein ist – eine kleinere relative Änderung darstellt.

2 Lineares und exponentielles Wachstum

Seite 111

Einstiegsaufgabe
Carlo ist am 41. Tag eine Strecke von
$2000\,m + 40 \cdot 200\,m = 10\,000\,m$ gelaufen.
René ist am 1. Tag $2000\,m \cdot 1{,}1 = 2200\,m$,
am 2. Tag $2000\,m \cdot 1{,}1^2 = 2420\,m$ ...
und entsprechend am 41. Tag eine Strecke von
$2000\,m \cdot 1{,}1^{40} \approx 90\,518{,}5\,m$ gelaufen.
Renés Darstellung kann also nicht stimmen!

Seite 113

1 a) lineares Wachstum mit der Änderung
$d = 2$; $B(20) = B(0) + 20 \cdot 2 = 41$
b) exponentielles Wachstum mit dem Wachstumsfaktor
$q = 2$; $B(20) = B(0) \cdot 2^{20} = 1\,048\,576$
c) exponentielles Wachstum mit dem Wachstumsfaktor
$q = 1{,}8$; $B(20) = B(0) \cdot 1{,}8^{20} \approx 254\,964{,}72$
d) exponentielles Wachstum mit dem Wachstumsfaktor
$q = 0{,}8$; $B(20) = B(0) \cdot 0{,}8^{20} \approx 0{,}12$

2 a) lineares Wachstum mit der Änderung $d = 4$;
$B(5) = 24$
b) Es handelt sich weder um lineares noch um exponentielles Wachstum. Für die Anzahl der Würfelchen gilt
$B(n) = (n + 1)^3$.

3 a)

t	0	1	2	3	4	5	6
B(t)	5000	4800	4608	4424	4247	4077	3914

t	7	8	9	10	11	12
B(t)	3757	3607	3463	3324	3191	3064

b) Von $n = 0$ zu $n = 1$: Änderung: -200;
prozentuale Änderung: -4%
Von $n = 20$ zu $n = 21$: $B(20) = 5000 \cdot 0{,}96^{20} \approx 2210$;
$B(21) = 5000 \cdot 0{,}96^{21} \approx 2122$
Änderung: -88; prozentuale Änderung: -4%

4 a) Es handelt sich um lineares Wachstum mit der Änderung $d = 3000$.
Es gilt $B(t) = B(t - 1) + d$

t	1	2	3	4	5	6	12
B(t)	100 000	103 000	106 000	109 000	112 000	115 000	133 000

B(12) ist der Umsatz im Dezember.
b) Die prozentuale Änderung von Woche zu Woche beträgt $p = 0{,}04$. Es handelt sich also um exponentielles Wachstum mit dem Wachstumsfaktor $q = p + 1 = 1{,}04$.
Es gilt $B(t) = q \cdot B(t - 1)$ bzw. $B(t) = B(0) \cdot q^t$.

t	0	1	2	3	4	5	6	12
B(t)	3200	3328	3461	3600	3744	3893	4049	5123

B(12) ist das Babygewicht 12 Wochen nach der Geburt.
c) Die prozentuale Änderung (Abnahme) von Jahr zu Jahr beträgt $p = -0{,}5$. Es handelt sich um exponentielles Wachstum (exponentielle Abnahme) mit dem Wachstumsfaktor $q = 1 + p = 0{,}5$.
Es gilt $B(t) = q \cdot B(t - 1)$ bzw. $B(t) = B(0) \cdot q^t$.

t	0	1	2	3
B(t)	1 000 000	500 000	250 000	125 000

t	4	5	6	12
B(t)	62 500	31 250	15 625	244

B(12) sind die Schulden nach 12 Jahren.

Seite 114

6 a) $q = 1{,}2$; $B(6) = 200 \cdot 1{,}2^6 \approx 597{,}20$
b) $p = 0{,}25$; $q = p + 1 = 1{,}25$; $B(6) = 200 \cdot 1{,}25^6 \approx 762{,}94$
c) $p = -0{,}15$; $q = p + 1 = 0{,}85$; $B(6) = 200 \cdot 0{,}85^6 \approx 75{,}43$
d) $q = 0{,}92$; $B(6) = 200 \cdot 0{,}92^6 \approx 121{,}27$

7 a) $B(n) = 120\,000 - n \cdot 2400$
Werteentwicklung in den ersten 6 Jahren:

n (in Jahren)	Wert (in €)
0	120 000
1	117 600
2	115 200
3	112 800
4	110 400
5	108 000
6	105 600

$B(20) = 120\,000 - 20 \cdot 2400 = 72\,000$;
Wert nach 20 Jahren: 72 000 €

b) $B(n) = 120\,000 \cdot 1{,}015^n$
Werteentwicklung in den ersten 6 Jahren:

n (in Jahren)	Wert (in €)
0	120 000,00
1	121 800,00
2	123 627,00
3	125 481,41
4	127 363,63
5	129 274,08
6	131 213,19

$B(20) = 120\,000 \cdot 1{,}015^{20} \approx 161\,622{,}60$;
Wert nach 20 Jahren: ca. 161 600 €

8 Nach 9 Wochen beträgt die Abweichung 1 min.

9 a) Die Behauptung ist wahr.
Wenn die Verkaufszahlen monatlich um 1,5% steigen, gilt $q = 1{,}015$ und $B(t) = B(0) \cdot 1{,}015^t$. Bei einer monatlichen Zunahme um 40 Stück gilt $d = 40$ und $B(t) = B(0) + t \cdot d$.
Es ist $B(15) = 2400 \cdot 1{,}015^{15} \approx 3001$ bzw.
$B(15) = 2400 + 15 \cdot 40 = 3000$. Ab dem 15. Monat liegen somit die Verkaufszahlen höher.
b) Die Behauptung ist falsch.
Es ist $p = 0{,}01$, $q = 1{,}01$ und $B(t) = B(0) \cdot 1{,}01^t$.
Aus $B(70) = 2400 \cdot 1{,}01^{70} \approx 4816$ folgt, dass sich nach 70 Monaten die Verkaufszahlen mehr als verdoppelt haben.
c) Die Behauptung ist falsch.
Es ist $p = -0{,}05$, $q = 0{,}95$ und $B(t) = B(0) \cdot 0{,}95^t$. Aus $B(20) = 2400 \cdot 0{,}95^{20} \approx 860$ folgt, dass nach 20 Monaten immer noch 860 Stück verkauft wurden.

3 Exponentialfunktionen

Seite 115

Einstiegsaufgabe
$0{,}1\,\text{mm} = 10^{-7}\,\text{km}$
Dicke des Papiers nach n Faltungen (in km):
$d(n) = 10^{-7} \cdot 2^n$
d ist eine Exponentialfunktion. Gesucht ist die Anzahl der Faltungen, sodass die Dicke des Papiers 384 000 km beträgt, also die Lösung der Gleichung $10^{-7} \cdot 2^n = 384\,000$. Diese Überlegungen dienen der Einführung der Exponentialfunktionen. Das Falten des Papiers bis zum Erreichen der Erde-Mond-Entfernung ist allerdings vollkommen unrealistisch. Ein Blatt Papier kann maximal etwa 8-mal gefaltet werden.

Seite 117

1 a) $f(x) = 3^x$, wachsend
b) $f(x) = 0{,}25^x$, fallend
c) $f(x) = \sqrt{6}^{\,x}$, wachsend
d) $f(x) = \left(\frac{1}{3}\right)^x$, fallend

2 (1): $b = 0{,}5$ (2): $b = 0{,}25$
(3): $b = 2$ (4): $b = 1{,}5$

3 a)

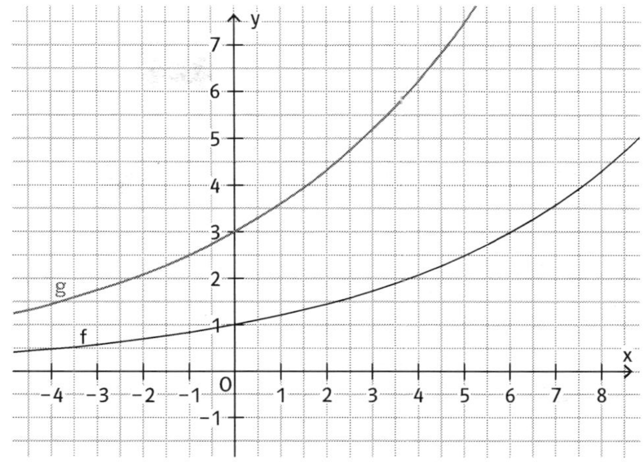

b)

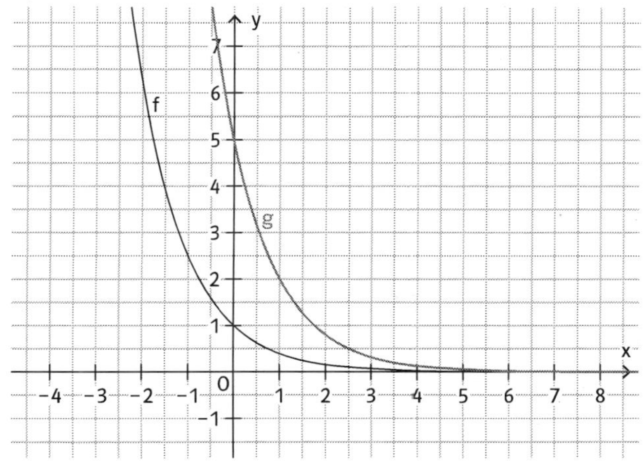

c)

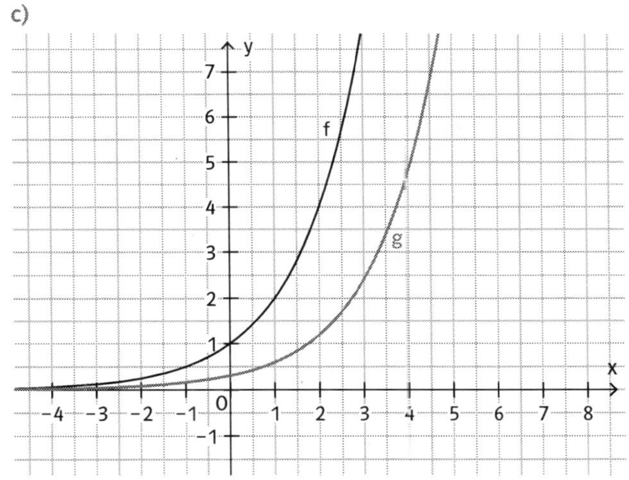

Die Graphen ergeben sich aus der jeweiligen Wertetabelle.

4 Fig. 2: $f(x) = 2 \cdot 3^x$, Fig. 3: $f(x) = 0{,}5 \cdot 5^x$,
Fig. 4: $f(x) = 4 \cdot 1{,}5^x$, Fig. 5: $f(x) = \left(\frac{1}{5}\right)^x$

5 Fehler im 1. Druck der 1. Auflage: Teilaufgabe a) muss $f(x) = 2^{x-1}$ lauten.

a) $f(x) = \frac{1}{2} \cdot 2^x$ b) $f(x) = 4^x$

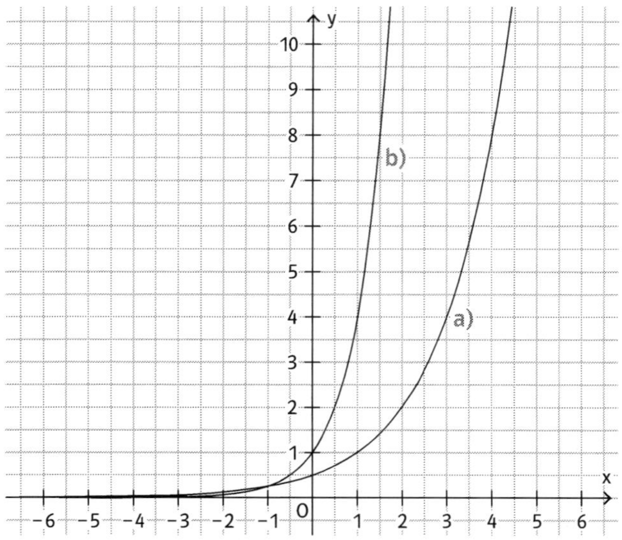

c) $f(x) = 16 \cdot 4^x$ d) $f(x) = 2 \cdot \left(\frac{1}{2}\right)^x$

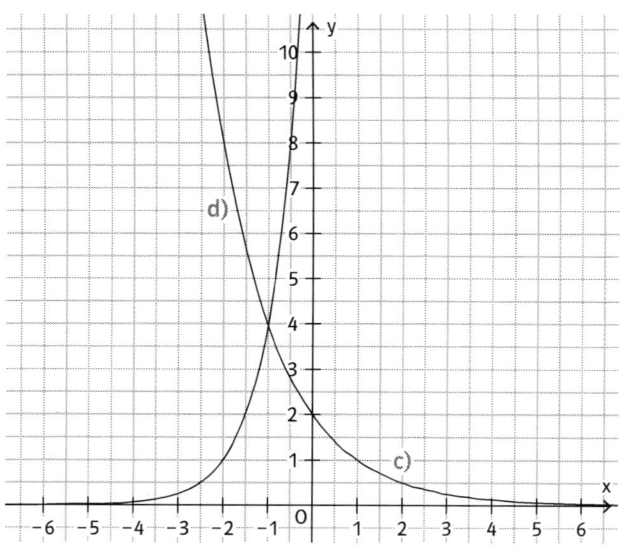

e) $f(x) = 4 \cdot 2^x$ f) $f(x) = \frac{1}{3} \cdot 9^x$

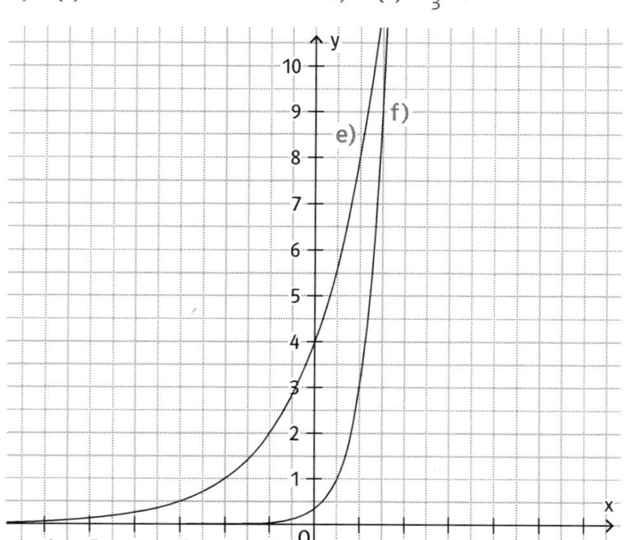

g) $f(x) = 4\sqrt{2} \cdot (2\sqrt{2})^x$ h) $f(x) = \frac{1}{5} \cdot 25^x$

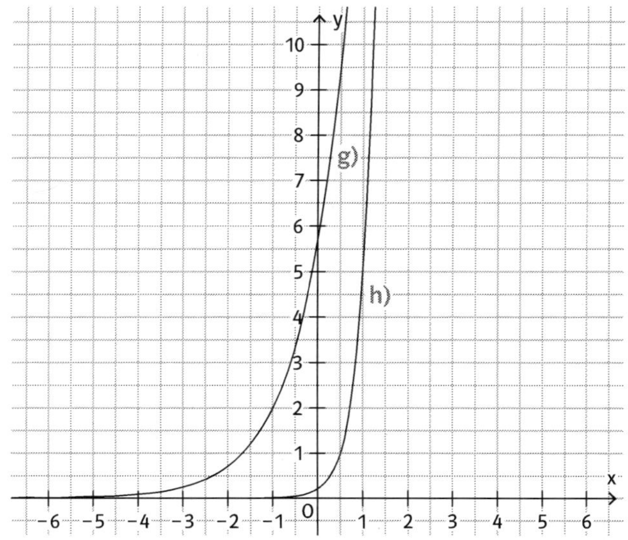

6 Fehler im 1. Druck der 1. Auflage: Statt 2010 muss es bei Teilaufgabe a) 2100 heißen.

a) Allgemeiner Funktionsterm: $f(x) = a \cdot b^x$
Abnahme innerhalb von 5 Jahren um 4%, also ist:
$q = b^5 = 100\,\% - 4\,\% = 0{,}96$; damit ist
$b = \sqrt[5]{0{,}96} \approx 0{,}9919$.
Setzt man als Beginn das Jahr 2010 $(x = 0)$, erhält man den Funktionsterm:
$f(x) = 1780 \cdot 0{,}9919^x$
1990 entspricht $x = -20$; 2100 entspricht $x = 90$

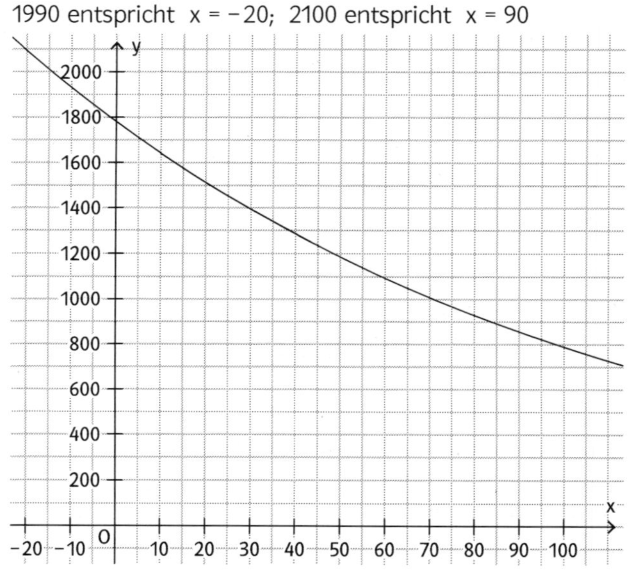

b) Das Jahr 2000 entspricht $x = -10$:
$f(-10) = 1780 \cdot 0{,}9919^{-10} \approx 1930{,}8$
2030 entspricht $x = 20$:
$f(20) = 1780 \cdot 0{,}9919^{20} \approx 1512{,}8$
Im Jahr 2000 gab es etwa 1931 Tiere, im Jahr 2030 rechnet man mit etwa 1513 Tieren.

c) mögliche Überprüfung:
Bestand
- im Jahr 2010: 1780 Tiere
- im Jahr 2030: 1513 Tiere

Es gilt $\frac{1513 - 1780}{1780} = -0{,}15$; die Aussage ist also wahr.
(Noch besser kann es wie folgt überprüft werden:
$b^{20} = (b^5)^4 = 0{,}96^4 \approx 0{,}85 = 100\,\% - 15\,\%$;
Innerhalb von 20 Jahren nimmt also der Bestand um etwa 15 % ab.)

7 a) $f(0) = a$
Es soll gelten: $f(1) = a \cdot b = 3000 = f(0) \cdot 0{,}6 = a\,0{,}6$.
Damit ergeben sich $b = 0{,}6$ und $a = 5000$.

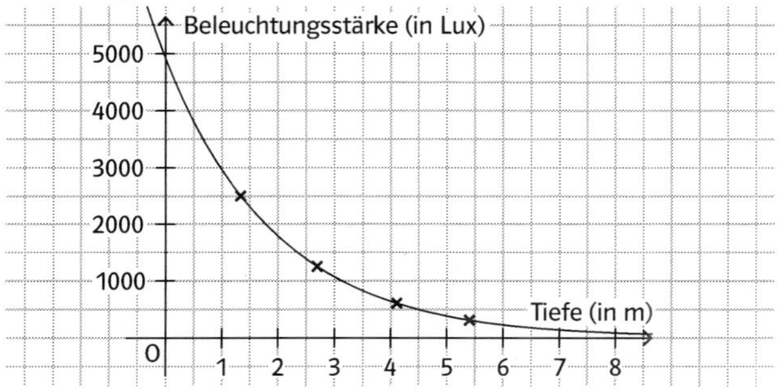

b) Aus dem Graphen liest man ab:

Beleuchtungsstärke (in Lux)	2500	1250	625	312
Tiefe (in m)	1,4	2,7	4,1	5,4

Nach jeweils ca. 1,4 m halbiert sich die Beleuchtungsstärke.

Seite 118

10 Da die angegebene Gleichung die Zeit t in Tagen berücksichtigt, müssen alle Zeitangaben entsprechend umgerechnet werden.

a) Funktionswerte: $f\left(\frac{3}{24}\right) = 20 \cdot 0{,}95^{\frac{3}{24}} \approx 19{,}872$;
$f\left(\frac{4}{24}\right) \approx 19{,}830$; $f\left(\frac{8}{24}\right) \approx 19{,}661$; $f\left(\frac{24}{24}\right) = f(1) = 19$
(Deutung als Bestände zu den jeweiligen Zeitpunkten)
b) Funktionswerte: $f(-1) = 20 \cdot 0{,}95^{-1} \approx 21{,}053$;
$f(-2) \approx 22{,}161$; $f(-3) \approx 23{,}327$
(Deutung als Bestände zu den jeweiligen Zeitpunkten)
c) tägliche relative Abnahme: $p = 5\,\%$
(Deutung der Basis 0,95 als Wachstumsfaktor $1 - p$)
wöchentliche relative Abnahme: $p \approx 30{,}2\,\%$
(Wachstumsfaktor $1 - p = 0{,}95^7 \approx 0{,}6983$)
Hinweis: Das Wachstumsgesetz kann an die jeweils verwendete Zeiteinheit angepasst werden:
$f(w) = 20 \cdot 0{,}95^{7w} = 20 \cdot (0{,}95^7)^w$, Zeit w (in Wochen)

11 a) $f(20) = 100 \cdot 0{,}98^{20} \approx 66{,}76$
Nach 20 Minuten beträgt die Temperatur ca. 67 °C.
b) Aus der Gleichung $100 \cdot 0{,}98^t = 50$ erhält man durch Ausprobieren: $t \approx 34$
Nach ca. 34 Minuten ist die Temperatur auf etwa 50 °C abgekühlt.
c) Die Flüssigkeit kann nach diesem Modell die 0 °C nicht unterschreiten, denn eine Exponentialfunktion nimmt immer positive Werte an.

12 a) $b \cdot f(x)$ b) $b^{-2} \cdot f(x)$ c) $(f(x))^2$
d) $\sqrt{f(x)}$ e) $(f(x))^3$ f) $\sqrt[3]{f(x)}$

13 a) f ist wachsend für $b + 1 > 1$, also für $b > 0$;
f ist fallend für $b + 1 < 1$, also für $b < 0$.
b) f ist wachsend für $1 - b > 1$, also für $b < 0$;
f ist fallend für $1 - b < 1$, also für $b > 0$.
c) f ist wachsend für $\frac{b}{2} > 1$, also für $b > 2$;
f ist fallend für $\frac{b}{2} < 1$, also für $b < 2$.
d) f ist wachsend für $3b > 1$, also für $b > \frac{1}{3}$;
f ist fallend für $3b < 1$, also für $b < \frac{1}{3}$.

14 a) (3) b) (1) c) (4) d) (2)

15 a) Tine: Der Graph von g ist gegenüber dem Graphen von f senkrecht zur x-Achse gestreckt mit dem Streckfaktor 2, denn es gilt:
$g(x) = 2 \cdot 2^x = 2 \cdot f(x)$.
Luzie: Der Graph von g ist gegenüber dem Graphen von f parallel zur y-Achse um 1 nach links verschoben; der Verschiebungspfeil hat die Länge 1 und ist gegen die x-Richtung orientiert. Es gilt: $g(x) = 2 \cdot 2^x = 2^{x+1} = f(x + 1)$.
b)
- $f(x) = 2^x$ und $g(x) = 2^{x+2}$:
1. $g(x) = 2^2 \cdot 2^x = 4 \cdot f(x)$; der Graph von g ist gegenüber dem Graphen von f senkrecht zur x-Achse gestreckt mit dem Streckfaktor 4.
2. $g(x) = 2^{x+2} = f(x + 2)$; der Graph von g ist gegenüber dem Graphen von f parallel zur y-Achse um 2 nach links verschoben.
- $f(x) = 2^x$ und $h(x) = 0{,}5 \cdot 2^x$:
1. $h(x) = 0{,}5 \cdot 2^x = 0{,}5 \cdot f(x)$; der Graph von h ist gegenüber dem Graphen von f senkrecht zur x-Achse gestaucht mit dem Streckfaktor 0,5.
2. $h(x) = 2^{x-1} = f(x - 1)$; der Graph von g ist gegenüber dem Graphen von f parallel zur y-Achse um 1 nach rechts verschoben.

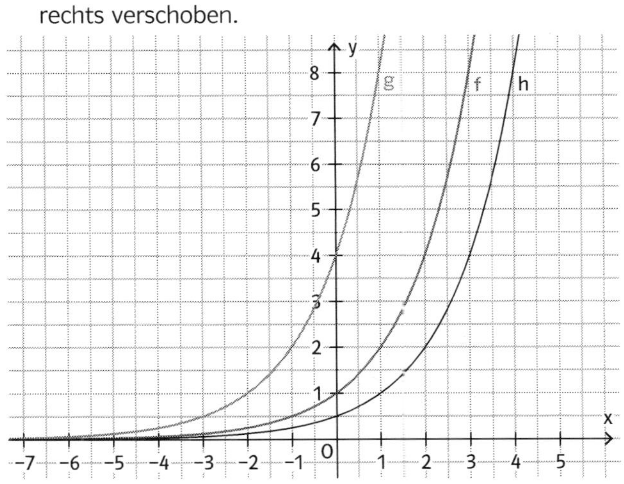

4 Exponentialgleichungen und Logarithmen

Seite 119

Einstiegsaufgabe

Man geht davon aus, dass jede Person die Nachricht an zwei weitere Personen weitergibt, die die Nachricht noch nicht kennen. Die Funktionsgleichung lautet somit:
$f(t) = 1 \cdot 2^t$ bzw. $f(t) = 2^t$.
Die Zeit, die es braucht, bis alle 1000 Schülerinnen und Schüler die Nachricht erhalten haben, ist die Lösung der Gleichung $2^t = 1000$. (Man erhält $t \approx 10$, da $2^{10} = 1024$.) Diese Zeit ist natürlich nicht realistisch, da ohne die Pausen nicht alle Schüler erreicht werden können. Berücksichtigt man dies, dann wäre auf jeden Fall eine zweite Schulstunde (oder eine große Pause) notwendig, um die Nachricht an die andere Klassenstufen weiterzugeben. (Da es bis zum Schulschluss 4 Stunden, also 240 Minuten sind, gilt: $2^{240} \approx 1{,}77 \cdot 10^{72}$. Das ist eine sehr große Zahl!)

Seite 120

1 Fehler im 1. Druck der 1. Auflage: Bei Teilaufgabe d) muss es $\left(\frac{1}{3}\right)^{-3} = 27$ heißen.

a) $3 = \log_4(64)$ b) $2 = \log_7(49)$
c) $-2 = \log_3\left(\frac{1}{9}\right)$ d) $-3 = \log_{\frac{1}{3}}(27)$
e) $0{,}5 = \log_{36}(6)$ f) $0 = \log_8(1)$
g) $-6 = \log_{\sqrt{10}}\left(\frac{1}{1000}\right)$ h) $y = \log_x(z)$

2 a) $5^3 = 125$ b) $5^{-1} = 0{,}2$ c) $5^1 = 5$
d) $5^0 = 1$ e) $0{,}5^{-3} = 8$ f) $0{,}2^2 = 0{,}04$
g) $(\sqrt{2})^{-4} = 0{,}25$ h) $b^c = a$

3 a) $\log_2(64) = 6$, da $2^6 = 64$ ist
b) $\log(1) = 0$, da $10^0 = 1$ ist
c) $\log_3(27) = 3$, da $3^3 = 27$ ist
d) $\log_7(7) = 1$, da $7^1 = 7$ ist
e) $\log_2\left(\frac{1}{16}\right) = -4$, da $2^{-4} = \frac{1}{16}$ ist
f) $\log_5\left(\frac{1}{\sqrt{5}}\right) = -\frac{1}{2}$, da $5^{-\frac{1}{2}} = \frac{1}{\sqrt{5}}$ ist
g) $\log_6\left(\frac{1}{\sqrt[3]{6}}\right) = -\frac{1}{3}$, da $6^{-\frac{1}{3}} = \frac{1}{\sqrt[3]{6}}$ ist
h) $\log_{\sqrt[3]{6}}\left(\frac{1}{6}\right) = -3$, da $(\sqrt[3]{6})^{-3} = \frac{1}{6}$ ist

4 a) $x = \log_5(625) = \log_5(5^4) = 4$
b) $7^{2x-1} = 343$
$\Leftrightarrow 2x - 1 = \log_7(343)$
$\Leftrightarrow 2x - 1 = \log_7(7^3)$
$\Leftrightarrow 2x - 1 = 3$
$\Leftrightarrow x = 2$
c) $2^x - 3 = 9 - 5 \cdot 2^x$
$\Leftrightarrow 6 \cdot 2^x = 12$
$\Leftrightarrow 2^x = 2$
$\Leftrightarrow x = \log_2(2) = 1$
d) $6^x = \frac{1}{216}$
$\Leftrightarrow 6^x = 6^{-3}$
$\Leftrightarrow x = \log_6(6^{-3}) = -3$

5 Paare: $x = 0{,}5^3$ und $x = 0{,}125$; $0{,}5^{-2} = x$ und $x = 4$; $x^5 = 1024$ und $x = 4$
Tripel: $-x^2 = -\frac{1}{64}$ und $x = 0{,}125$ und $x = -0{,}125$;
$256^x = 2$ und $\log_{256}(2) = x$ und $x = 0{,}125$;
$x = 0$ und $x = \log_{256}(1)$ und $256^x = 1$;
$256 = 2^x$ und $x = 8$ und $\log_2(256) = x$

6 a) $\log_3(9^4) = \log_3((3^2)^4) = \log_3(3^8) = 8$
b) $\log(10^{1,5}) = 1{,}5$
c) $\log_5(125^{-1}) = \log_5((5^3)^{-1}) = \log_5(5^{-3}) = -3$
d) $\log_a(a^3) = 3$
e) $\log_4(2^{200}) = \log_4((2^2)^{100}) = \log_4(4^{100}) = 100$
f) $\log(10^{-120}) = -120$
g) $\log_{0,5}(2^5) = \log_{0,5}((0{,}5^{-1})^5) = \log_{0,5}(0{,}5^{-5}) = -5$
h) $\log_3\left(\sqrt{27}^{-1}\right) = \log_3\left(\left(3^{\frac{3}{2}}\right)^{-1}\right) = \log_3\left(3^{-\frac{3}{2}}\right) = -\frac{3}{2}$

Seite 121

7 a) Es soll gelten: $5 \cdot 2^x \geqq 106 \cdot 5$ bzw. $2^x \geqq 106$.
$2^x = 106 \Leftrightarrow x = \log_2(106) = \frac{\log(106)}{\log(2)} \approx 6{,}73$
Die Zahl 5 muss also mindestens 7-mal verdoppelt werden.
b) Es soll gelten: $20 \cdot 2^x \geqq 109 \cdot 20$ bzw. $2^x \geqq 109$.
$2^x = 109 \Leftrightarrow x = \log_2(109) = \frac{\log(109)}{\log(2)} \approx 6{,}77$
Die Zahl 20 muss also mindestens 7-mal verdoppelt werden.
c) Es soll gelten:
$a \cdot 1{,}3^x \geqq 100 \cdot a$; für eine beliebige Zahl a.
Also muss $1{,}3^x \geqq 100$ gelten.
$1{,}3^x = 100 \Leftrightarrow x = \log_{1,3}(100) = \log\frac{(100)}{\log(1,3)} \approx 17{,}55$
Eine beliebige Zahl muss also mindestens 18-mal mit 1,3 multipliziert werden, damit man mehr als das 100-Fache der Zahl erhält.
d) Es soll gelten:
$a \cdot \left(\frac{1}{3}\right)^x \leqq \frac{1}{10^6} \cdot a$, für eine beliebige Zahl a, also
$\left(\frac{1}{3}\right)^x \leqq 10^{-6}$.
$\left(\frac{1}{3}\right)^x = 10^{-6} \Leftrightarrow x = \log_{\frac{1}{3}}(10^{-6}) \Leftrightarrow x = \frac{\log(10^{-6})}{\log\left(\frac{1}{3}\right)} \approx 12{,}6$
Eine beliebige Zahl muss also mindestens 13-mal gedrittelt werden, damit man weniger als ein Millionstel der Zahl erhält.

8 a) $2^x = -3$ hat keine Lösung, weil es gilt:
$2^x > 0$, für alle x.
$1^x = 3$ hat keine Lösung, weil für alle x gilt: $1^x = 1$.
b) Zahl 5 als Lösung, zum Beispiel:
$2^x = 32$ oder $5^x = 3125$
keine natürliche Zahl als Lösung, zum Beispiel:
$2^x = 3$ oder $1{,}5^x = 5$.

12 a) $b = 5$ b) $b = \frac{1}{7}$
c) $b = 0{,}5 = 2^{-1}$ d) $b = 5$

13 a) $a = 81$ b) $a = 64$
c) $a = 27$ d) $a = 0{,}0001$

14 Fehler im 1. Druck der 1. Auflage: Bei Teilaufgabe d) muss es $2^{x+1} + 2^{x+2} = 48$ heißen.
a) Mit $2^{x+1} = 2^x \cdot 2^1 = 2 \cdot 2^x$ erhält man $2^x + 3 = 2 \cdot 2^x$ und daraus $2^x = 3$ mit der Lösung $\log_2(3) \approx 1{,}585$.
b) Mit $2^x : 3^x = \left(\frac{2}{3}\right)^x$ erhält man $\left(\frac{2}{3}\right)^x = \frac{13}{7}$ mit der Lösung $\log_{\frac{2}{3}}\left(\frac{13}{7}\right) \approx -1{,}527$.
c) Mit $9^{-x} = (3^2)^{-x} = 3^{-2x}$ erhält man $3^{2x} \cdot 3^{-2x} = 5$ und daraus $3^0 = 5$. Wegen $3^0 = 1 \neq 5$ besitzt die Gleichung keine Lösung.
d) Mit $2^{x+1} = 2^x \cdot 2^1 = 2 \cdot 2^x$ und $2^{x+2} = 2^x \cdot 2^2 = 4 \cdot 2^x$ erhält man $2 \cdot 2^x + 4 \cdot 2^x = 48$ und daraus $6 \cdot 2^x = 48$, das heißt $2^x = 8$, mit der Lösung 3.

15 a), b), c) Die Gleichungen $2^x = -3$, $2^x = -\frac{1}{3}$ und $2^x = 0$ haben keine Lösung, weil 2^x stets positiv ist.
d) Die Gleichung $1^x = 3$ hat keine Lösung, weil 1^x stets gleich 1 ist.

16 individuelle Lösung

Seite 122

17 a) $f(x) = 1 \cdot 0{,}89^x$ (x: Wassertiefe in Metern)

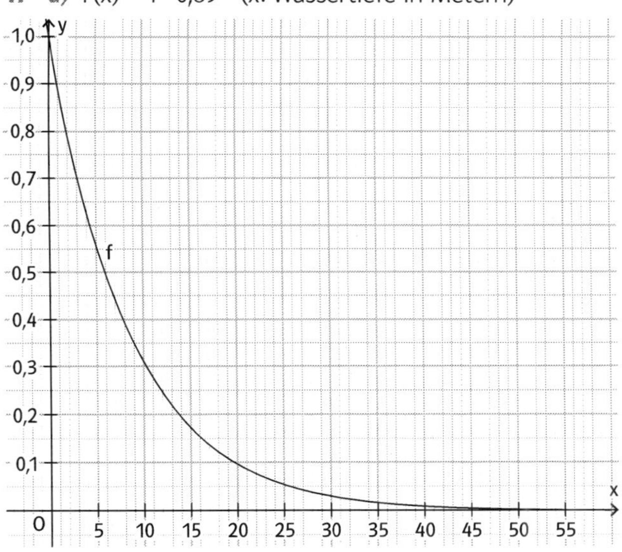

b)
- $0{,}89^x = 0{,}9$; also
  $x = \log_{0{,}89}(0{,}9) = \log(0{,}9) : \log(0{,}89) \approx 0{,}904$.
- $0{,}89^x = 0{,}5$; also
  $x = \log_{0{,}89}(0{,}5) = \log(0{,}5) : \log(0{,}89) \approx 5{,}95$.
- $0{,}89^x = 0{,}1$; also
  $x = \log_{0{,}89}(0{,}1) = \log(0{,}1) : \log(0{,}89) \approx 19{,}8$.

In ca. 90,4 cm beträgt die Lichtintensität 90 %, in ca. 5,95 m Tiefe 50 % und in ca. 19,8 m Tiefe nur noch 10 % des Ausgangswertes.
c) Allgemeiner Funktionsterm: $f(x) = 1 \cdot b^x$
Aus $f(4) = 0{,}55$ folgt:
$b^4 = 0{,}55 \Leftrightarrow b = \sqrt[4]{0{,}55} \approx 0{,}86$
Die Lichtintensität nimmt um etwa 14 % pro Meter ab.

18 a) etwa 290,2 hPa (etwa 83,2 hPa; etwa 6,8 hPa)
b)

h (in km)	0	5,5	11,0	16,5	22,0	27,5
p (in h Pa)	1013	509,4	256,1	128,8	64,8	32,6

Es gilt $0{,}8825^{5{,}5} = 0{,}5028\ldots \approx 0{,}5$.
Hinweis: Die „Halbierungshöhe" h (in km), bei der der Luftdruck jeweils auf den halben Wert absinkt, ergibt sich als Lösung der Gleichung $0{,}8852^h = 0{,}5$:
$h = \frac{\lg(0{,}5)}{\lg(0{,}8825)} \approx 5{,}545$.

19 a) $\log_5(125) = 3$; $\log_5\left(\frac{1}{125}\right) = -3$; $\log_{\frac{1}{5}}(125) = -3$
Die drei Logarithmen sind dem Betrage nach gleich groß.
b) $\log_3(\sqrt{3}) = 0{,}5$; $\log_{\frac{1}{3}}(\sqrt{3}) = -0{,}5$; $\log_3\left(\frac{1}{\sqrt{3}}\right) = -0{,}5$
Die drei Logarithmen sind dem Betrage nach gleich groß.
c) individuelle Lösung, zum Beispiel:
$\log_2(16) = 4$; $\log_{\frac{1}{2}}(16) = -4$; $\log_2\left(\frac{1}{16}\right) = -4$
Allgemein gilt: $\log_b(a) = -\log_{\frac{1}{b}}(a) = -\log_b\left(\frac{1}{a}\right)$,
$a, b > 0$, $b \neq 1$.
Begründung: Ist $x = \log_b(a)$, so gilt $b^x = a$.
Für $y = \log_{\frac{1}{b}}(a)$ gilt $\left(\frac{1}{b}\right)^y = a$, wegen $a = b^x$ also $(b^{-1})^y = b^x$.
Vergleicht man in der Gleichung $b^{-y} = b^x$ die Exponenten, so erhält man $y = -x$.
Die Logarithmen $\log_b(a)$ und $\log_{\frac{1}{b}}(a)$ stimmen somit bis auf das Vorzeichen überein.
Entsprechend folgt aus $z = \log_b\left(\frac{1}{a}\right)$, dass $b^z = \frac{1}{a} = \frac{1}{b^x} = b^{-x}$ ist.
Also stimmen auch die Logarithmen $\text{og}_b(a)$ und $\log_b\left(\frac{1}{a}\right)$ bis auf das Vorzeichen überein.
Weiter folgt, dass stets $\log_{\frac{1}{b}}(a) = \log_b\left(\frac{1}{a}\right)$ ist.

20 a) $\log_2(32) = 5$; $\log_2(8) = 3$; $\log_2(32 \cdot 8) = 8$; $\log_2\left(\frac{32}{8}\right) = 2$
Der Logarithmus des Produktes $32 \cdot 8$ stimmt mit der Summe der Logarithmen von 32 und 8 überein. Entsprechend ist der Logarithmus des Quotienten $\frac{32}{8}$ genauso groß wie die Differenz der Logarithmen von 32 und 8.
b) $\log(0{,}1) = -1$; $\log\left(\sqrt[3]{100}\right) = \frac{2}{3}$; $\log\left(0{,}1 \cdot \sqrt[3]{100}\right) = -\frac{1}{3}$;
$\log\left(\frac{0{,}1}{\sqrt[3]{100}}\right) = -\frac{5}{3}$
Es gilt $\log\left(0{,}1 \cdot \sqrt[3]{100}\right) = \log(0{,}1) + \log\left(\sqrt[3]{100}\right)$
und $\log\left(\frac{0{,}1}{\sqrt[3]{100}}\right) = \log(0{,}1) - \log\left(\sqrt[3]{100}\right)$.
c) individuelle Lösung, zum Beispiel:
$\log_3(9) = 2$; $\log_3\left(\frac{1}{3}\right) = -1$; $\log_3\left(9 \cdot \frac{1}{3}\right) = 2 + (-1) = 1$;
$\log_3\left(\frac{9}{\frac{1}{3}}\right) = 2 - (-1) = 3$
Allgemein gilt: $\log_b(x \cdot y) = \log_b(x) + \log_b(y)$
und $\log_b\left(\frac{x}{y}\right) = \log_b(x) - \log_b(y)$; $b, x, y > 0$, $b \neq 1$.

Begründung: Mit $u = \log_b(x)$, $v = \log_b(y)$, $w = \log_b(x \cdot y)$ und $z = \log_b\left(\frac{x}{y}\right)$ folgt

$b^u = x$, $b^v = y$, $b^w = x \cdot y$ und $b^z = \left(\frac{x}{y}\right)$.

Ersetzt man in der dritten und vierten Gleichung x durch b^u und y durch b^v, so erhält man

$b^w = b^u \cdot b^v$ und $b^z = \frac{b^u}{b^v}$.

Mithilfe der Potenzrechengesetze ergibt sich

$b^w = b^{u+v}$ und $b^z = b^{u-v}$.

Vergleicht man die Exponenten, so erhält man, dass der Logartithmus w eines Produktes mit der Summe der Logarithmen u und v der Faktoren übereinstimmt. Entsprechend ergibt sich der Logarithmus z eines Quotienten als Differenz der Logarithmen u und v von Dividend und Divisor.

21 a) Substitution: $u = 10^x$

Man erhält die quadratische Gleichung $u^2 - 5u + 4 = 0$ mit den Lösungen 4 und 1.

Die Exponentialgleichungen $4 = 10^x$ und $1 = 10^x$ haben die Lösungen log(4) und 0. Also hat die gegebene Gleichung zwei Lösungen, nämlich $\log(4) \approx 0{,}602$ und 0.

b) Substitution: $u = 3^x$

Mit $3^{2x+1} = 3^{2x} \cdot 3^1 = 3 \cdot (3^x)^2$ und $3^{x+2} = 3^x \cdot 3^2 = 9 \cdot 3^x$ erhält man die quadratische Gleichung

$3u^2 + 18u - 648 = 0$ bzw. $u^2 + 6u - 216 = 0$

mit den Lösungen 12 und −18.

Die Exponentialgleichung $12 = 3^x$ hat die Lösung $\log_3(12)$, die Exponentialgleichung $-18 = 3^x$ hat keine Lösung. Also hat die gegebene Gleichung genau eine Lösung, nämlich $\log_3(12) \approx 2{,}262$.

c) Substitution: $u = (\sqrt{5})^x$

Mit $5^{x-1} = 5^x \cdot 5^{-1} = \frac{1}{5} \cdot \left((\sqrt{5})^2\right)^x = \frac{1}{5} \cdot \left((\sqrt{5})^x\right)^2$

und $(\sqrt{5})^{x-2} = (\sqrt{5})^x \cdot (\sqrt{5})^{-2} = \frac{1}{5} \cdot (\sqrt{5})^x$ erhält man die quadratische Gleichung

$\frac{1}{5}u^2 - 2{,}04u + 0{,}4 = 0$ bzw. $u^2 - 10{,}2u + 2 = 0$

mit den Lösungen 10 und 0,2.

Die Exponentialgleichungen $10 = (\sqrt{5})^x$ und $0{,}2 = (\sqrt{5})^x$ haben die Lösungen $\log_{\sqrt{5}}(10)$ und $\log_{\sqrt{5}}(0{,}2)$.

Also hat die gegebene Gleichung zwei Lösungen, nämlich $\log_{\sqrt{5}}(10) \approx 2{,}861$ und $\log_{\sqrt{5}}(0{,}2) = -2$.

5 Beschränktes Wachstum

Seite 123

Einstiegsaufgabe

Das Wachstum des Guthabens wird durch eine Exponentialfunktion beschrieben – wie zum Beispiel im mittleren Diagramm dargestellt.

Der Baum wächst bis zu einer bestimmten Höhe, die Anzahl der Internetanschlüsse kann bis zu einer Maximalanzahl wachsen (z.B. die Gesamtanzahl der Haushalte) und die geförderte Ölmenge aus einer Ölquelle kann nur solange erhöht werden, bis die maximale Kapazität erreicht ist.

Das rechte Diagramm beschreibt ein beschränktes Wachstum.

Seite 125

1 a) $B(3) = 43{,}125$

b) $B(3) = 267{,}6$

c) Proportionalitätsfaktor $c = 0{,}2$; $B(3) = 1492{,}8$

d) $B(3) = 497{,}6$

2 a)

n	1	2	3	4	5	6	7
B(n)	58	96,4	127,1	151,7	171,4	187,1	199,7

n	8	9	10
B(n)	209,7	217,8	224,2

b) $B(n+1) = 0{,}8 \cdot B(n) + 50$
$= B(n) - 0{,}2 \cdot B(n) + 50$
$= B(n) - 0{,}2 \cdot B(n) + 0{,}2 \cdot 250$
$= B(n) + 0{,}2 \cdot (250 - B(n))$

Es handelt sich um ein beschränktes Wachstum mit der Schranke 250.

3 a) Das Wachstum hat die Schranke $S = 22$.

Das in Beispiel 2 angeführte physikalische Gesetz besagt, dass die Temperaturzunahme pro Zeitschritt proportional zu $S - B(n-1)$ ist.

Für eine rekursive Darstellung ist $B(0) = 6$ und $S = 22$ bekannt; es fehlt der Proportionalitätsfaktor c.

b) Für den Proportionalitätsfaktor c gilt:

$10 = 6 + c \cdot (22 - 6)$; $c = 0{,}25$.

Rekursionsformel:

$B(n+1) = B(n) + 0{,}25 \cdot (22 - B(n))$.

$B(2) = 13$; $B(3) = 15{,}25$; $B(4) = 16{,}9375$.

Im Verlauf der 4. Stunde erreicht der Wein eine Temperatur von 16 °C.

4 a) Da die Menschen alle vom Flughafen aus versorgt werden müssen, können die in der Nähe des Flughafens gelegenen und gut durch Straßen erschlossenen Gebiete rasch versorgt werden. Die Versorgung der entlegenen Gebiete dauert entsprechend länger. Da zudem die Anzahl der Menschen, die versorgt werden müssen, auf 100 000 begrenzt ist, ist ein beschränktes Wachstum zur Beschreibung geeignet.

b) Rekursionsformel:

$B(n+1) = B(n) + 0{,}4 \cdot (100\,000 - B(n))$ und $B(0) = 0$.

$B(4) = 87\,040$; $B(5) = 92\,224$.

Im Laufe des 5. Monats sind 90 % der Menschen versorgt.

Seite 126

7 Es gilt: $S = 30\,000$; $B(0) = 0$; $B(1) = 2400$; $c = 0{,}08$.

Rekursionsformel:

$B(n+1) = B(n) + 0{,}08 \cdot (30\,000 - B(n))$

$B(12) \approx 18\,970$. Man kann nicht davon ausgehen, dass nach 12 Monaten 20 000 Artikel verkauft sind.

8 a) Rechnet man den Anteil der Geburten und Todesfälle zusammen, so vermindert sich die Einwohnerzahl jährlich um 2 pro 1000 Einwohner, also um den Proportionalitätsfaktor 0,002. Rechnet man auf der anderen Seite die Ein- und Auswanderung zusammen, so erhöht sich die Einwohnerzahl jährlich um 140 000 Einwohner. Zusammen ergibt dies:

B(n + 1) = B(n) − 0,002 · B(n) + 140 000, mit
B(0) = 78 000 000

Anzahl der Jahre, n	2	3	4	5
Einwohnerzahl, B(n)	77 968 032	77 952 096	77 936 192	77 920 320

b) $B(n+1) = B(n) - 0{,}002 \cdot B(n) + 140\,000$
$= B(n) - 0{,}002 \cdot B(n) + 0{,}002 \cdot 70\,000\,000$
$= B(n) + 0{,}002 \cdot (70\,000\,000 - B(n))$
Es handelt sich also um ein beschränktes Wachstum mit der Schranke 70 000 000. Langfristig wäre demnach mit 70 Millionen Einwohnern zu rechnen.

9 a) gesamte Wassermenge:
$V = 6500\,m^2 \cdot 0{,}6\,m = 3900\,m^3$
Es müssen 19,5 m³ Wasser zugeführt werden.
b) Wassermenge nach 1 Tag:
$B(1) = 3900 \cdot 0{,}995 + 25 = 3905{,}5\,m^3$
nach 2 Tagen:
$B(2) = 3905{,}5 \cdot 0{,}995 + 25 = 3910{,}97\,m^3$
Die Wassermenge nimmt so lange zu, bis die verdunstete Menge den zugeführten 25 m³ entspricht. Dies ist der Fall, wenn der Teich 5000 m³ Wasser enthält (vgl. Teilaufgabe c)).
c) Es gilt:
$B(n+1) = B(n) - 0{,}005 \cdot B(n) + 25$
$= B(n) + 0{,}005 \cdot 5000 - 0{,}005 \cdot B(n)$
$= B(n) + 0{,}005 \cdot (5000 - B(n))$
Es handelt sich um ein beschränktes Wachstum mit der Schranke $S = 5000$ und dem Proportionalitätsfaktor $c = 0{,}005$.

10 Beim Ausscheidungsprozess handelt es sich um ein beschränktes Wachstum mit $B(0) = 0$, $R(0) = 0{,}3$ (also auch $S = 0{,}3$) und $c = 0{,}04$. Dabei beschreibt B(n) die ausgeschiedene Menge des Farbstoffs und R(n) die im Körper noch verbliebene Menge nach n Minuten.
a) Bei einer normal arbeitenden Bauchspeicheldrüse beträgt die im Körper verbliebene Restmenge nach 20 Minuten:
$R(20) = 0{,}3 \cdot 0{,}96^{20} \approx 0{,}13$
Damit ist $B(20) \approx 0{,}3 - 0{,}13 = 0{,}17$
Nach 20 Minuten werden also bei einer normal arbeitenden Bauchspeicheldrüse 0,17 g des Farbstoffs ausgeschieden, daher arbeitet die Bauchspeicheldrüse des Patienten nicht normal.
b) Für den Patienten gilt:
$B'(20) = 0{,}1$, also $R'(20) = 0{,}3 \cdot a^{20} = 0{,}2$; damit ist:
$a^{20} = \frac{2}{3}$ und somit $a = \sqrt[20]{\frac{2}{3}} \approx 0{,}98$.
Die Bauchspeicheldrüse des Patienten scheidet pro Minute 2 % des vorhandenen Farbstoffs aus. Das ist halb so viel wie bei einem gesunden Organ.
c) gesunde Bauchspeicheldrüse:
Gesucht ist die Zeit n (in Minuten), sodass $R(n) = 0{,}15$ ist.
$0{,}3 \cdot 0{,}96^n = 0{,}15$
$\Leftrightarrow 0{,}96^n = 0{,}5$
$\Leftrightarrow n = \log_{0{,}96}(0{,}5) = \frac{\log(0{,}5)}{\log(0{,}96)} \approx 16{,}98$
Bei einer gesunden Bauchspeicheldrüse dauert es knapp 17 Minuten, bis die Hälfte des Farbstoffs ausgeschieden ist.

Bauchspeicheldrüse des Patienten:
$0{,}98^n = 0{,}5$
$\Leftrightarrow n = \log_{0{,}98}(0{,}5) = \frac{\log(0{,}5)}{\log(0{,}98)} \approx 34{,}31$
Beim Patienten dauert es mehr als 34 Minuten, bis die Hälfte des Farbstoffs ausgeschieden ist.

11 a) $B(0) = 400$; Zeitschritt: 5 Minuten
B(n) ist der Bestand nach n Schritten von je 5 Minuten (also ist $B(1) = 470$, $B(2) = 526$ etc.).
Zur Berechnung von S und c erhält man damit die Gleichungen:
(I) $470 = 400 + c \cdot (S - 400)$
(II) $526 = 470 + c \cdot (S - 470)$
Vereinfachen der Gleichungen ergibt:
(I)′ $70 = c \cdot S - 400c$
(II)′ $56 = c \cdot S - 470c$
(I)′ − (II)′ ergibt nun: $14 = 70c$ und damit $c = 0{,}2$.
Durch Einsetzen in (I)′ erhält man $S = 750$.
b) Mithilfe der Rekursionsformel
$B(n+1) = B(n) + 0{,}2 \cdot (750 - B(n))$ werden B(4), B(5) und B(6) berechnet (Ergebnisse gerundet).

Zeit (in min)	0	5	10	15	20	25	30
Bestand	400	470	526	571	607	636	659

6 Modellieren von Wachstumsprozessen

Seite 127

Einstiegsaufgabe
Im Zeitungstext links geht man von einem exponentiellen Wachstum des Preises aus.
Wachstumsfaktor: 1,10 € : 0,9 € ≈ 1,22
Im nächsten Jahr rechnet man daher mit einem Preis von 1,10 € · 1,22 ≈ 1,34 €, also von etwa 1,35 €.
Im Zeitungstext rechts geht man von einem linearen Wachstum des Preises aus:
1,10 € − 0,90 € = 0,20 €
In den kommenden Jahren rechnet man also mit Preiserhöhungen um je 0,20 € pro Jahr.
Beide Sichtweisen sind zulässig. Um zu entscheiden, um welches Wachstum es sich handeln könnte, braucht man allerdings die Entwicklung der Eispreise über mehrere Jahre.

Seite 129

1 a) Die Messreihe beschreibt einen linearen Wachstumsprozess.

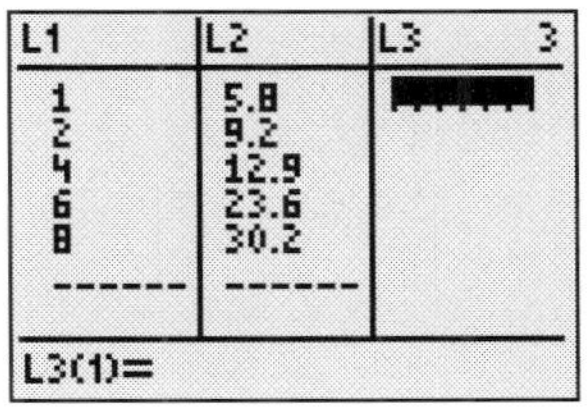

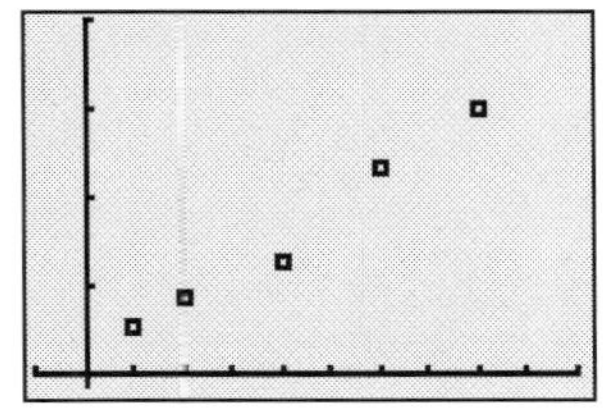

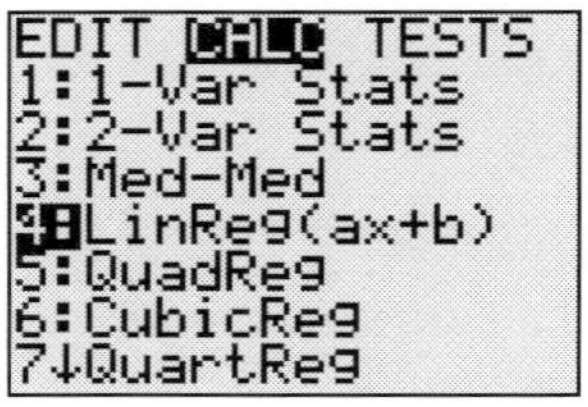

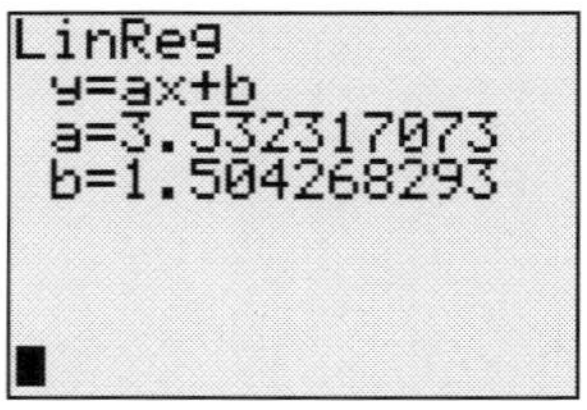

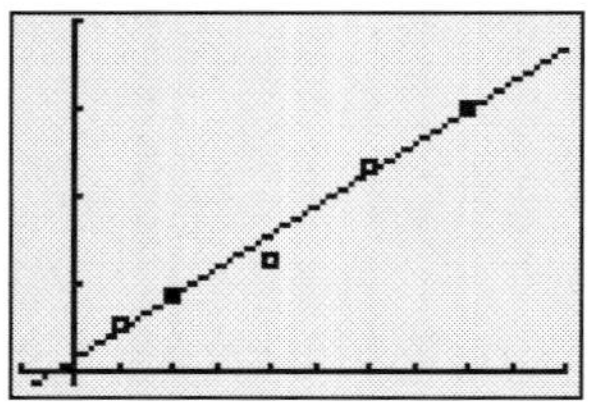

Funktionsgleichung: $B_1(t) = 3{,}532\,32\,t + 1{,}504\,27$
Der Vergleich der mit der Funktion B_1 berechneten Werte mit den gegebenen Originaldaten zeigt insgesamt geringe Abweichungen, bei denen der „Ausreißer" bei $t = 4$ auffällt. Der berechnete Wert $B_1(4)$ weicht vom Tabellenwert 12,9 deutlich nach oben ab, alle anderen berechneten Werte liegen unterhalb der entsprechenden Messdaten.

t (in h)	1	2	4	6	8
B(t) (Originaldaten)	5,8	9,2	12,9	23,6	30,2
$B_1(t)$ (berechnet)	5,037	8,569	15,634	22,698	29,763
$B(t) - B_1(t)$ (Abweichungen	0,763	0,631	– 2,734	0,902	0,437
$B_2(t)$ (berechnet ohne „Ausreißer")	5,788	9,299	(16,322)	23,345	30,368
$B(t) - B_2(t)$ (Abweichungen)	0,012	– 0,099	(– 3,422)	0,255	– 0,168

Lässt man den „Ausreißer" bei der Regression unberücksichtigt, so erhält man eine korrigierte Funktionsgleichung $B_2(t) = 3{,}511\,45\,t + 2{,}276\,34$. Die mit B_2 berechneten Werte streuen nur geringfügig um die jeweiligen Originaldaten, der „Ausreißer" wird dabei ignoriert.

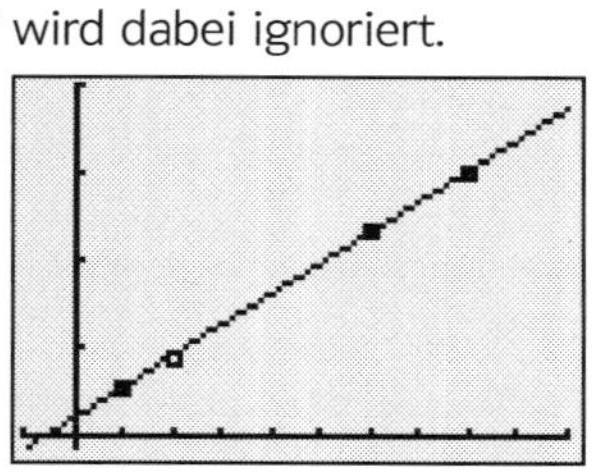

b) Die Messreihe beschreibt einen exponentiellen Wachstumsprozess.

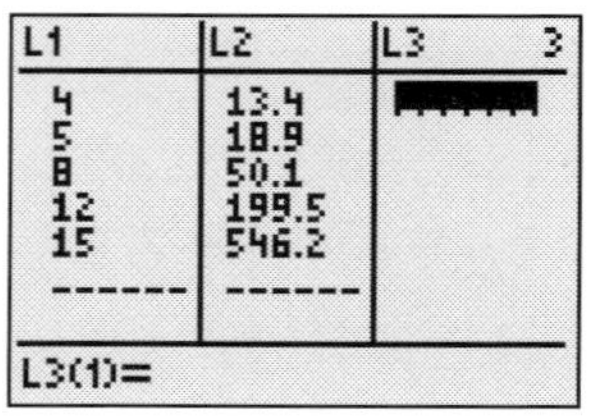

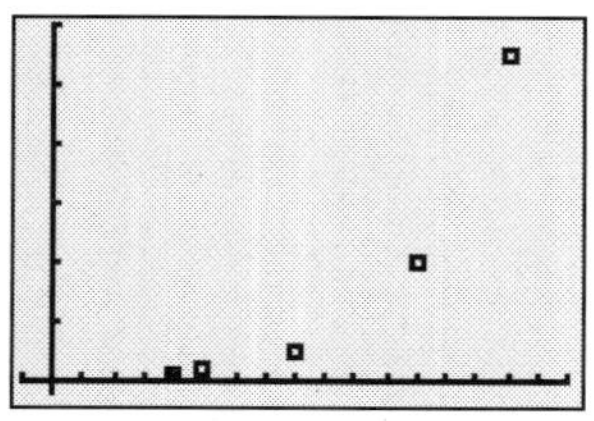

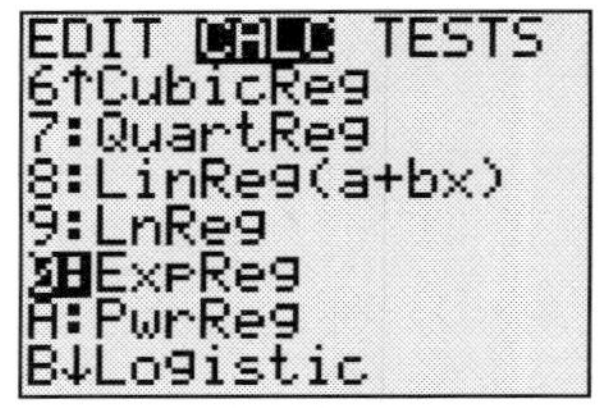

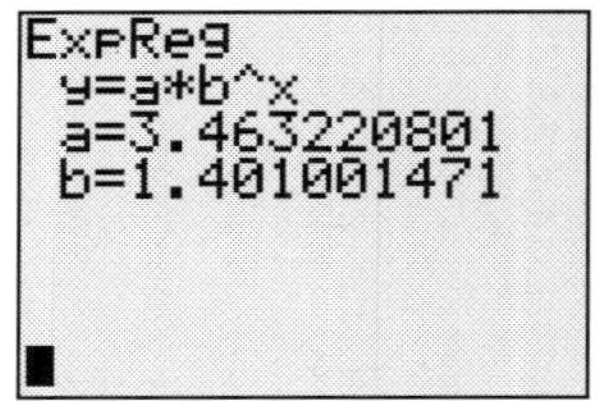

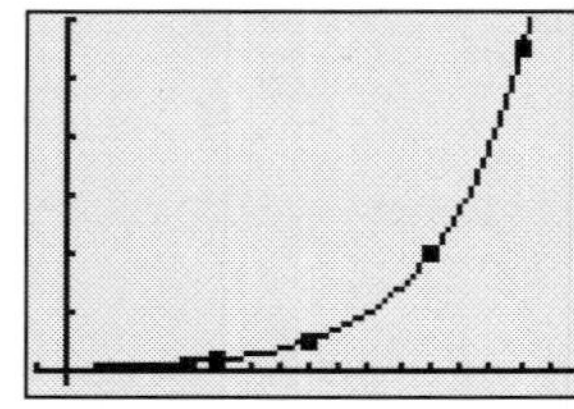

Funktionsgleichung: $B_1(t) = 3{,}463\,22 \cdot 1{,}401\,00^t$
Der Vergleich der mit der Funktion B_1 berechneten Werte mit den gegebenen Originaldaten zeigt insgesamt geringe Abweichungen.

t (in h)	4	5	8	12	15
B(t) (Originaldaten)	13,4	18,9	50,1	199,5	546,2
$B_1(t)$ (berechnet)	13,342	18,693	51,403	198,04	544,58
$B(t) - B_1(t)$ (Abweichungen	0,058	0,207	– 0,303	1,46	1,62

Hinweis: Bei entsprechender Anlage des Unterrichts können die Funktionsgleichungen zu a) und b) auch ohne den Einsatz des GTR bestimmt werden.
Zu a) bietet sich eine Ausgleichsgerade durch die Punkte (2 | 9,2) und (8 | 30,2) an: $B_3(t) = 3{,}5\,t + 2{,}2$.
Auch bei dieser Vorgehensweise wird die Rolle des „Ausreißers" (4 | 12,9) deutlich und kann Anlass für eine Korrektur der Funktionsgleichung sein.
Bei b) ergibt sich bei Verwendung der Wertepaare (4 | 13,4) und (15 | 546,2) aus dem allgemeinen Ansatz $B_2(t) = c \cdot a^t$ für $c \approx 3{,}48$, für $a \approx 1{,}400\,83$.

2 a) Es handelt sich um eine lineare Abnahme:
$B(n) = 10\,000 - n \cdot 200$.
b) Es handelt sich näherungsweise um exponentielles Wachstum mit $q = 1{,}05$.
$B(n) = 2000 \cdot 1{,}05^n$.

Seite 130

3 a) lineares Wachstum (Abnahme)

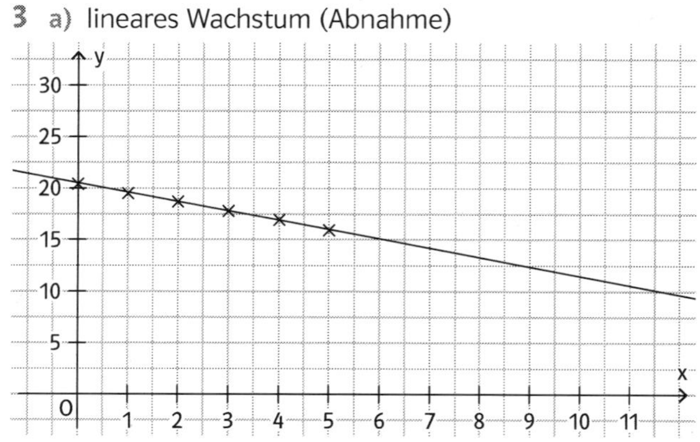

b) exponentielles Wachstum (Abnahme)

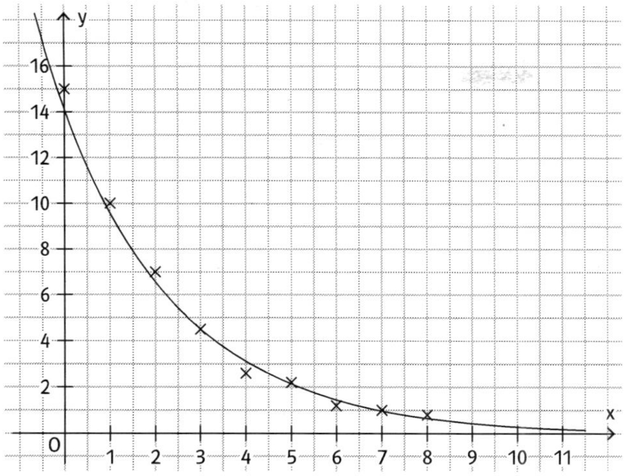

c) exponentielles Wachstum (Zunahme)

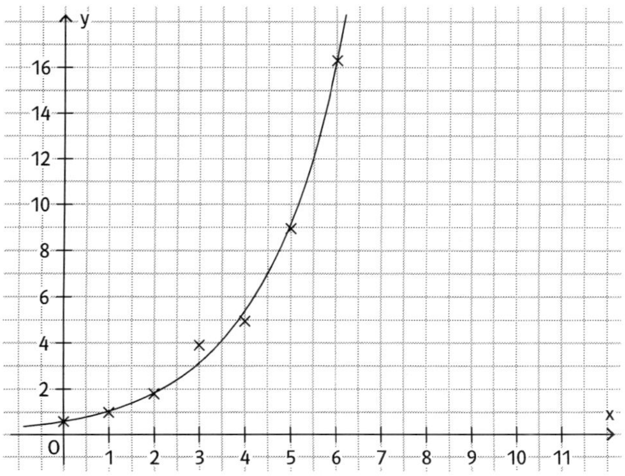

d) exponentielles Wachstum (Abnahme)

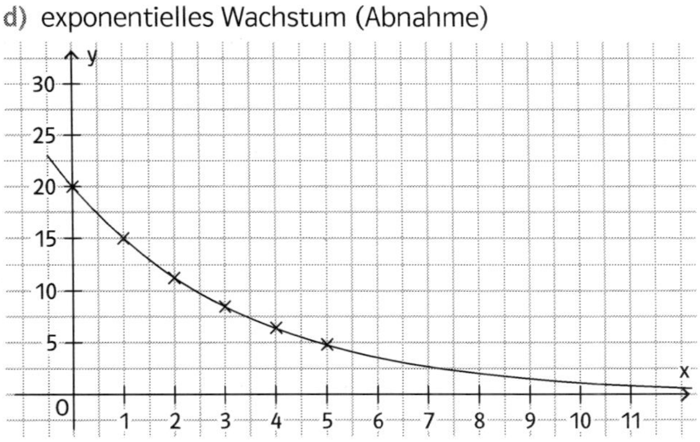

e) lineares Wachstum (Zunahme)

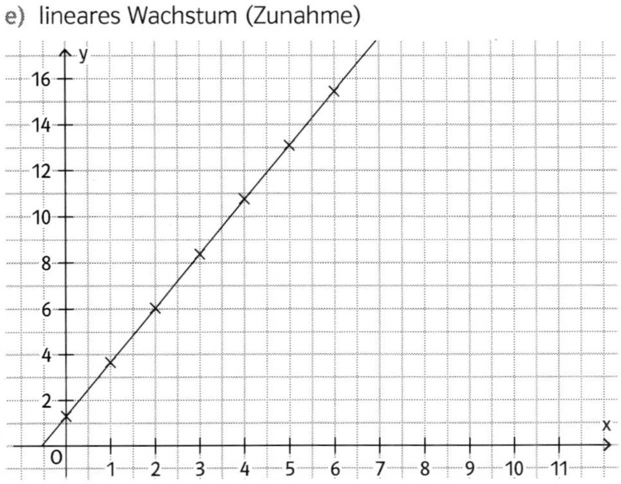

f) lineares Wachstum (Zunahme)

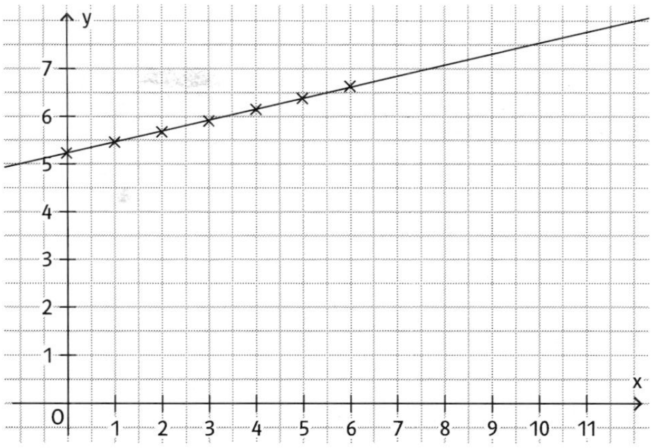

4 a) Es handelt sich um einen exponentiellen Wachstumsprozess, bei dem das Gewicht G(t) des Ferkels (in kg) von Woche zu Woche um 4 % zunimmt. Mit t für die Anzahl der Wochen ergibt sich das Wachstumsgesetz $G(t) = 10 \cdot 1{,}04^t$.

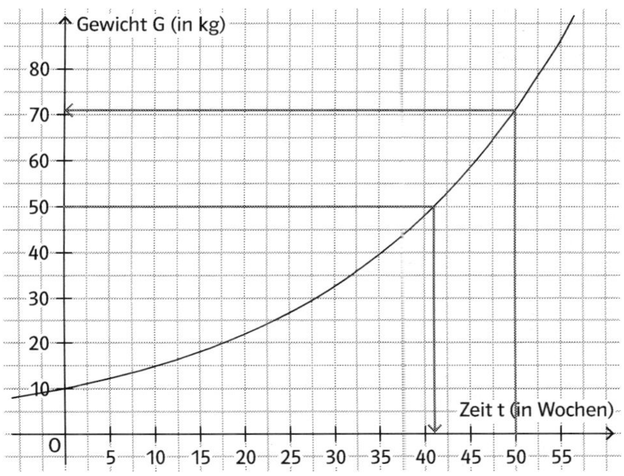

b) Gewicht des Schweins nach 50 Wochen:
$G(50) = 10 \cdot 1{,}04^{50} \approx 71{,}07$ (vgl. Abbildung zu a))
Das Schwein wiegt nach 50 Wochen etwa 71 kg.
Das Ergebnis ist realistisch, wenn die wöchentliche Gewichtszunahme von 4 % über 50 Wochen gleichbleibend Bestand hat. Diese Voraussetzung kann durch entsprechende Lebensbedingungen, insbesondere durch die Fütterung, näherungsweise erfüllt werden.
c) grafische Lösung (vgl. Abbildung zu a)):
Nach etwa 41 Wochen könnte das Schwein 50 kg wiegen.
rechnerische Lösung: $10 \cdot 1{,}04^t = 50$, also

$$t = \log_{1{,}04}(5) = \frac{\log(5)}{\log(1{,}04)} \approx 41{,}04$$

Die Rechnung bestätigt die grafische Näherungslösung.

5 a)

Jahre	0	1	2	3	4	5
Wert der Aktie (in €)	6500	6812	7163	7532	7923	8327

Überprüfen der Quotienten der in gleichen Zeitabschnitten aufeinanderfolgenden Bestände:
$6812 : 6500 = 1{,}048$; $7163 : 6812 \approx 1{,}0515$;
$7532 : 7163 \approx 1{,}0515$;

7923 : 7532 ≈ 1,0519; 8327 : 7923 ≈ 1,0510
Die Quotienten sind annähernd gleich, es kann also ein exponentielles Wachstum angenommen werden:
$B(t) = B(0) \cdot a^t$ mit $B(0) = 6500$.
b) Bestimmung der Gleichung:
Der Anfangsbestand beträgt 6500 €. Unter Verwendung des Wertes für das fünfte Jahr (Punkt (5 | 8327)) erhält man:
$8327 = 6500 \cdot a^5$; also $a = \sqrt[5]{\frac{8327}{6500}} \approx 1{,}0508$
(jährliches Wachstum um 5,08 %)
Also ist: $B(t) = 6500 \cdot 1{,}0508^t$, mit t in Jahren
Mögliche Entwicklung der Aktie in den nächsten 10 Jahren:

Jahre (ab Beginn)	6	7	8	9	10	11	12	13	14	15
Wert der Aktie (in €)	8750	9195	9662	10 152	10 668	11 210	11 780	12 378	13 007	13 668

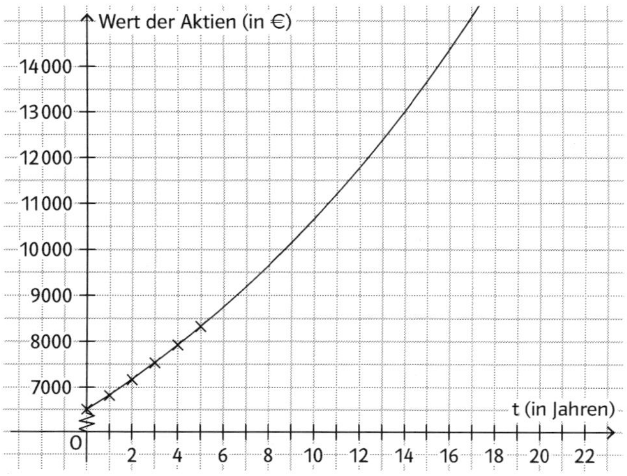

c) Zu lösen ist:
$3 \cdot 6500 = 6500 \cdot 1{,}0508^t$ bzw. $3 = 1{,}0508^t$.
$3 = 1{,}0508^t \Leftrightarrow t = \log_{1{,}0508}(3) = \frac{\log(3)}{\log(1{,}0508)} \approx 22{,}2$
Bleibt der Aktienkurs bei der gegebenen jährlichen Steigerung von etwa 5,08 %, so wird sich der Aktienwert nach etwa 22 Jahren verdreifacht haben.
Solche Prognosen müssen kritisch betrachtet werden, da die Aktienwerte im Laufe der Zeit stark schwanken können und man daher nicht von einem so großen Zeitraum ausgehen kann.

7 a)

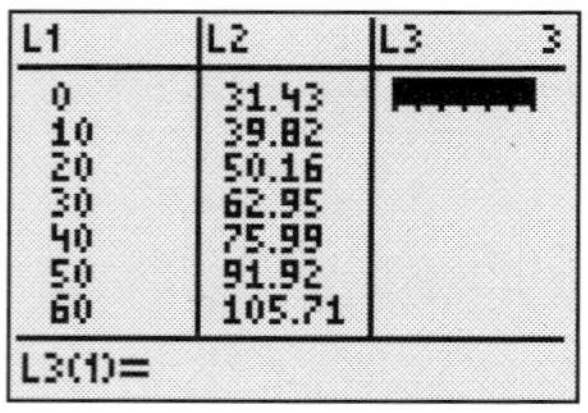

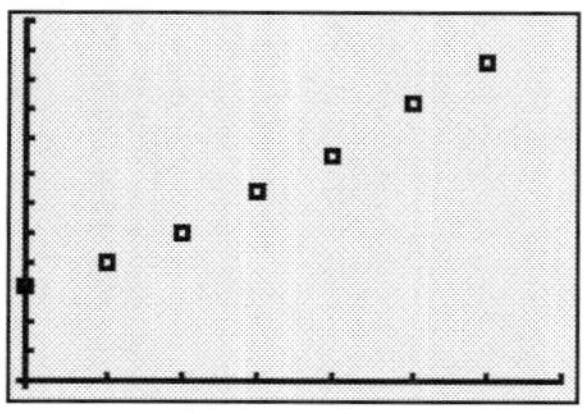

Die grafische Darstellung der Daten zeigt einen leicht linksgekrümmten Verlauf, sodass eher von exponentiellem als von linearem Wachstum auszugehen ist.

lineare Regression:

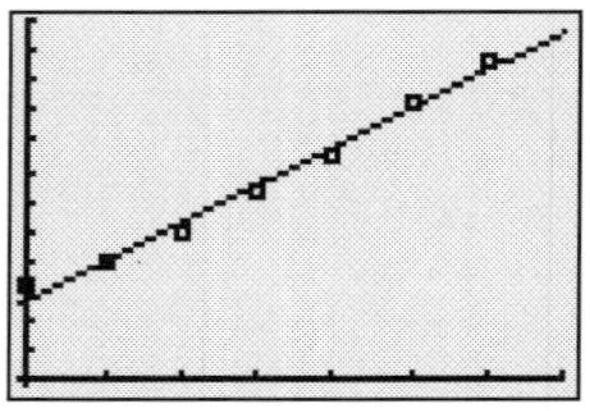

$L(t) = 1{,}260\,25t + 27{,}618\,21$; t in Jahren nach 1860, L(t) in Mio.
exponentielle Regression:

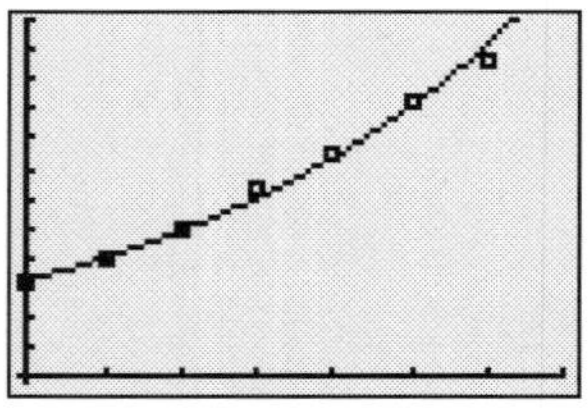

$E(t) = 32{,}675\,79 \cdot 1{,}020\,67^t$; t in Jahren nach 1860, L(t) in Mio.
Vergleich der Berechnungsmodelle:

Jahr	1860	1870	1880	1890	1900	1910	1920
t (in Jahren nach 1860)	0	10	20	30	40	50	60
Bevölkerungszahl B(t) (in Mio.)	31,43	39,82	50,16	62,95	75,99	91,92	105,71
L(t) (in Mio.)	27,62	40,22	52,82	65,43	78,03	90,63	103,23
B(t) − L(t)	3,81	−0,40	−2,66	−2,48	−2,04	1,29	2,48
E(t) (in Mio.)	32,68	40,09	49,19	60,36	74,06	90,86	111,49
B(t) − E(t)	−1,25	−0,27	0,97	2,59	1,93	1,06	−5,78

Das lineare Berechnungsmodell L weicht von den tatsächlichen Bevölkerungszahlen für große und kleine Werte von t nach unten ab, für mittlere Werte von t liefert es dagegen zu große Funktionswerte.
Beim exponentiellen Berechnungsmodell E ergeben sich eher unregelmäßige Streuungen um die tatsächlichen Bevölkerungszahlen herum. Der Randwert für 1920 fällt deutlich zu groß aus.
Summiert man jeweils die Beträge aller Abweichungen, so wird erkennbar, dass das exponentielle Berechnungsmodell insgesamt etwas besser zur Beschreibung der Bevölkerungsentwicklung geeignet ist.
Summe $|B(t) - L(t)|$:
3,81 + 0,40 + 2,66 + 2,48 + 2,04 + 1,29 + 2,48 = 15,16
Summe $|B(t) - E(t)|$:
1,25 + 0,27 + 0,97 + 2,59 + 1,93 + 1,06 + 5,78 = 13,85
b) Dem Jahr 1790 wird $t = 1790 - 1860 = -70$ zugeordnet.
Funktionswerte L(−70) und E(−70):
$L(-70) = 1{,}260\,25 \cdot (-70) + 27{,}62 \approx -60{,}6$
$E(-70) = 32{,}676 \cdot 1{,}0207^{-70} \approx 7{,}8$
Der Vergleich mit $B(-70) = 3{,}93$ bestätigt die Überlegungen zu a):
Wegen $L(-70) < 0$ ist das lineare Berechnungsmodell für den betrachteten Zeitpunkt nicht anwendbar. Das Bevölkerungswachstum kann besser durch ein exponentielles Wachstumsgesetz modelliert werden.

Allerdings zeigt die deutliche Abweichung von E(−70) gegenüber B(−70), dass das für den Zeitraum von 1860 bis 1920 entwickelte Wachstumsgesetz nur bedingt auf weit davon entfernt liegende Zeitpunkte übertragen werden kann.

8 a)

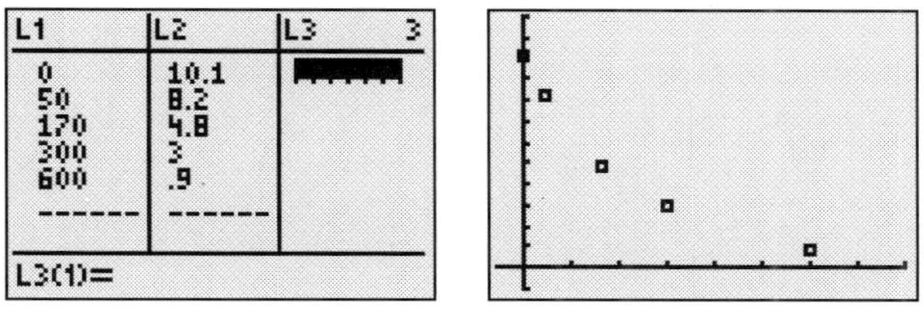

Die grafische Darstellung der Daten lässt ein exponentielles Zerfallsgesetz vermuten.

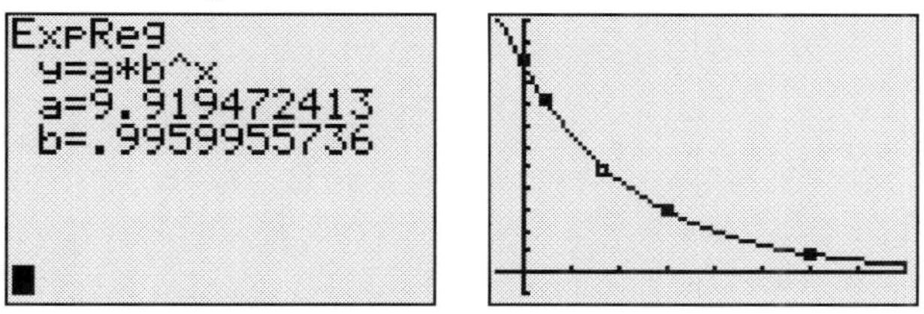

Schaumhöhe h(t) (in cm) in Abhängigkeit von der Zeit t (in s): $h(t) = 9{,}91947 \cdot 0{,}99600^t$

Halbwertszeit:

$t_H = \log_{0{,}99600}\left(\frac{1}{2}\right) = \frac{\lg(0{,}5)}{\lg(0{,}99600)} \approx 172{,}9$

Nach etwa 173 s, also nach deutlich mehr als 110 s, ist die Hälfte des Schaums zerfallen. Die Schaumqualität des Bieres kann also als „sehr gut" bezeichnet werden.

b)

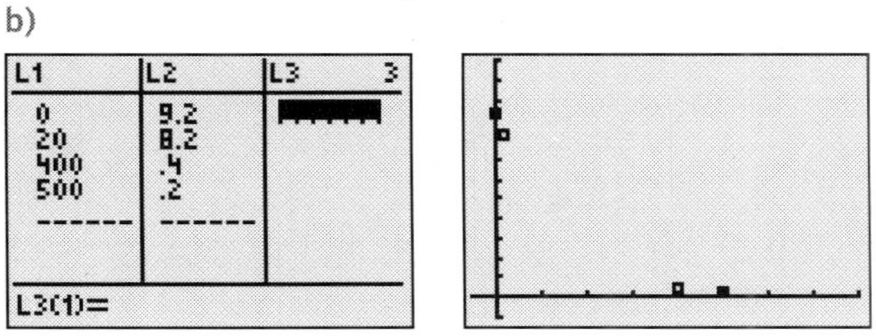

Die geringe Anzahl von Messwerten, die zudem als „Paare" angeordnet sind, lässt nur mit Einschränkungen eine mathematische Modellierung zu.

Der Sachzusammenhang lässt ein exponentielles Zerfallsgesetz vermuten.

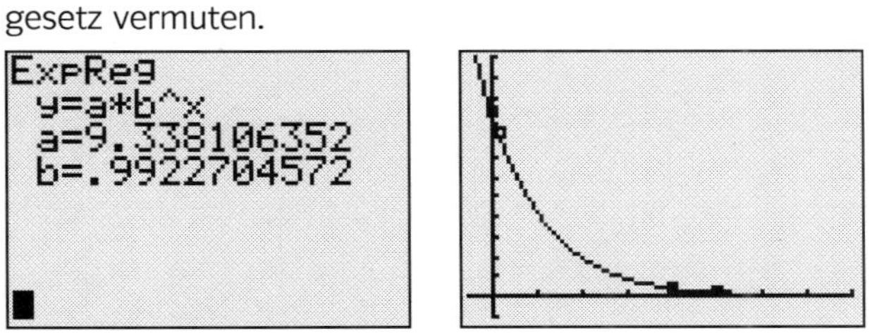

Schaumhöhe h(t) (in cm) in Abhängigkeit von der Zeit t (in s): $h(t) = 9{,}33811 \cdot 0{,}99227^t$

Halbwertszeit:

$t_H = \log_{0{,}99227}\left(\frac{1}{2}\right) = \frac{\lg(0{,}5)}{\lg(0{,}99227)} \approx 89{,}3$

Nach etwa 89 s, also nach weniger als 110 s, ist bereits die Hälfte des Schaums zerfallen. Das Bier hat somit keine gute Schaumqualität.

Seite 131

9 a)

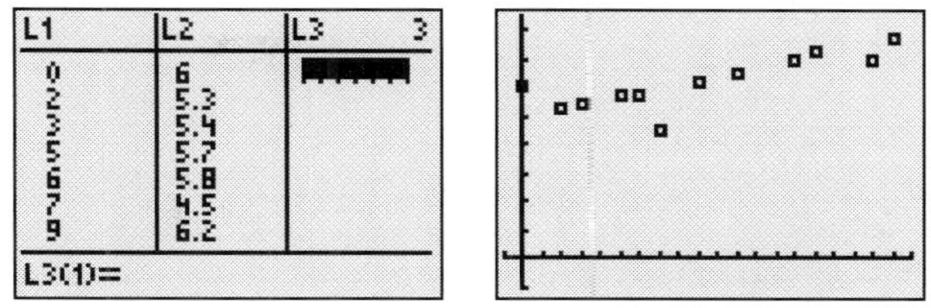

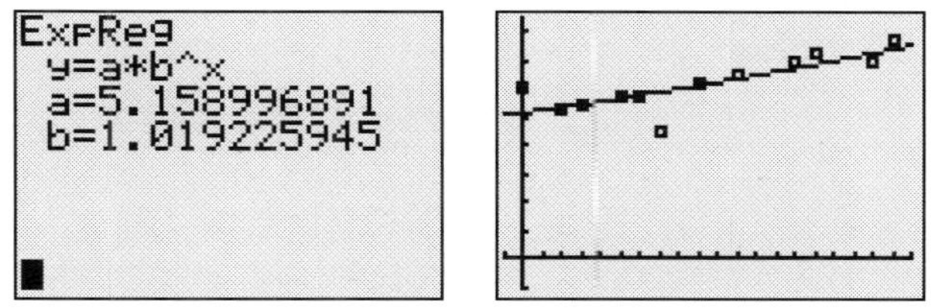

Funktionsterm: $f(x) = 5{,}15900 \cdot 1{,}01923^x$

b) Die Wertepaare (0 | 6,0), (7 | 4,5) und mit Einschränkungen auch (18 | 7,0) werden durch die exponentielle Regression nur bedingt erfasst.

Sie können als „Ausreißer" bezeichnet werden, deren Mitberücksichtigung zu einer Beeinträchtigung der Modellierung aller anderen Wertepaare führt.

c) Modellierung ohne (0 | 6,0):

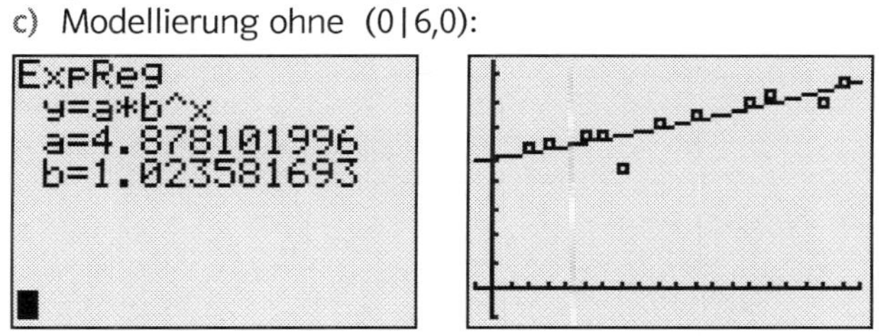

Funktionsterm: $f_1(x) = 4{,}87810 \cdot 1{,}02358^x$

Modellierung ohne (7 | 4,5):

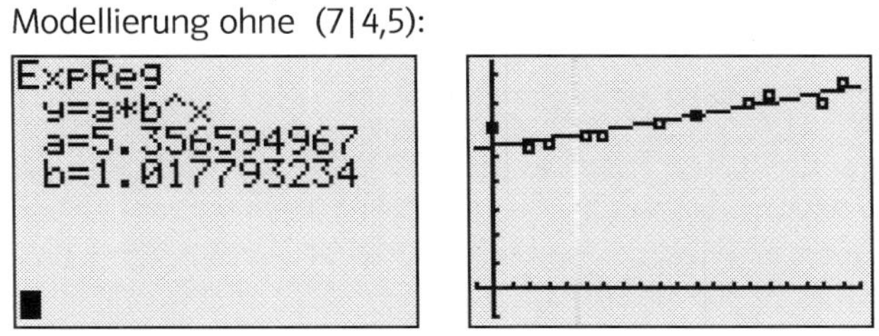

Funktionsterm: $f_2(x) = 5{,}35659 \cdot 1{,}01779^x$

Modellierung ohne (18 | 7,0):

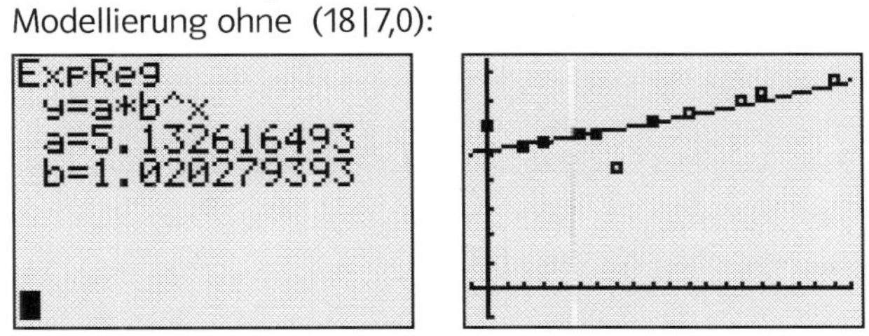

Funktionsterm: $f_3(x) = 5{,}13262 \cdot 1{,}02028^x$

Modellierung ohne (0 | 6,0) und ohne (7 | 4,5):

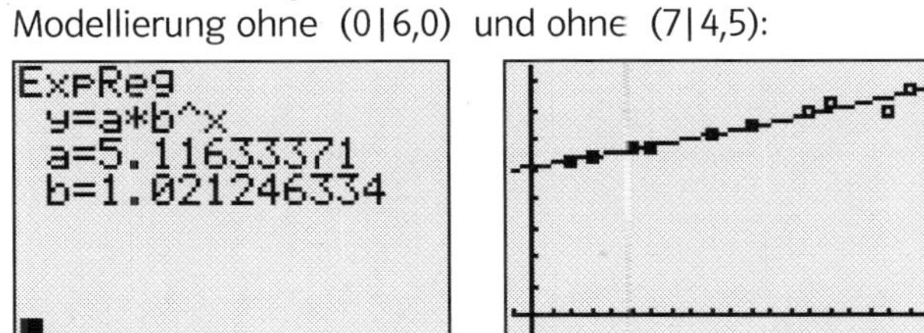

Funktionsterm: $f_4(x) = 5{,}11633 \cdot 1{,}02125^x$

Modellierung ohne (0 | 6,0), ohne (7 | 4,5) und ohne (18 | 7,0):

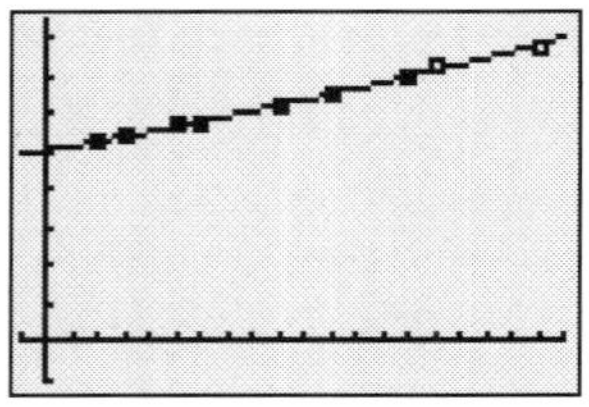

Funktionsterm: $f_5(x) = 5{,}055\,51 \cdot 1{,}023\,35^x$
Bleiben „Ausreißer" bei der Modellierung unberücksichtigt, so verbessert sich zugleich die Qualität der Regression für die verbleibenden Wertepaare.
d) Treten innerhalb einer Messreihe erkennbare „Ausreißer" auf, so sollten diese bei der Modellierung unberücksichtigt bleiben, um die Qualität des Modells für die verbleibenden „zuverlässigen" Wertepaare zu erhöhen.

10 Die grafische Darstellung der Messreihe lässt vermuten, dass die Temperatur T (in °C) linear mit der Tiefe y (in m) anwächst:

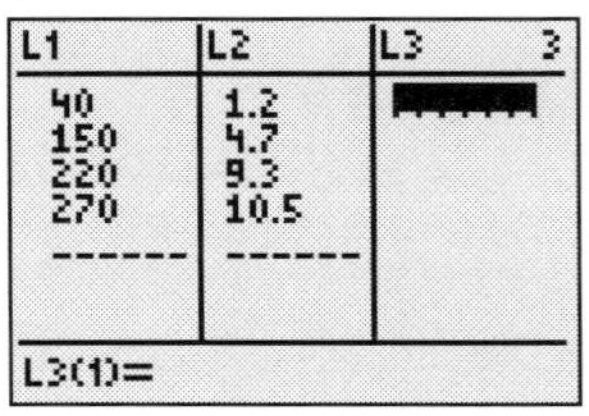

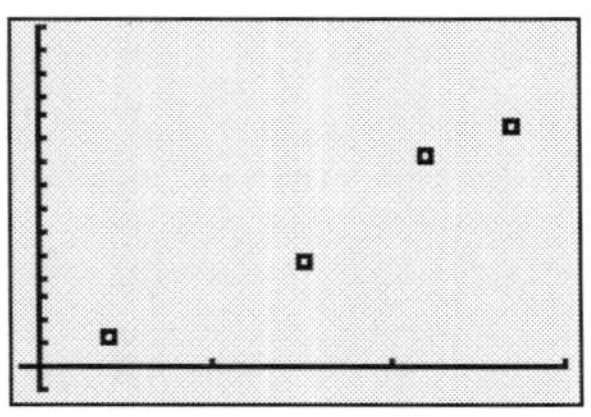

lineare Regression:

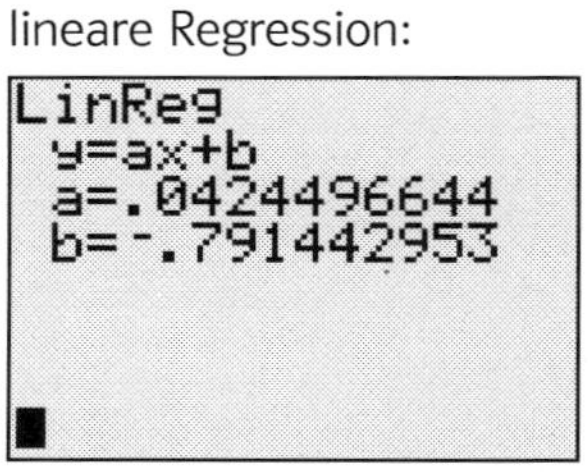

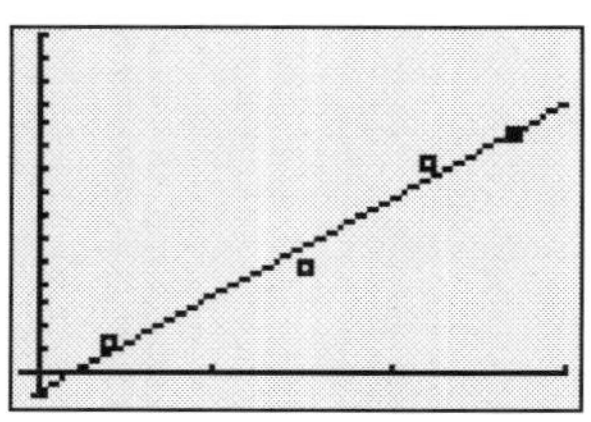

$T(y) = 0{,}042\,45y - 0{,}791\,44$
Funktionswert an der Stelle 350:
$T(350) = 0{,}042\,45 \cdot 350 - 0{,}791\,44 \approx 14{,}1$
Deutung: Auf der Grundlage der linearen Regression kann davon ausgegangen werden, dass in 350 m Tiefe eine Temperatur von etwa 14,1 °C herrscht.

11 a) Fig. 1 auf Seite 131 im Schülerbuch lässt vermuten, dass die Messreihe für $0 \leqq t \leqq 8$ durch ein exponentielles Wachstumsgesetz modelliert werden kann, für $t \geqq 8$ dagegen eher durch ein lineares Wachstumsgesetz.
exponentielle Regression für $0 \leqq t \leqq 8$:

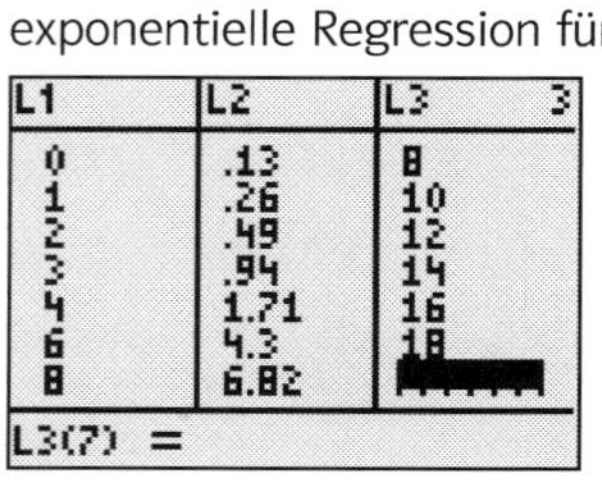

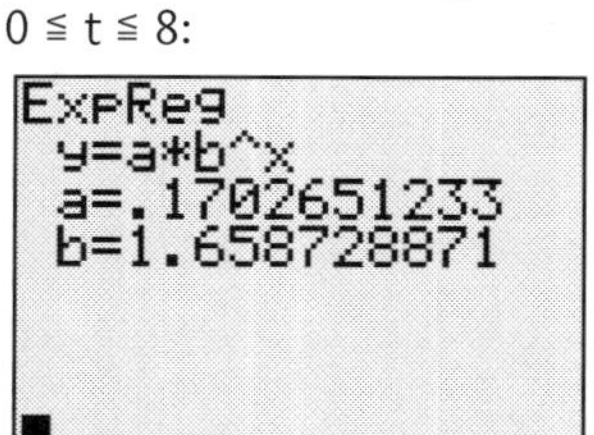

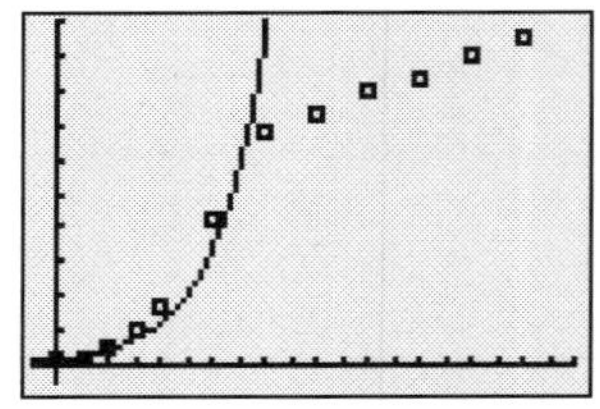

$B_1(t) = 0{,}170\,27 \cdot 1{,}658\,73^t$; $0 \leqq t \leqq 8$
lineare Regression für $t \geqq 8$:

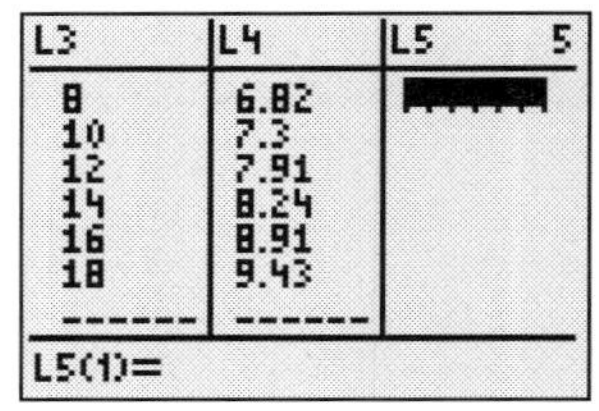

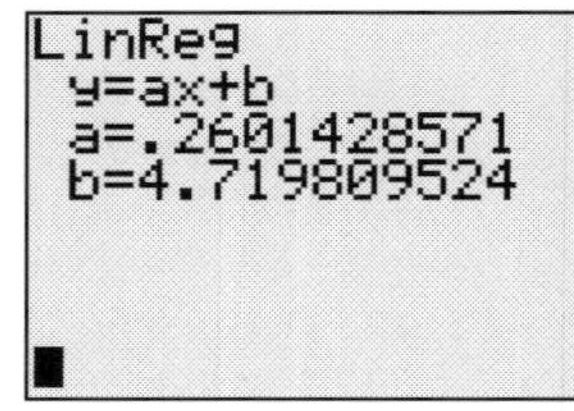

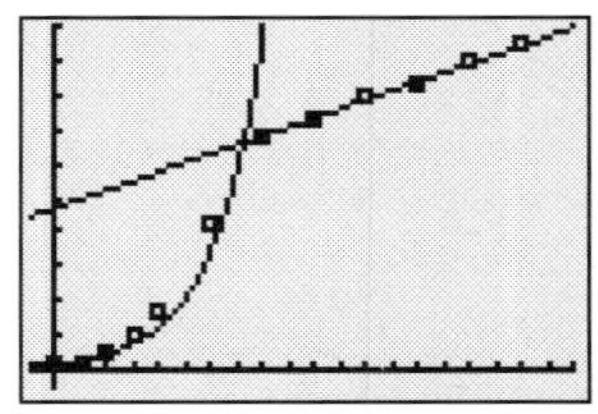

$B_2(t) = 0{,}260\,14t + 4{,}719\,81$; $t \geqq 8$
b) Die grafische Darstellung der Messreihe zeigt, dass der Prozess für $0 \leqq t \leqq 8$ durch eine Exponentialfunktion mit einer Basis größer als 1 modelliert werden kann (exponentielle Zunahme), für $t \geqq 8$ ist eine Exponentialfunktion mit einer Basis kleiner als 1 geeignet (exponentielle Abnahme).

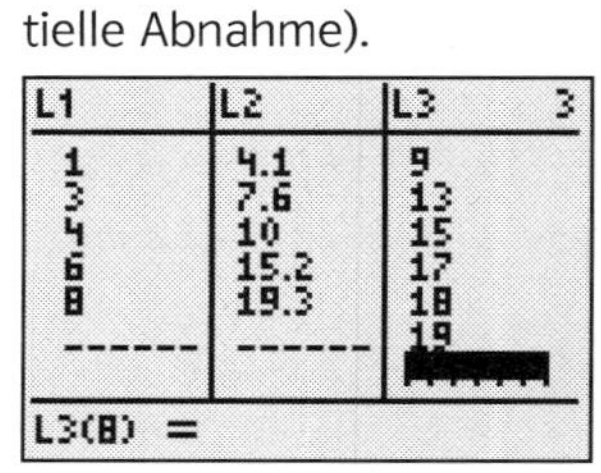

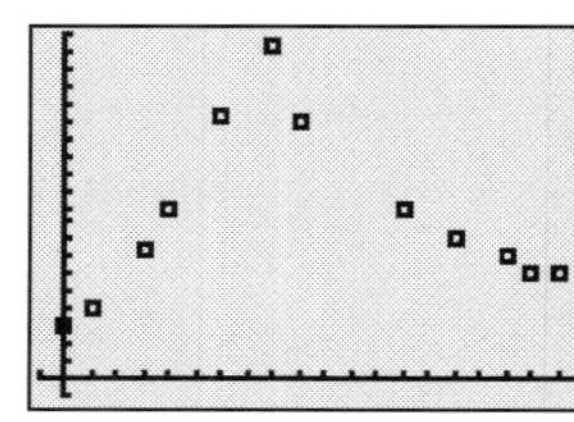

exponentielle Regression für $0 \leqq t \leqq 8$:

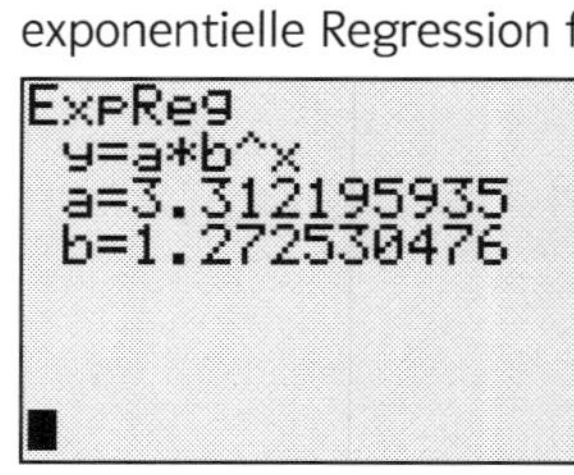

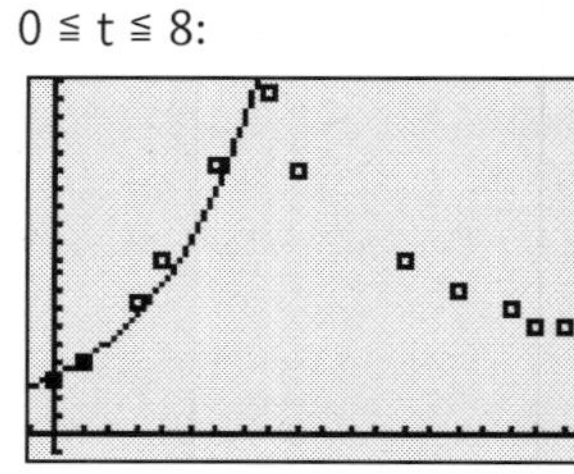

$B_1(t) = 3{,}312\,20 \cdot 1{,}272\,53^t$; $0 \leqq t \leqq 8$
exponentielle Regression für $t \geqq 8$:

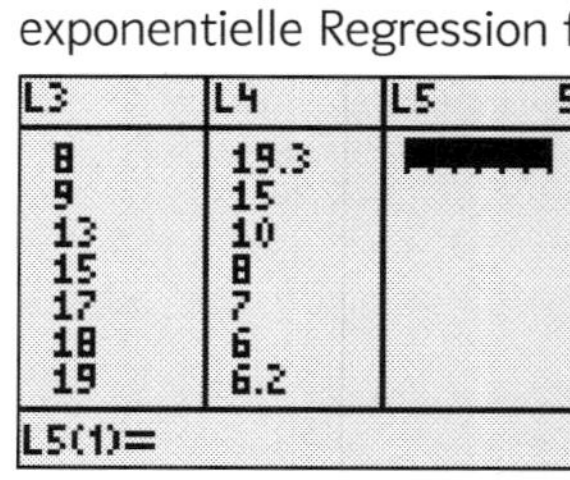

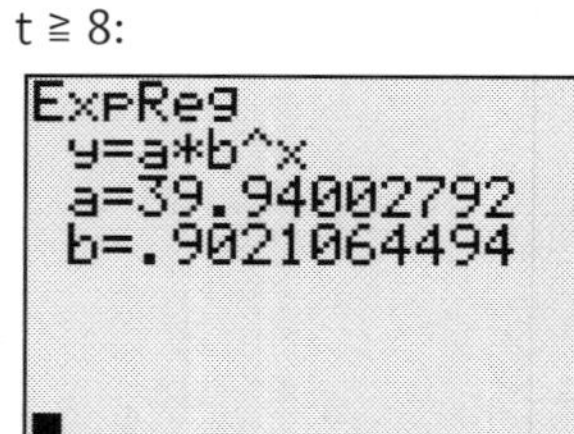

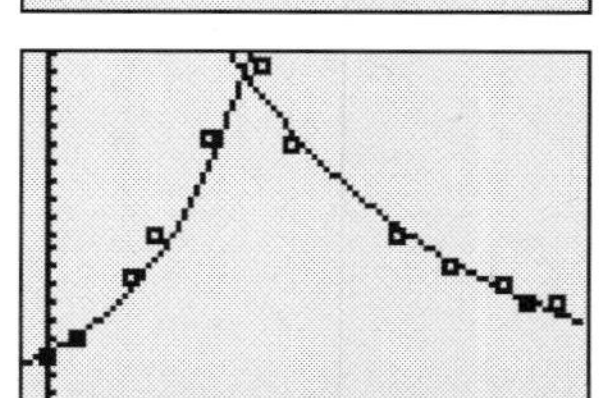

$B_2(t) = 39{,}940\,03 \cdot 0{,}902\,11^t$; $t \geqq 8$

12 a) Die Daten können nur näherungsweise abgelesen werden. Folgende Tabelle gibt in etwa die Zahlen wieder.

Jahr	t (in Jahren) (nach 2003)	Exportzahlen (in Mrd. €)	Importzahlen (in Mrd. €)
2003	0	680	440
2004	1	720	560
2005	2	790	620
2006	3	900	720
2007	4	960	760
2008	5	990	800
2009	6	800	660
2010	7	950	800
2011	8	1050	900
2012	9	1080	890
2013	10	1080	880
2014	11	1120	910
2015	12	1200	950
2016	13	1200	960

Betrachtet man das Diagramm, so sieht man, dass es im Jahr 2009 (also ein Jahr nach der Finanzmarktkrise) einen Einbruch sowohl bei den Export- als auch bei den Importzahlen gegeben hat. Daher betrachtet man jeweils die Entwicklung in den Jahren 2003–2008 und 2009–2016 getrennt.

- 2003–2008, Exportzahlen:
  Die Differenzen der aufeinanderfolgenden Bestände lauten: 40; 50; 110; 60; 30. Die entsprechenden Quotienten sind: 1,059; 1,097; 1,139; 1,067; 1,031. Ein exponentielles Modell ist daher ganz unpassend, ein lineares nur ungefähr passend.
  Beginnend mit (0 | 680) und einem anderen Punkt – z. B. (5 | 990) – oder auch mit (0 | 680) und dem Durchschnitt der Differenzen entwickelt man die Gerade:
  $E_1(t) = 680 + 58 \cdot t;\ 0 \leqq t \leqq 5.$
- 2003–2008, Importzahlen:
  Die Differenzen der aufeinanderfolgenden Bestände lauten: 120; 60; 100; 40; 40. Die entsprechenden Quotienten sind: 1,273; 1,107; 1,161; 1,056; 1,053. Ein exponentielles Modell ist daher ganz unpassend (prozentuales Wachstum zwischen 5 % und 27 %), ein lineares nur ungefähr passend.
  Beginnend mit (0 | 440) und einem anderen Punkt – z. B. (5 | 800) – oder auch mit (0 | 440) und dem Durchschnitt der Differenzen entwickelt man die Gerade:
  $I_1(t) = 440 + 72 \cdot t;\ 0 \leqq t \leqq 5.$
- 2009–2016:
  Zwischen den Jahren 2009 und 2016 erscheint für beide Entwicklungen weder das exponentielle noch das lineare Modell passend. Zwischen 2009 und 2011 sind jeweils eher lineare Modelle möglich (wenn auch nicht richtig passend), und zwar
  – für die Exportzahlen: $E_2(t) = 800 + 125 \cdot t;\ 6 \leqq t \leqq 8;$
  – für die Importzahlen: $I_2(t) = 660 + 120 \cdot t;\ 6 \leqq t \leqq 8.$
  Zwischen 2011 und 2016 stagnieren die Zahlen bzw. wachsen sehr gering. Die Entwicklungen können jeweils mit einer schwach steigenden Gerade angenähert werden, und zwar
  – für die Exportzahlen: $E_3(t) = 1050 + 30 \cdot t;$ $8 \leqq t \leqq 13;$
  – für die Importzahlen: $I_3(t) = 900 + 12 \cdot t;\ 8 \leqq t \leqq 13.$

b) Es ist sehr schwierig, eine zuverlässige Prognose für die nächsten Jahre zu treffen, da die Entwicklungen in den letzten Jahren nicht sehr schwankend waren. Es gab zu Beginn und auch nach 2009 eindeutige Steigerungen, in den letzten Jahren aber sind die Steigerungen sehr klein geworden bzw. es gab – besonders bei den Importzahlen – Tendenzen zur Rückläufigkeit oder Stagnation.

Vertiefen und Vernetzen

Seite 132

1 Allen Aussagen kann man entnehmen, dass sie von exponentiellem Wachstum ausgehen.
Die linke Aussage spricht von einer Verdopplungszeit von 15 bis 20 Tagen, das entspricht einem Wachstumsfaktor von 1,047 bis 1,035 (Zeitschritt 1 Tag).
Die mittlere Aussage spricht von einer Verdopplungszeit von 12 Tagen, das entspricht einem Wachstumsfaktor von 1,059 (Zeitschritt 1 Tag).
Eine Vermehrung des Bestands auf das Sechshundertfache (rechte Aussage) in 120 Tagen entspricht einem Wachstumsfaktor von 1,055 (Zeitschritt 1 Tag) und einer Verdopplungszeit von etwa 13 Tagen.
Vergleich: Da man von verschiedenen biologischen Verhältnissen ausgehen muss, kann man von einer groben Übereinstimmung der Aussagen ausgehen.

2 a) Im Jahr 2000 betrug der Anteil der LDC 80,4 % und der Anteil der MDC 19,6 %.
Bevölkerung im Jahr 2010 LDC: 5,59 Mrd.
Bevölkerung im Jahr 2010 LDC: 1,22 Mrd.
Bevölkerung im Jahr 2020 LDC: 6,26 Mrd.
Bevölkerung im Jahr 2020 LDC: 1,24 Mrd.
Gesamtbevölkerung im Jahr 2020: 7,50 Mrd.
vermutliche Anteile: LDC 83,5 %; MDC 16,5 %
b) Modell I: Der Energiebedarf pro Person steigt in den LCD auf $0{,}6 \cdot 1{,}04^{20}$ kWh, in den MDC auf $6 \cdot 1{,}01^{20}$ kWh.
Gesamtenergiebedarf LDC: 3,76 Mrd. kWh;
Gesamtenergiebedarf MDC: 7,44 Mrd. kWh
Modell II: Der Energiebedarf pro Person steigt in den LCD auf $0{,}6 \cdot 1{,}02^{20}$ kWh, in den MDC fällt er auf $6 \cdot 0{,}998^{20}$ kWh.
Gesamtenergiebedarf LDC: 8,23 Mrd. kWh;
Gesamtenergiebedarf MDC: 9,08 Mrd. kWh
Modell III:
Gesamtenergiebedarf LDC: 5,58 Mrd. kWh;
Gesamtenergiebedarf MDC: 7,15 Mrd. kWh

3 a)

	Geburt	6 Monate	1 Jahr	1,5 Jahre	2 Jahre
Mittelwert	50,75 cm	67,5 cm	75 cm	80,5 cm	85 cm

b)

	Geburt bis 6 Monate	6 Monate bis 1 Jahr	1 Jahr bis 1,5 Jahre	1,5 Jahre bis 2 Jahre
absolute Änderung	16,75 cm	7,5 cm	5,5 cm	4,5 cm
prozentuale Änderung	33 %	11 %	7 %	6 %

4 a) $-\log_{10}(2 \cdot 10^{-8,5}) = -\log_{10}(2) - \log_{10}(10^{-8,5})$
$= 8,5 - \log_{10}(2) \approx 8,2$

b) $\frac{10^{-2,4}}{10^{-7}} = 10^{4,6}$, die H^+-Konzentration war etwa 40 000-mal so hoch.

Seite 133

5 $s(d) = 0,99^d$ mit Signalstärke s und d als Dicke in cm.
a) $0,99^{24} \approx 0,7857$, also etwa 79 %
b) $0,4 = 0,99^{24x}$; $x \approx 3,799$, d.h. es dürfen nur 3 Ziegelwände dazwischen liegen.
c) $0,5 = 0,99^d$; $d \approx 68,97$; $\cos(\alpha) = \frac{24}{68,97}$; $\alpha \approx 69,6°$

6 a) $I = 1000\,I_0$: Grundlautstärke
$L_0 = 10 \cdot \log_{10}(1000) = 30$
$L = 10 \cdot \log_{10}\left(\frac{1000\,I_0 + 20\,000\,I_0}{I_0}\right) = 10 \cdot \log_{10}(21\,000) \approx 43,22$
Die Lautstärke wird um ca. 13 dB erhöht.
$I = 10\,000\,I_0$, $L_0 = 40$
$L = 10 \cdot \log_{10}\left(\frac{10\,000\,I_0 + 20\,000\,I_0}{I_0}\right) = 10 \cdot \log_{10}(30\,000) \approx 44,77$
Die Lautstärke wird um ca. 5 dB erhöht.
$I = 100\,000\,I_0$, $L_0 = 50$
$L = 10 \cdot \log_{10}\left(\frac{100\,000\,I_0 + 20\,000\,I_0}{I_0}\right) = 10 \cdot \log_{10}(120\,000) \approx 50,79$
Die Lautstärke wird um ca. 1 dB erhöht.
b) $40 = 10 \cdot \log_{10}\left(\frac{10\,000\,I_0}{I_0}\right)$;
$80 = 10 \cdot \log_{10}\left(\frac{10\,000\,I_0 + x \cdot I_0}{I_0}\right) = 10 \cdot \log_{10}(10\,000 + x)$;
$10\,000 + x = 10^8$; $x = 10^8 - 10\,000 = 99\,990\,000$
Die Reizintensität müsste etwa um das Einhundertmillionenfache I_0 erhöht werden.

7 a) Im Exponenten steht anstelle eines x ein Term mit x. Wenn man diesen Term zunächst durch y ersetzt, kann man wie gewohnt mithilfe des Logarithmus zunächst y bestimmen und durch eine Rücksubstitution dann das gesuchte x ermitteln. Durch eine Probe wird die Richtigkeit des Ergebnisses bestätigt.
b) individuelle Lösungen der Form $a^{bx+c} = d$
c) Das Verfahren der Substitution findet z.B. beim Lösen von Gleichungen der Form $ax^4 + bx^2 + c = 0$ Anwendung; hier wird $z = x^2$ gesetzt, um die pq-Formel für quadratische Gleichungen anwenden zu können.

8 a)

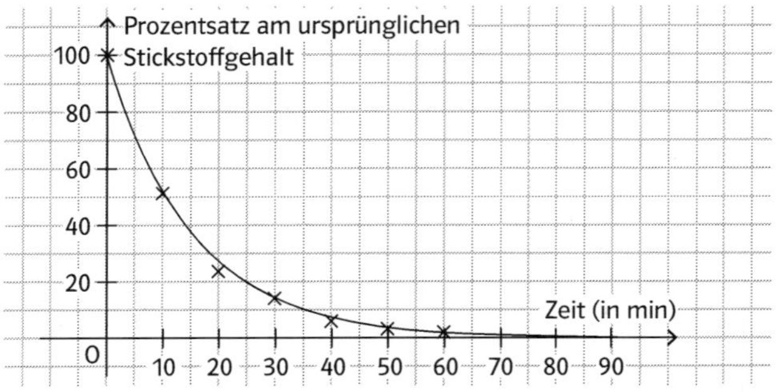

Die Anzahl der Minuten seit Beginn der Messung wird mit x bezeichnet. Zwei Zeitpunkte n und n + 1 sollen 10 Minuten auseinanderliegen. Es ist also $n = \frac{x}{10}$. Wenn B(n) den Bestand zum Zeitpunkt n angibt, also den Stickstoffgehalt in %, so liegt exponentielles Wachstum vor, wenn der Quotient $q = \frac{B(n+1)}{B(n)}$ konstant ist.

Von $n = 0$ bis $n = 1$: $q = \frac{52,3}{100} = 0,523$
Von $n = 1$ bis $n = 2$: $q = \frac{24,1}{52,3} \approx 0,461$
Von $n = 2$ bis $n = 3$: $q = \frac{14}{24,1} \approx 0,581$
Von $n = 3$ bis $n = 4$: $q = \frac{5,9}{14} \approx 0,421$
Von $n = 4$ bis $n = 5$: $q = \frac{3,0}{5,9} \approx 0,508$
Von $n = 5$ bis $n = 6$: $q = \frac{1,8}{3,0} = 0,6$

Der Wert für q schwankt um 0,52. Die Messwerte legen ein exponentielles Wachstum (hier eine Abnahme) nahe.
b) Funktionsterm: $f(x) = 100 \cdot 0,52^{\frac{x}{10}}$
Damit ergibt sich:

x	0	10	20	30	40	50	60
f(x)	100	52	≈ 27,0	≈ 14,1	≈ 7,3	≈ 3,8	≈ 2,0

Die Messwerte werden also näherungsweise beschrieben.

Exkursion: Halbwertszeiten radioaktiver Stoffe

Seite 134

1 a) Dies dauert jeweils drei Halbwertszeiten.
Bei I131 sind das 24,06 Tage, bei Cs137 sind es 90,51 Jahre.
b) Nach zehn Halbwertszeiten liegt bei beiden Stoffen noch der Anteil $\frac{1}{2^{10}} \approx 0,000\,98 \approx 0,098\,\%$ vor.

2 a) Es gilt $B(30) = B(0) \cdot q^{30}$.
Aus der Figur liest man $B(30) = \frac{1}{2}B(0)$ ab.
Es gilt also $B(0) \cdot q^{30} = \frac{1}{2}B(0)$ und damit
$q = \sqrt[30]{\frac{1}{2}} \approx 0,977$.

b) Anzahl der noch nicht zerfallenen Kerne in Prozent:
$B(n) \approx 100\,\% \cdot 0{,}977^n$ (n in Jahren)

Jahr	0	10	20	30	40	50
Menge	100 %	79,24 %	62,79 %	50 %	39,43 %	31,24 %

Jahr	60	70	80	90	100
Menge	25 %	19,62 %	15,54 %	12,5 %	9,76 %

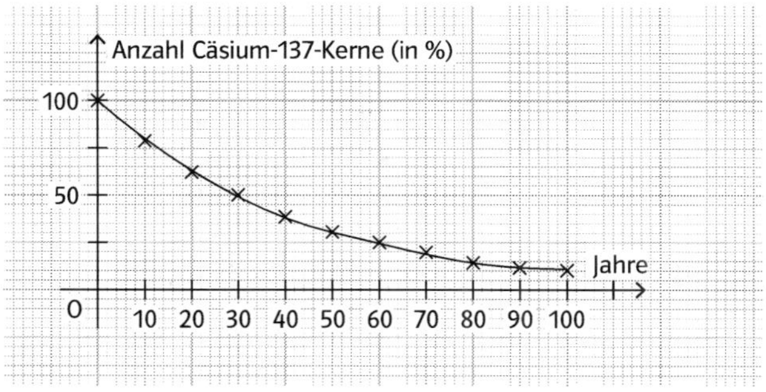

c) Es soll gelten:
$0{,}05 = 1 \cdot 0{,}977^n$, also $n = \frac{\log_{10}(0{,}05)}{\log_{10}(0{,}977)} \approx 128{,}7$.
Nach etwa 129 Jahren werden nur noch 5 % des freigesetzten Cäsiums in der Umwelt vorhanden sein.

3 a) Nach 24 000 Jahren ist noch die Hälfte, nach 48 000 Jahren noch ein Viertel der Ausgangsmenge vorhanden.
b) Nach zwei Halbwertszeiten, d.h. nach 48 000 Jahren, ist noch ein Viertel des Plutoniums vorhanden. Nach drei Halbwertszeiten, d.h. nach 72 000 Jahren, ist noch ein Achtel des Plutoniums vorhanden. Das sind sehr lange Zeiträume. (Zum Vergleich: Man schätzt das Alter des Homo sapiens auf einige 100 000 Jahre.)
Die Aussage aus dem Artikel ist falsch. Das Plutonium wird sich niemals in eine nicht mehr strahlende Materie verwandeln.
Es ist weiter zu beachten, dass die Zerfallsprodukte von Plutonium ebenfalls radioaktiv sind.

Exkursion: Die C-14-Methode (Radiokarbonmethode) zur Altersbestimmung

Seite 135

1 Nach 5730 Jahren (eine Halbwertszeit) sind noch 50 % vorhanden.
Nach 11 500 Jahren (ca. zwei Halbwertszeiten) sind noch 25 % vorhanden.

2 12,5 % ist ein Achtel des Ausgangswertes. Es sind also drei Halbwertszeiten, d.h. 17 190 Jahre, vergangen.

3 53 % entsprechen nicht ganz einer Halbwertszeit. Ötzi hat vor etwas weniger als 5730 Jahren gelebt.

4 Es gilt $0{,}5 \cdot B(0) = B(0) \cdot q^{5730}$, also
$q = \sqrt[5730]{0{,}5} \approx 0{,}999\,879$.
Man kann mit dem Wachstumsfaktor q (Zeitschritt: 1 Jahr) oder mit dem Wachstumsfaktor
$\tilde{q} = q^{1000} = 0{,}866\,062$ (Zeitschritt: 1000 Jahre) rechnen.
Tabelle und Grafik siehe unten

5 Für den Gehalt an C14 in Prozent nach n Jahren gilt:
$B(n) = 100\,\% \cdot 0{,}999\,879^n$ (vgl. Aufgabe 4).
Für $B(n) = 6{,}3\,\%$ ergibt sich $n \approx 22\,847$ Jahre.

6 Figur von Gönnersdorf: etwa 15 400 Jahre.
Figur von Lespugue: etwa 24 000 Jahre.

Tabelle und Grafik zu Aufgabe 4, Seite 135

Jahre	0	1000	2000	3000	4000	5000	1 Halbwertszeit	6000	7000	8000	9000	10 000
Gehalt	100 %	88,6 %	78,5 %	69,56 %	61,63 %	54,6 %	50 %	48,38 %	42,87 %	38 %	33,65 %	29,82 %

Jahre	11 000	2 Halbwertszeiten	12 000	13 000	14 000	15 000	16 000	17 000	3 Halbwertszeiten	18 000	19 000	20 000	21 000	22 000
Gehalt	26,42 %	25 %	23,41 %	20,74 %	18,38 %	16,28 %	14,43 %	12,78 %	12,5 %	11,33 %	10 %	8,90 %	7,88 %	6,99 %

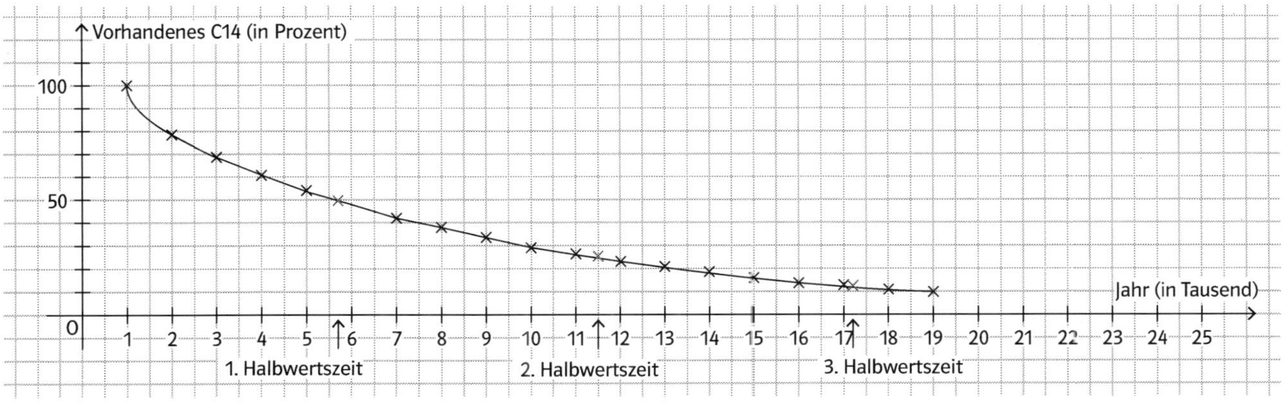

V Trigonometrische Funktionen

Lösungshinweise zu den Erkundungen

Seite 140

Die Pendelschwingung

Forschungsauftrag 1

Der dritte Graph passt zur Bewegung eines Pendels, da das Pendel zum Zeitpunkt der maximalen Auslenkung (sowohl nach links als auch nach rechts) für einen sehr kurzen Moment nahezu still steht und dann auf dem Weg zur „Ruhelage" (in der Grafik auf der Randspalte mit Punkt 0 bezeichnet) immer schneller wird (d.h. die Änderung der Auslenkung wird pro Zeiteinheit größer). Außerdem wird die maximale Geschwindigkeit beim Durchlaufen der „Ruhelage" (hier Punkt 0) erreicht. Nachdem das Pendel die Ruhelage durchlaufen hat, wird es wieder langsamer, bis es am anderen Umkehrpunkt wieder nahezu still steht.
Der vierte Graph passt ebenfalls zur Bewegung des Pendels. Hier muss man jedoch wegen der maximalen Auslenkung zum Zeitpunkt 0 davon ausgehen, dass das Pendel nicht, wie beim dritten Graphen, aus der Ruhelage heraus „angeschubst" wird, sondern von der Stellung einer maximalen Auslegung heraus in Bewegung gesetzt wird.
Der fünfte Graph passt nicht zur Bewegung, da zum Zeitpunkt 0 das Pendel offensichtlich aus einer bestimmten Auslenkung heraus in Bewegung gesetzt wird (abzulesen an der y-Koordinate zum Zeitpunkt 0). Der Graph steigt danach jedoch bis zu einer wesentlich höheren Auslenkung in der anderen Richtung an. Dies ist nicht möglich, denn die Anfangsauslenkung, aus der das Pendel in Bewegung gesetzt wird, kann danach in keiner der beiden Richtungen mehr überschritten werden. Tatsächlich bleibt die Auslenkung in beiden Richtungen (von Reibungsverlusten mit der Zeit abgesehen) gleich groß.
Die Geschwindigkeit (d.h. die Änderung der Auslenkung pro Zeiteinheit) ist rechts und links von der Ruhelage gleich groß, weshalb der zweite Graph nicht zur Bewegung des Pendels passt.
Der erste Graph passt nicht zu der ständig wechselnden Änderung der Auslenkung pro Zeiteinheit, denn dem ersten Graphen liegt in beide Richtungen (rechts und links) offensichtlich eine konstante Änderung der Auslenkung pro Zeiteinheit zugrunde (der Graph ist abschnittsweise linear).
Auch der letzte Graph ist abschnittsweise linear und passt allein aus diesem Grund nicht zur Bewegung des Pendels. Hier kommt allerdings noch dazu, dass die zur Zeitachse parallelen Abschnitte des Graphen suggerieren, das Pendel hielte für mehr als nur einen ganz kurzen Moment bei den jeweils maximalen Auslenkungen inne, bevor es seine Bewegung fortsetzt. Dies ist aber in der Realität nicht der Fall, das Pendel schwebt ja nicht für länger als den Bruchteil einer Sekunde bewegungslos in der Luft.

Forschungsauftrag 2

Ein Pendel mit der Fadenlänge 1,5 m benötigt etwa 2,5 Sekunden, um einmal hin und her zu schwingen (Für kleine Auslenkungen gilt:
$T = 2\pi \cdot \sqrt{\frac{l}{9{,}81\,\frac{m}{s^2}}}$, wobei l die Pendellänge und T die Periodendauer ist.)
Ändert man die maximale Auslenkung, weicht der Wert der Zeit, die das Pendel zum einmal Hin- und Herschwingen benötigt, ggf. von den 2,5 s ab, weil das obige Gesetz nur für kleine Auslenkungen gilt. Generell hat die Auslenkung des Pendels aber keine Auswirkung auf die Periodendauer, d.h. die Zeit, die das Pendel benötigt, um einmal hin und her zu schwingen, bleibt bei gleicher Pendellänge gleich.
Mögliche Graphen für drei verschiedene Auslenkungen:

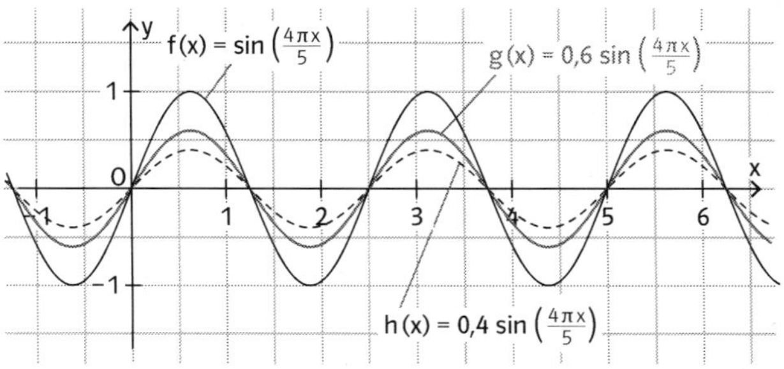

Forschungsauftrag 3

Die Periodendauer, also die Zeit, die das Pendel benötigt, um einmal hin und her zu schwingen, ist von der Pendellänge abhängig. Für kleine Auslenkungen gilt:
$T = 2\pi \cdot \sqrt{\frac{l}{9{,}81\,\frac{m}{s^2}}}$, wobei l die Pendellänge und T die Periodendauer ist. Je länger also das Pendel ist, desto länger ist auch die Periodendauer.
(Die Graphen der Schüler sind individuell. Sie sollten aber alle eine andere Periode besitzen. Die Auslenkung, also die Amplitude, kann variieren.)

Forschungsauftrag 4

Das Gewicht an der Schnur des Pendels hat keinen Einfluss auf die Schwingung – weder auf die Amplitude noch auf die Periode. Die Graphen der Schüler hängen also nur von den gewählten Auslenkungen und der gewählten Pendellänge ab.

Forschungsauftrag 5

individuelle Lösung

Seite 141

Transformationen der Sinusfunktion

Forschungsauftrag 1 – Gruppe 1

Die Figur wird erzeugt durch die Funktionen:
$f_1(x) = \sin(x - 3)$
$f_2(x) = \sin(x - 2)$
$f_3(x) = \sin(x - 1)$
$f_4(x) = \sin(x)$
$f_5(x) = \sin(x + 1)$
$f_6(x) = \sin(x + 2)$
$f_7(x) = \sin(x + 3)$
Der Graph der Funktion $f_c(x) = \sin(x - c)$ ist im Vergleich zum Graphen von f mit $f(x) = \sin(x)$ um c Einheiten in x-Richtung verschoben.

Forschungsauftrag 2 – Gruppe 2

Die Figur wird erzeugt durch die Funktionen:
$f_1(x) = \sin(x)$
$f_2(x) = 2\sin(x)$
$f_3(x) = 3\sin(x)$
$f_4(x) = -\sin(x)$
$f_5(x) = -2\sin(x)$
$f_6(x) = -3\sin(x)$
Der Graph der Funktion $f_a(x) = a \cdot \sin(x)$ ist im Vergleich zum Graphen der Funktion f mit $f(x) = \sin(x)$ in y-Richtung mit dem Faktor $|a|$ gestreckt. Ist $a < 0$, ist der Graph zusätzlich an der x-Achse gespiegelt.

Forschungsauftrag 3 – Gruppe 3

Die Figur wird erzeugt durch die Funktionen:
$f_1(x) = \sin(x) - 3$
$f_2(x) = \sin(x) - 2$
$f_3(x) = \sin(x) - 1$
$f_4(x) = \sin(x)$
$f_5(x) = \sin(x) + 1$
$f_6(x) = \sin(x) + 2$
$f_7(x) = \sin(x) + 3$
Der Graph der Funktion $f_d(x) = \sin(x) + d$ ist im Vergleich zum Graphen der Funktion f mit $f(x) = \sin(x)$ um $d = \{-3; -2; -1; 0; 1; 2; 3\}$ entlang der x-Achse verschoben.

Forschungsauftrag 4 – Gruppe 4

	Amplitude	Periodenlänge	Minima	Maxima
f_1	2	2π	−1	3
f_2	$\frac{1}{2}$	2π	−1	0
f_3	2	2π	0	4

- Der Faktor a gibt die Streckung des Graphen von f im Vergleich zum Graphen von sin(x) mit dem Faktor $|a|$ in y-Richtung an. Ist $a < 0$, ist der Graph zusätzlich an der x-Achse gespiegelt. Der Summand c gibt die Verschiebung des Graphen von f im Vergleich zum Graphen von sin(x) in x-Richtung um c Einheiten an. Ist $c < 0$, ist der Graph in x-Richtung nach links verschoben.
  Der Summand d gibt die Verschiebung des Graphen von f in y-Richtung im Vergleich zum Graphen von sin(x) um d Einheiten an. Ist $d < 0$, ist der Graph an der y-Achse nach unten verschoben.
- individuelle Lösung

1 Periodische Vorgänge

Seite 142

Einstiegsaufgabe

Die beiden Graphen des EKG unterscheiden sich in mehreren Elementen. Während der obere Graph sehr regelmäßig wiederkehrende Herzbewegungen des zugehörigen Menschen darstellt, scheint sich das Herz des zum unteren Graphen gehörenden Menschen recht unregelmäßig zu bewegen. Dies kann man daran erkennen, dass im oberen Graphen die Zeitabstände zwischen den hohen „Zacken" des Graphen (vermutlich sind dies die Herzschläge) immer gleich bleiben. Im unteren Graphen hingegen sind die Zeitabstände zwischen den hohen „Zacken" offensichtlich unterschiedlich. Auch die Form der „Zacken" sowie der Graphenverlauf zwischen den „Zacken" sind im unteren Graphen sehr unterschiedlich, während diese im oberen Graphen nahezu identisch sind. Anhand dieser Graphen können charakteristische Merkmale periodischer Funktionen thematisiert werden.

Seite 143

1 a) Diese Funktion ist zumindest annähernd periodisch. Die Erde befindet sich im Verlauf eines Jahres zu jedem Zeitpunkt in einem bestimmten Abstand von der Sonne. Dieser Vorgang wiederholt sich jedes Jahr bei der Bewegung der Erde um die Sonne in nahezu gleichen Zeitabständen mit nahezu identischen räumlichen Abständen von der Sonne. Die Periodenlänge ist etwa ein Erdenjahr (365 Tage).
b) Diese Funktion ist annähernd periodisch. Die Tageslänge, also die Differenz zwischen Sonnenaufgangs- und Sonnenuntergangszeit, wird von der Neigung der Erdachse und der Position der Erde auf ihrer Umlaufbahn um die Sonne bestimmt und ist abhängig von der geographischen Breite eines Ortes. Die Tageslänge in Hannover (also Tageslänge bei gleichbleibender Ortskoordinaten) wiederholt sich daher in gleichen Zeitabständen. Die Periodenlänge ist etwa ein Erdenjahr (365 Tage).
c) Diese Funktion ist zwar wegen der regelmäßigen Wiederkehr von Ebbe und Flut und damit der Wasserstände in etwa periodisch, allerdings weichen sowohl die Periodenlängen als auch die Wasserstände mitunter recht deutlich voneinander ab. Die Periodenlänge ist unter Berücksichtigung der bereits erwähnten Schwankungen etwa 12 Stunden.

2 a) P braucht eine Zeiteinheit pro Quadratseite.
b) $x \to x + 4$; $x \to x + 8$; $x \to x + 12$
c) Die Periode wird gedrittelt.

4 a) konstante Geschwindigkeit

b)

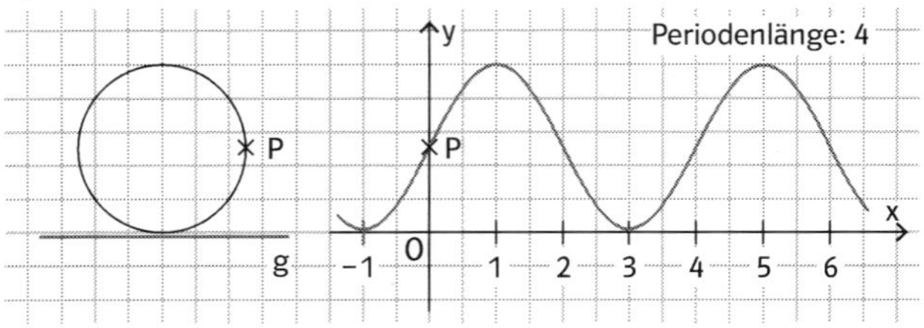

(Hinweis: Die Periodenlänge hängt von der Skalierung der x-Achse ab. Diese kann hier relativ frei gewählt werden.)

5 Nach der Definition der Periodenlänge gilt
$f(x + p) = f(x)$ für alle x.
Also gilt für $x' = x + p$:
$f((x + p) + p) = f(x + p)$, also $f(x + 2p) = f(x + p)$.
Da auch $f(x + p) = f(x)$ gilt, folgt daraus $f(x + 2p) = f(x)$.
Entsprechend zeigt man:
$f(x + 3p) = f(x)$; $f(x + 4p) = f(x)$; ...
Daraus kann man folgern, dass für alle natürliche Zahlen n (und alle x) $f(x + n \cdot p) = f(x)$ gilt.

2 Sinusfunktion und Kosinusfunktion

Seite 144

Einstiegsaufgabe

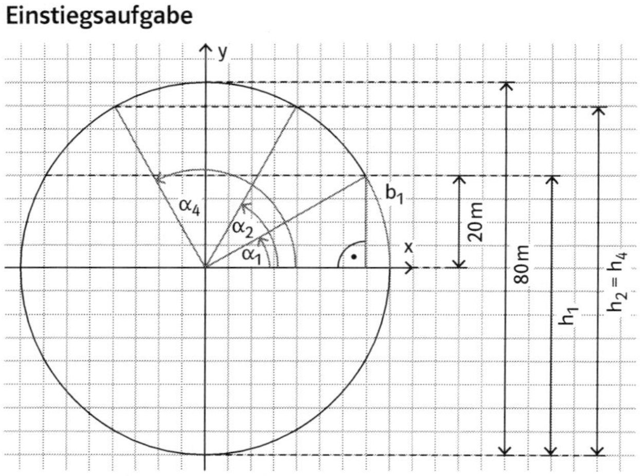

Der Einfachheit halber geht man davon aus, dass die Gondel zu Beginn der Messung auf Höhe der x-Achse liegt.
Radius $r = 40\,m$
In einer Minute durchlaufene Strecke:
$b_1 = 2\pi \cdot \frac{\alpha_1}{360°} \cdot 40\,m$

Dabei gilt: $\sin(\alpha_1) = \frac{20}{40} = \frac{1}{2}$, also ist $\alpha_1 \approx 30°$.

In 2 (3; 4) Minuten wird eine doppelt (dreifach; vierfach) so lange Strecke b durchlaufen; diese entspricht einem doppelt (dreifach; vierfach) so großen Winkel α.
Also ist nach 2 Minuten: $\alpha_2 \approx 60°$ (nach 3 Minuten: $\alpha_3 \approx 90°$; nach 4 Minuten: $\alpha_4 \approx 120°$).
Gesamthöhe h_2 nach 2 Minuten Fahrt:
$h_2 = \sin(\alpha_2) \cdot r + r = \sin(60°) \cdot 40\,m + 40\,m \approx 74{,}64\,m$;
Gesamthöhe h_3 nach 3 Minuten Fahrt:
$h_3 = 80\,m$ (da $\alpha_3 = 90°$)
Gesamthöhe h_4 nach 4 Minuten Fahrt:

Aus der Zeichnung wird klar, dass die Gesamthöhe der Höhe bei $\alpha_2 = 60°$ entspricht
(da $120° - 90° = 30°$ und der dazu komplementäre Winkel 60° beträgt).
Also ist $h_4 \approx 74{,}64\,m$.
Die Gondel ist am höchsten Punkt, wenn sie einen Viertel Kreis beschrieben hat, ganz unten ist sie nach einem Dreiviertel Kreis. Man geht davon aus, dass sie mit gleichmäßiger Geschwindigkeit fährt. Es gilt also für die durchlaufenen Bögen b und b' in den entsprechenden Zeiten t und t': $\frac{b}{t} = \frac{b'}{t'}$ bzw. $t' = \frac{b'}{b} \cdot t$. Sind α und α' die zu den Bögen b und b' zugehörigen Winkeln, folgt daraus: $t' = \frac{\alpha'}{\alpha} \cdot t$.
Von der schon angenommenen Position der Gondel aus ergeben sich also folgende Zeiten:

- bis zum höchsten Punkt: $\frac{90°}{30°} \cdot 1\,min = 3\,min$
- bis zum tiefsten Punkt: $\frac{270°}{30°} \cdot 1\,min = 9\,min$.

Diese Aufgabe dient der Einführung von Sinus und Kosinus für Winkel $\alpha \geqq 90°$.

Seite 146

1 a) $x = \frac{\pi}{4} \approx 0{,}785$ b) $x = \frac{\pi}{3} \approx 1{,}047$
c) $x = \frac{4\pi}{3} \approx 4{,}189$ d) $x = -\frac{2\pi}{3} \approx -2{,}094$
e) $x = 4\pi \approx 12{,}566$ f) $x = -\frac{3\pi}{2} \approx -4{,}712$
g) $x = -5\pi \approx -15{,}708$ h) $x = \frac{35\pi}{18} \approx 6{,}109$

2 a) $\alpha = 90°$ b) $\alpha = 120°$
c) $\alpha = 144°$ d) $\alpha = -36°$
e) $\alpha = \frac{900°}{\pi} \approx 286{,}5°$ f) $\alpha = \frac{-1440°}{\pi} \approx -458{,}4°$
g) $\alpha = \frac{-450°}{\pi} \approx -143{,}2°$ h) $\alpha = \frac{3600°}{\pi} \approx 1145{,}9°$

3 a) $180° \mathrel{\hat=} \pi$ b) $6\pi \mathrel{\hat=} 1080°$ c) $225° \mathrel{\hat=} \frac{5\pi}{4}$
d) $\frac{-2\pi}{3} \mathrel{\hat=} -120°$ e) $-250° \mathrel{\hat=} -\frac{25\pi}{18}$ f) $58° \mathrel{\hat=} \frac{29\pi}{90}$
g) $0{,}6\pi \mathrel{\hat=} 108°$ h) $193° \mathrel{\hat=} \frac{193\pi}{180}$

4 30° und $\frac{3\pi}{4}$ besitzen keine Entsprechung.
Es gehören zusammen: $\frac{\pi}{2}$ und 90° sowie $\frac{\pi}{4}$ und 45°; $\frac{9\pi}{4}$ und $-\frac{7\pi}{4}$.

Seite 147

5 a) $\sin(35°) \approx 0{,}57$ b) $\cos(35°) \approx 0{,}82$
c) $\sin(155°) \approx 0{,}42$ d) $\sin(200°) \approx -0{,}34$
e) $\sin(310°) \approx -0{,}77$ f) $\sin(-20°) \approx -0{,}34$

6 a) siehe Grafik unten
b) siehe Grafik unten

7

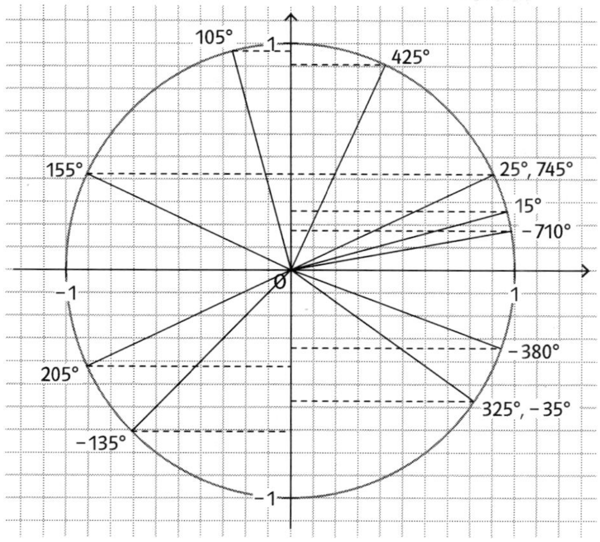

(Grafik im Maßstab 1:3,33)

8 a) Wertetabelle:

α	−720°	−630°	−540°	−450°	−360°
sin (α)	0	1	0	−1	0

α	−270°	−180°	−90°	0°	90°
sin (α)	1	0	−1	0	1

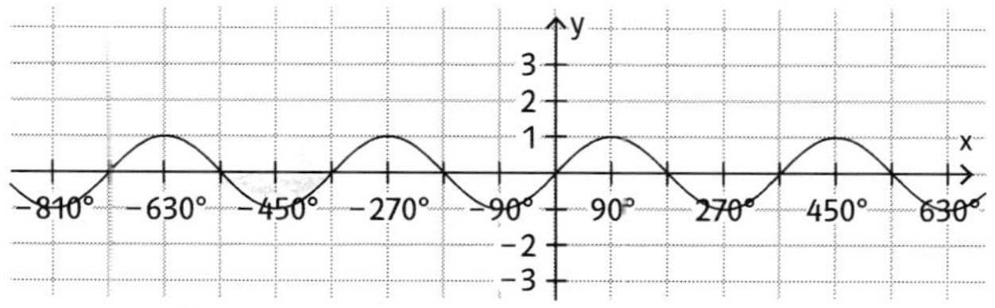

b) $\alpha \in \{-660°; -600°; -300°; -240°; 60°; 120°, 420°; 480°\}$

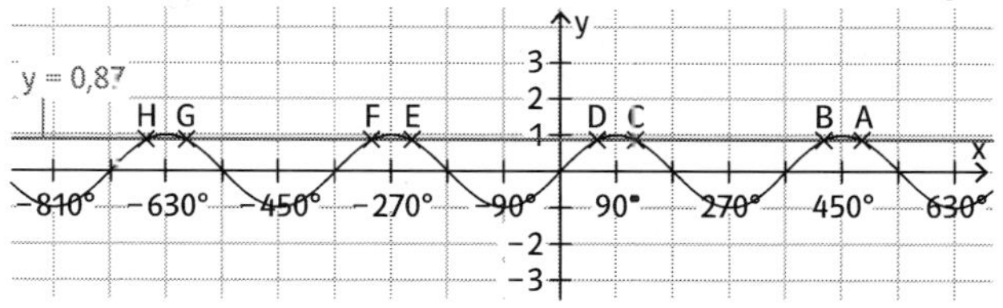

9 a) 0,0401 b) 0,9996 c) −0,5000
d) 0,7071 e) −0,6018 f) 0,5000
g) −0,5 h) 0,9903 i) 0,9985
j) −0,7764 k) 0,2079 l) 0,5877

10 a) > 0 b) > 0 c) > 0 d) < 0
e) < 0 f) > 0 g) < 0 h) < 0

11 a) $\frac{1}{2} \cdot \sqrt{1}$ b) $-\frac{1}{2} \cdot \sqrt{1}$ c) $-\frac{1}{2} \cdot \sqrt{2}$ d) $-\frac{1}{2} \cdot \sqrt{1}$
e) $\frac{1}{2} \cdot \sqrt{1}$ f) $-\frac{1}{2} \cdot \sqrt{2}$ g) $-\frac{1}{2} \cdot \sqrt{1}$ h) $\frac{1}{2} \cdot \sqrt{2}$

Grafik zu Seite 147, Aufgabe 6 a)

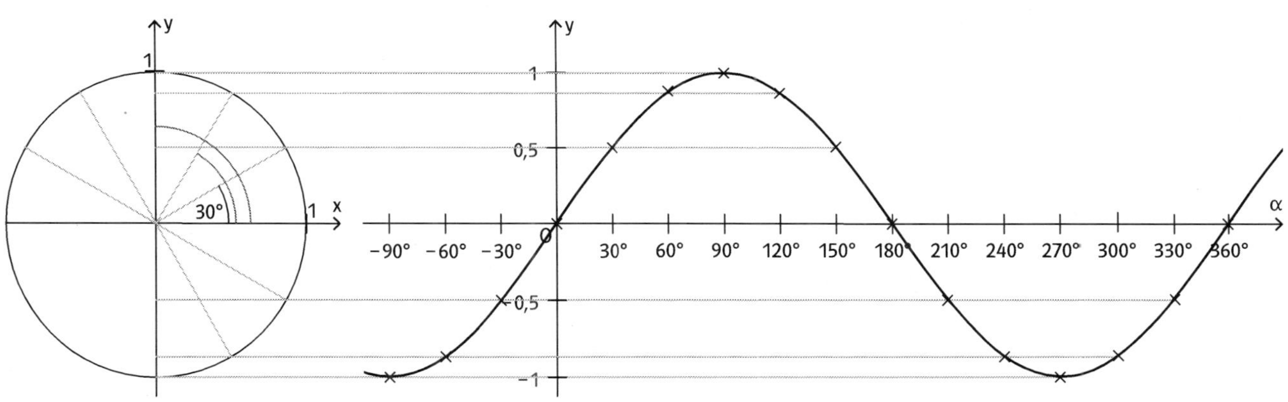

Grafik zu Seite 147, Aufgabe 6 b)

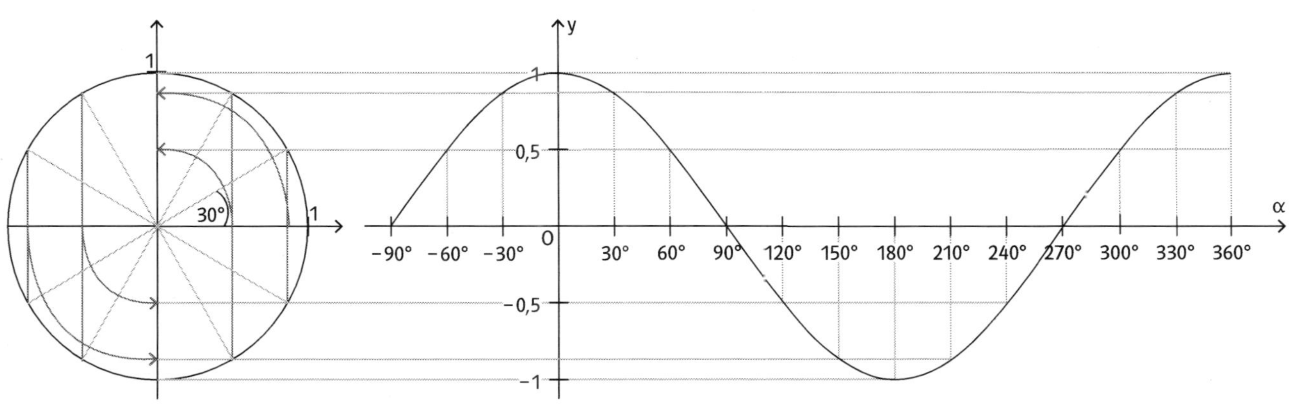

12 a) Graph:

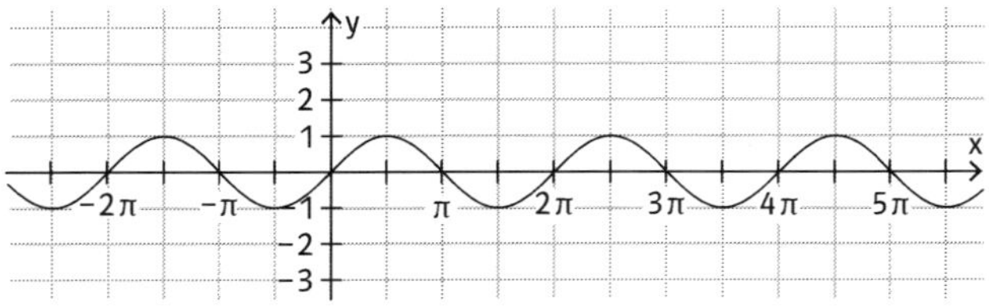

b) $x \in \{-5{,}51; -3{,}92; 0{,}78; 2{,}37; 7{,}06; 8{,}65, 13{,}34; 14{,}93\}$

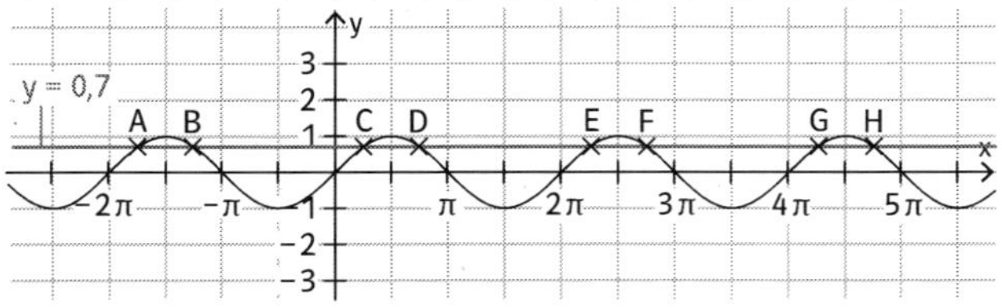

Seite 148

15 Es gibt im Bereich von -2π bis 2π vier x-Werte, die die Gleichung $\sin(x) = -0{,}8$ näherungsweise erfüllen:
1. Lösung (mit dem TR): $x \approx -0{,}927$
2. Lösung: $x \approx -0{,}927 + 2\pi \approx 5{,}356$
3. Lösung: $x \approx \pi - 5{,}356 \approx -2{,}214$
4. Lösung: $x \approx -2{,}214 + 2\pi \approx 4{,}069$

16 a) Wertetabelle (Werte von h(x) in m):

x	0	$\frac{\pi}{4}$	$\frac{\pi}{2}$	$\frac{3\pi}{4}$	π	$\frac{5\pi}{4}$	$\frac{3\pi}{2}$	$\frac{7\pi}{4}$	2π
h(x)	1	≈ 1,71	2	≈ 1,71	1	≈ 0,29	0	≈ 0,29	1

Der Wert $h\left(\frac{\pi}{4}\right)$ ergibt sich mittels

$h\left(\frac{\pi}{4}\right) = 1 + \sin\left(\frac{\pi}{4}\right) \approx 1{,}71.$

Der Wert $h\left(\frac{7\pi}{4}\right)$ ergibt sich mittels

$h\left(\frac{7\pi}{4}\right) = 1 - \sin\left(\frac{\pi}{4}\right) \approx 0{,}29.$

Die restlichen Werte folgen aus Symmetriegründen.
Graph:

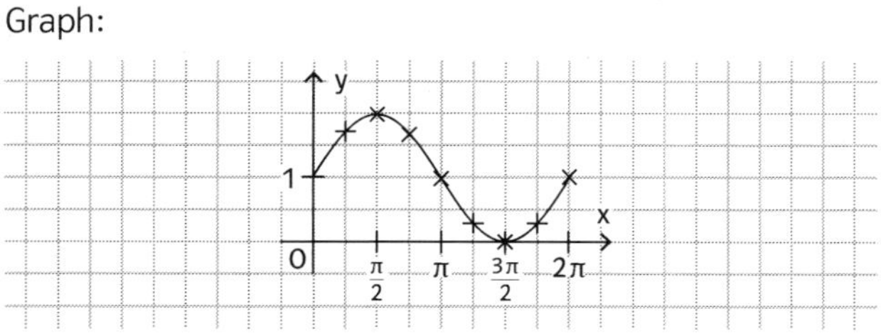

b) Wertetabelle:

x	0	$\frac{\pi}{4}$	$\frac{\pi}{2}$	$\frac{3\pi}{4}$	π	$\frac{5\pi}{4}$	$\frac{3\pi}{2}$	$\frac{7\pi}{4}$	2π
h(x)	2	≈ 1,71	1	≈ 0,29	0	≈ 0,29	1	≈ 1,71	2

Graph:

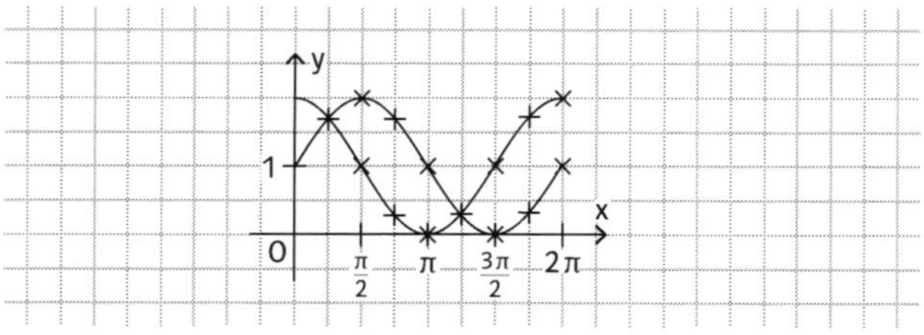

Der Graph aus Teilaufgabe b) geht aus dem Graphen von Teilaufgabe a) hervor, indem man diesen um $-\frac{\pi}{2}$ in x-Richtung verschiebt.

17 Fig. 2: $\sin(x) = \sin(\pi - x)$ und $\cos(x) = -\cos(\pi - x)$
Fig. 3: $\sin(x) = -\sin(\pi + x)$ und $\cos(x) = -\cos(\pi + x)$

18 a) individuelle Lösungen, aber z.B.:
periodisch mit der Periode $p = 2\pi$.
auf $I = [-2\pi; 2\pi]$ größte Werte bei $x = -\frac{3\pi}{2}$; bzw. $x = \frac{\pi}{2}$. Der größte y-Wert beträgt $y = 1$.
auf $I = [-2\pi; 2\pi]$ kleinste Werte bei $x = -\frac{\pi}{2}$; bzw. $x = \frac{3\pi}{2}$. Der kleinste y-Wert beträgt $y = -1$.
auf $I = [-2\pi; 2\pi]$ Nullstellen bei $x = -2\pi$; $x = -\pi$; $x = 0$; $x = \pi$ bzw. $x = 2\pi$

b) Graph:

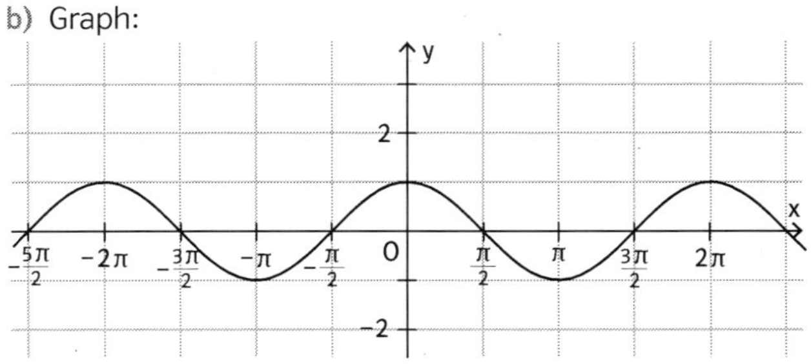

Eigenschaften der Kosinusfunktion:
periodisch mit der Periode $p = 2\pi$.
auf $I = [-2\pi; 2\pi]$ größte Werte bei $x = -2\pi$; $x = 0$ bzw. $x = 2\pi$. Der größte y-Wert beträgt $y = 1$.
auf $I = [-2\pi; 2\pi]$ kleinste Werte bei $x = -\pi$; bzw. $x = \pi$. Der kleinste y-Wert beträgt $y = -1$.
auf $I = [-2\pi; 2\pi]$ Nullstellen bei $x = -\frac{3\pi}{2}$; $x = -\frac{\pi}{2}$; $x = \frac{\pi}{2}$ bzw. $x = \frac{3\pi}{2}$

19 a) $90° < \alpha < 180°$ b) $270° < \alpha < 360°$
c) $150° < \alpha < 270°$ d) $0° < \alpha < 60°$

20 a) $\alpha_1 = 45°$; $\alpha_2 = 225°$ b) $\alpha_1 = 135°$; $\alpha_2 = 315°$

21 a) $\frac{1}{2}\sqrt{3}$ b) $-\frac{1}{2}\sqrt{3}$ c) $-\frac{1}{2}$ d) $-\frac{1}{2}\sqrt{2}$
e) $-\frac{1}{2}$ f) $-\frac{1}{2}\sqrt{2}$ g) $\frac{1}{2}\sqrt{2}$ h) $\frac{1}{2}$

Seite 149

22 a) $\sin(x) = 0{,}8$ für $x \approx 0{,}927$ (WTR), d.h. $x_1 \approx 0{,}927$ und $x_2 \approx 2{,}214$.
b) $\sin(x) = -0{,}75$ für $x \approx -0{,}848$ (WTR), d.h. $x_1 \approx 5{,}435$ und $x_2 \approx 3{,}990$.
c) $\sin(x) = 1$ für $x = \frac{\pi}{2}$.
d) $\sin(x) = \frac{5}{6}$ für $x \approx 0{,}985$ (WTR), d.h. $x_1 \approx 0{,}985$ und $x_2 \approx 2{,}156$.
e) $\cos(x) = 0{,}56$ für $x \approx 0{,}976$ (WTR), d.h. $x_1 \approx 0{,}976$ und $x_2 \approx 5{,}307$.
f) $\cos(x) = -0{,}4$ für $x \approx 1{,}982$ (WTR), d.h. $x_1 \approx 1{,}982$ und $x_2 \approx 4{,}301$.
g) $\cos(x) = \frac{1}{2}\sqrt{3}$ für $x = \frac{\pi}{6} \approx 0{,}524$ (WTR), d.h. $x_1 = \frac{\pi}{6} \approx 0{,}524$ und $x_2 = \frac{11\pi}{6} \approx 5{,}760$.
h) $\cos(x) = -1$ für $x = \pi$.

23 a) 44,4°; 135,6° b) 45,6°; 314,4°
c) 219,8°; 320,2° d) 101,5° 258,5°
e) 253,3°; 286,7° f) 163,3°; 196,7°
g) 13,3°; 166,7° h) 50,4°; 309,6°

24 Aufgrund der 2π-Periodizität der Sinusfunktion gilt:
$\sin(17{,}5\pi) = \sin(-4{,}5\pi) = \sin(-0{,}5\pi)$,
$\sin(-3{,}5\pi) = \sin(4{,}5\pi) = \sin(12{,}5\pi)$,
$\sin(17\pi) = \sin(15\pi) = \sin(-4\pi)$
(da $\sin(\pi) = \sin(k \cdot \pi)$, $k \in \mathbb{R}$).

3 Einfluss von Parametern

Seite 150

Einstiegsaufgabe
Anna hat den Graphen der Funktion sin(x) im Sinn. Verändert man aber den Funktionsterm von sin(x) mithilfe verschiedener Parameter, so wird der Graph in x- oder y-Richtung verschoben, gestreckt oder gestaucht – so weit, bis der Wasserstand beschrieben werden kann.

Seite 152

1

	Amplitude	Periode
a)	1	2π
b)	4	2π
c)	1	2
d)	2	20π
e)	1	1
f)	0,5	4π
g)	2	4
h)	$\frac{1}{3}$	3

2 a) $f(x) = 3\sin(x)$ b) $f(x) = 0{,}5\sin(2x)$
c) $f(x) = \sin(\pi \cdot x)$ d) $f(x) = 4\sin\left(\frac{2\pi}{3} \cdot x\right)$

3

	Amplitude	Periode	Funktionsterm
a)	2	2π	$f(x) = 2\sin(x)$
b)	1	4π	$f(x) = \sin\left(\frac{1}{2}x\right)$
c)	1	6	$f(x) = \sin\left(\frac{\pi}{3}x\right)$
d)	1,5	2	$f(x) = 1{,}5\sin(\pi x)$
e)	2	8	$f(x) = 2\sin\left(\frac{\pi}{4}x\right)$
f)	0,5	$\frac{3\pi}{2}$	$f(x) = 0{,}5\sin\left(\frac{4\pi}{3}x\right)$

4 Der Graph der Funktion f geht aus dem Graphen der Sinusfunktion hervor durch
a) Streckung mit dem Faktor $\frac{1}{\pi}$ in x-Richtung,
b) Streckung mit dem Faktor −2 in y-Richtung und Verschiebung um 1 in y-Richtung,
c) Streckung mit dem Faktor $\frac{1}{1{,}5} = \frac{2}{3}$ in x-Richtung und Verschiebung um −3 in y-Richtung,
d) Streckung mit dem Faktor 4 in y-Richtung und Streckung mit dem Faktor $\frac{1}{\frac{\pi}{3}} = \frac{3}{\pi}$ in x-Richtung.

Seite 153

7 a) Graph:

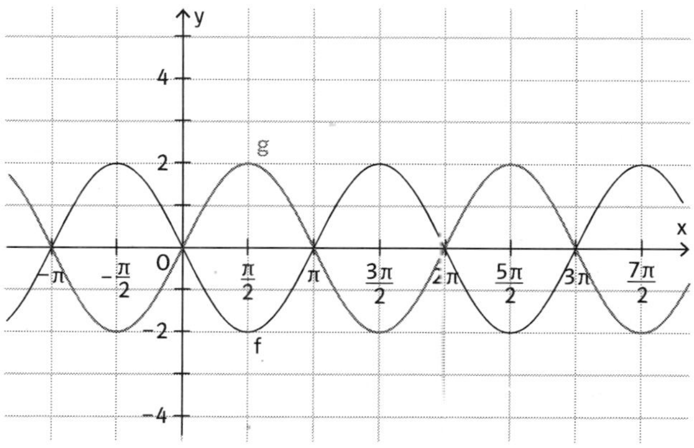

b) Der Graph von f geht durch Spiegelung an der x-Achse aus dem Graphen von g hervor.
Satz: Allgemein geht der Graph einer Funktion f mit $f(x) = -g(x)$ aus einer Spiegelung des Graphen der Funktion g an der x-Achse hervor.
c) blau: $f(x) = -4\sin\left(\frac{1}{2}x\right)$; orange: $f(x) = -3\sin(x)$;
grün: $f(x) = -\sin(2x)$

8 a) Graphen:

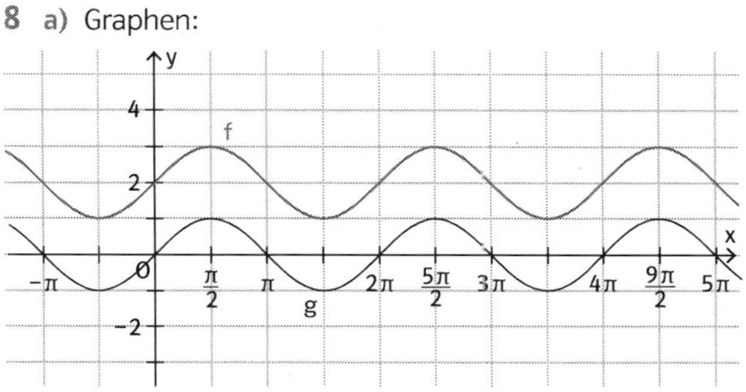

b) Der Graph von f geht aus dem Graphen von g durch Verschiebung nach oben um zwei Einheiten hervor.
Satz: Allgemein geht der Graph einer Funktion f mit $f(x) = g(x) + a$ aus dem Graphen der Funktion g durch eine Verschiebung um a Einheiten nach oben ($a > 0$) bzw. nach unten ($a < 0$) hervor.
c) orange: $f(x) = -0{,}5\sin(3x) - 2$;
grün: $f(x) = \sin(x) - 1$;
blau: $f(x) = 2\sin(x) + 0{,}5$

9 Steckbrief 1: $f(x) = 4\sin(6x)$
Steckbrief 2: $f(x) = 2\sin\left(\frac{3}{2}x\right) + 3$
Steckbrief 3: $f(x) = 3\sin\left(\frac{\pi}{2}x\right) - 2$
Steckbrief 4: $f(x) = 5\sin\left(\frac{\pi}{2}x\right) + 13$

10 a) $f(x) = -\sin(0{,}5 \cdot x) - 1$
b) $f(x) = \sin\left(\frac{\pi}{2} \cdot x\right) + 1$
c) $f(x) = -2{,}5 \cdot \sin(\pi \cdot x)$

Seite 154

11 a) Falsch, denn in x-Richtung wird mit dem Faktor $\frac{1}{b} = \frac{1}{2}$ gestreckt.
Richtige Lösung: Der Graph der Funktion f mit $f(x) = 2 \cdot \sin(2 \cdot x)$ geht durch Streckung mit dem Faktor 2 in y-Richtung und mit dem Faktor $\frac{1}{2}$ in x-Richtung aus dem der Sinusfunktion hervor.
b) Falsch, denn die Funktion f hat die Periode $p = \frac{2\pi}{4} = \frac{\pi}{2}$ und g hat die Periode $p = \frac{2\pi}{2} = \pi$.
Richtige Lösung: Die Funktion f mit $f(x) = \sin(4 \cdot x)$ hat eine halb so große Periode wie g mit $g(x) = \sin(2 \cdot x)$.
c) Wahr, denn die Funktion f lässt sich in die Form $f(x) = \sin(3 \cdot (x + 2)) = \sin(3 \cdot (x - (-2)))$ bringen.

12 individuelle Lösung

13 a) $f(x) = \sin\left(2 \cdot \left(x + \frac{\pi}{2}\right)\right)$, also $a = 1$, $b = 2$ und $c = -\frac{\pi}{2}$.
Wegen $p = \frac{2\pi}{2} = \pi$ ist ein geeignetes Intervall beispielsweise $[0; \pi]$.

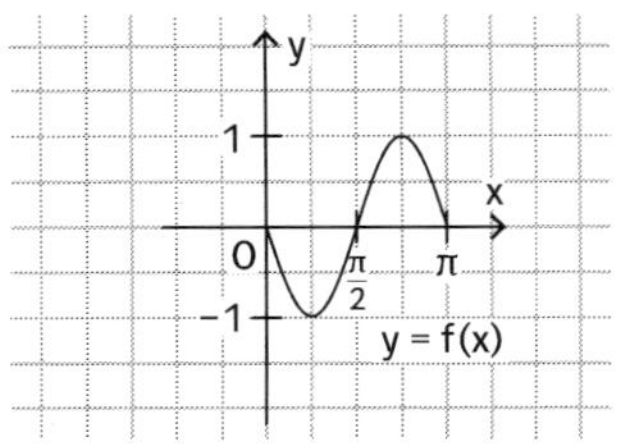

b) $f(x) = 2 \cdot \sin(\pi \cdot (x - 1))$, also $a = 2$, $b = \pi$ und $c = 1$.
Wegen $p = \frac{2\pi}{\pi} = 2$ ist ein geeignetes Intervall beispielsweise $[0; 2]$.

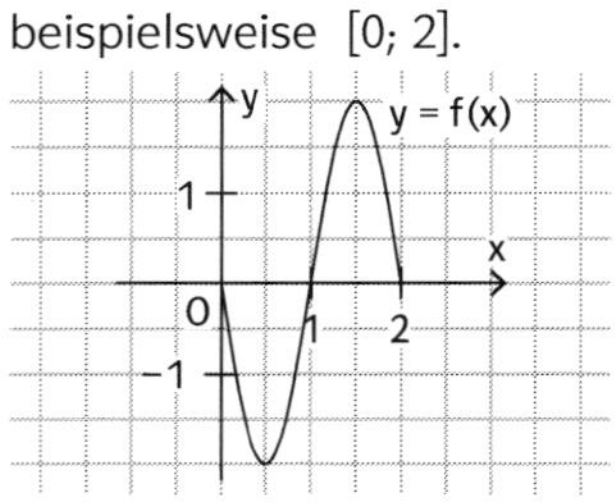

c) $f(x) = -\sin(0{,}5 \cdot (x - 2\pi))$, also $a = -1$, $b = 0{,}5$ und $c = 2\pi$.
Wegen $p = \frac{2\pi}{0{,}5} = 4\pi$ ist ein geeignetes Intervall beispielsweise $[0; 4\pi]$.

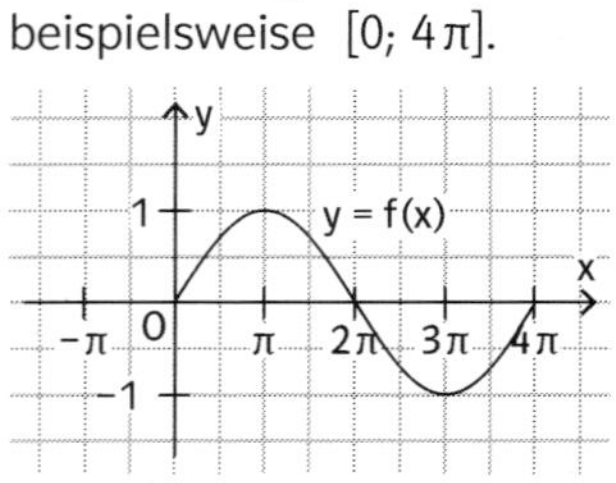

14 (1) B und C (2) A und F (3) D und E

15 Funktion f: $a = 2{,}5$, $b = 2$, $c = \frac{\pi}{2}$, $d = 0$.
Funktion g: $a = 2{,}5$, $b = 2$, $c = \frac{\pi}{4}$, $d = 0$.
Beide Funktionen haben die Amplitude $a = 2{,}5$ und die Periode $p = \pi$.
Die Graphen beider Funktionen sind gegenüber dem Graphen der Sinusfunktion mit dem Faktor 2,5 in y-Richtung und mit dem Faktor $\frac{1}{2}$ in x-Richtung gestreckt. Beide Graphen sind in y-Richtung nicht verschoben.
Der Graph von f ist in x-Richtung um $\frac{\pi}{2}$, der von g um $\frac{\pi}{4}$ verschoben.

4 Modellieren periodischer Vorgänge

Seite 155

Einstiegsaufgabe
Die Aufnahmen zeigen den Sonnenstand von 3 Uhr nachmittags bis 6 Uhr abends. Da es zu keinem Zeitpunkt richtig dunkel wird, muss es sich um einen Ort im hohen Norden, oberhalb des Polarkreises handeln, während des arktischen Sommers. Möglich wäre z. B. Tromsö in Norwegen.
(Grundsätzlich wäre zwar auch die Antarktis vorstellbar, da dort während des antarktischen Sommers das gleiche Phänomen stattfindet, die Landschaft ist aber nicht passend.)

Seite 157

1 a) $f(x) = \sin(\pi x) - 1$
b) $f(x) = \sin\left(\frac{2\pi}{5}x\right) + 2$
c) $f(x) = 2\sin\left(\frac{2\pi}{3}x\right) - 2$
d) $f(x) = 2\sin\left(\frac{\pi}{2}x\right) + 3$
e) $f(x) = -3\sin\left(\frac{2\pi}{3}x\right) - 2$
f) $f(x) = -2\sin\left(\frac{3\pi}{2}x\right) + 1$

2 a) $a = 9$ und $p = 12$
b) Aus der Lage von $O'(0|10)$ entnimmt man: $a = 9$, $b = \frac{2\pi}{p} = \frac{\pi}{6}$, $c = 0$ und $d = 10$.
Ergebnis: $f(t) = 9 \cdot \sin\left(\frac{\pi}{6} \cdot t\right) + 10$.

3 Lösungsweg 1:
Ein Weg besteht darin, dass man die Funktionswerte der drei Funktionen für die entsprechenden x-Werte berechnen lässt (z. B. mit einem Tabellenkalkulationsprogramm) und diese mit den beiden Tabellen vergleicht.

x	0	1	2	3	4	5	6
f(x) – (a)		12,5	14,2	15	14,3		
f(x) – (b)	0,0	2,4	1,7	−1,2	−2,5	−0,8	2,1
$f_1(x) = 3{,}5 \cdot \sin(0{,}15 \cdot x)$	0,0	0,5	1,0	1,5	2,0	2,4	2,7
$f_2(x) = 2{,}5 \cdot \sin(1{,}2 \cdot x)$	0,0	2,3	1,7	−1,1	−2,5	−0,7	2,0
$f_3(x) = 5 \cdot \sin(0{,}523 \cdot x) + 10$	10,0	12,5	14,3	15,0	14,3	12,5	10,0

x	7	8	9	10	14	15	16
f(x) – (a)		5,6	5,0	5,7	14,3	15	14,4
f(x) – (b)	2,2	−0,4	−2,6				
$f_1(x) = 3{,}5 \cdot \sin(0{,}15 \cdot x)$	3,0	3,3	3,4	3,5	3,0	2,7	2,4
$f_2(x) = 2{,}5 \cdot \sin(1{,}2 \cdot x)$	2,1	−0,4	−2,5	−1,3	−2,2	−1,9	0,9
$f_3(x) = 5 \cdot \sin(0{,}523 \cdot x) + 10$	7,5	5,7	5,0	5,7	14,3	15,0	14,4

Lösungsweg 2:

Ebenso kann man von den Daten der Tabellen sowie von den drei Funktionen die Graphen zeichnen lassen und analysieren, welche Graphen sich weitestgehend decken.
Ergebnis:
Man erkennt: f_2 gehört zur Tabelle b) und f_3 gehört zur Tabelle a).

4 a) Das Pendel schwingt in Bezug auf die Ruhelage maximal 0,5 m aus, denn die Amplitude des Graphen in Fig. 1 ist 0,5.
b) Das Pendel braucht 2,5 s bis es erneut von links nach rechts die Ruhelage durchläuft, da die Periode des Pendels 2,5 s beträgt.
c) Die Schwingung des Pendels wird beschrieben durch den Funktionsterm $f(x) = 0{,}5\sin(0{,}8\pi x)$, wobei x die Zeit in Sekunden ist. Da eine Minute 60 Sekunden hat, wird f(60) berechnet.
$f(60) \approx -1{,}6 \cdot 10^{-10}$, also ist die Auslenkung des Pendels nach einer Minute etwa $-1{,}6 \cdot 10^{-10}\,m \approx 0\,m$.

5 a) Die Amplitude entspricht dem halben Wert zwischen Maximum (im Juli bei 17°C) und Minimum (im Januar bei 1°C). Daher gilt:
$a = (17 - 1):2 = 8$. Die Periode beträgt ein Jahr, also $p = 12$ Monate. Der Faktor b ist also
$b = \frac{2\pi}{p} = \frac{2\pi}{12} \approx 0{,}523599$.
Der Mittelwert zwischen Tief- und Hochpunkt liegt im April $(x = 0)$ bei errechneten 9 °C $((17 + 1):2)$; damit ist $d = 9$.
Es ergibt sich: $f(x) = 8 \cdot \sin(0{,}523599 \cdot x) + 9$, wobei x die Anzahl der Monate ab April angibt.
b) Die Amplitude entspricht dem halben Wert zwischen Minimum (im Januar bei −43 °C) und Maximum (im Juli bei 19 °C). Daher gilt:
$a = (19 - (-43)):2 = 31$.
Die Periode beträgt ein Jahr, also $p = 12$ Monate.
Mithilfe der Formel $p = \frac{2\pi}{b}$ erhält man
$b = \frac{2\pi}{12} \approx 0{,}523599$.
Der Mittelwert zwischen Tief- und Hochpunkt liegt im Oktober $(x = 0)$ bei errechneten −12 °C $((-43 + 19):2)$; damit ist $d = -12$.
Es ergibt sich: $f(x) = 31 \cdot \sin(0{,}523599 \cdot x) - 12$, wobei x die Anzahl der Monate ab Oktober angibt.
c) Die Amplitude entspricht dem halben Wert zwischen Maximum (im Januar bei 22 °C) und Minimum (im Juli bei 12 °C). Daher gilt: $a = (22 - 12):2 = 5$.
Die Periode beträgt ein Jahr, also $p = 12$ Monate.
Mithilfe der Formel $p = \frac{2\pi}{b}$ erhält man
$b = \frac{2\pi}{12} \approx 0{,}523599$.
Der Mittelwert zwischen Tief- und Hochpunkt liegt im Oktober $(x = 0)$ bei errechneten 17°C $((22 + 12):2)$; damit ist $d = 17$.
Es ergibt sich: $f(x) = 5 \cdot \sin(0{,}523599 \cdot x) + 17$, wobei x die Anzahl der Monate ab Oktober angibt.
d) Die Amplitude entspricht dem halben Wert zwischen Maximum (im Juli bei 27°C) und Minimum (im Januar bei 26 °C). Daher gilt: $a = (27 - 26):2 = 0{,}5$.
Die Periode beträgt ein Jahr, also $p = 12$ Monate.
Mithilfe der Formel $p = \frac{2\pi}{b}$ erhält man
$b = \frac{2\pi}{12} \approx 0{,}523599$.
Der Mittelwert zwischen Tief- und Hochpunkt liegt im April $(x = 0)$ bei errechneten 26,5 °C $((27 + 26):2)$; damit ist $d = 26{,}5$.
Es ergibt sich: $f(x) = 0{,}5 \cdot \sin(0{,}523599 \cdot x) + 26{,}5$, wobei x die Anzahl der Monate ab April angibt.

Seite 158

6 Die Amplitude entspricht dem halben Wert zwischen Maximum (im Juni bei 66 °C) und Minimum (im Dezember bei 18 °C). Daher gilt: $a = (66 - 18):2 = 24$.
Die Periode beträgt ein Jahr, also $p = 12$ Monate.
Mithilfe der Formel $p = \frac{2\pi}{b}$ erhält man
$b = \frac{2\pi}{12} \approx 0{,}523599$.
Der Mittelwert zwischen Tief- und Hochpunkt liegt im März $(x = 0)$ bei errechneten 42 °C $((66 + 18):2)$; damit ist $d = 42$.
Es ergibt sich als Funktion für den Verlauf der Sonnenhöchststände: $f(x) = 24 \cdot \sin(0{,}523599 \cdot x) + 42$.

Monat	Jan.	Feb.	März	April	Mai	Juni
Monate seit März	−2	−1	0	1	2	3
Sonnenhöchststand in Grad	19	27	39	50	61	66
berechneter Höchststand	21,2	30,0	42,0	54,0	62,8	66,0
Abweichungen	−2,2	−3,0	−3,0	−4,0	−1,8	0,0

Monat	Juli	Aug.	Sept.	Okt.	Nov.	Dez.
Monate seit März	4	5	6	7	8	9
Sonnenhöchststand in Grad	63	55	42	31	22	18
berechneter Höchststand	62,8	54,0	42,0	30,0	21,2	18,0
Abweichungen	0,2	1,0	0,0	1,0	0,8	0,0

Anhand der Abweichungen kann man sehen, dass die Sinusfunktion bei vielen Werten geringe Abweichungen besitzt (die größte Abweichung besteht im April mit 4 °C). Damit ist das Modell gut, hat aber Zeiten, in denen es nur mäßig gute Werte liefert.

8 a) Judith: $f(t) \approx 1{,}35 \cdot \sin(0{,}0069504262 \cdot t)$
Hans: $g(t) = 1{,}35 \cdot \sin\left(\frac{2 \cdot \pi}{904} \cdot t\right) + 1{,}35$
Der Faktor 1,35 ist bei beiden Funktionstermen gleich – dies entspricht der Amplitude, die bei dem Experiment durch den Graphen vorgegeben ist.
Judith hat für den Parameter b die Zahl 0,0069504262, wobei Hans für b den Bruch $\frac{2 \cdot \pi}{904}$ aufgestellt hat. Wird der Wert von Hans ausgerechnet, entspricht er ebenfalls dem Wert von Judith.
Judith hat für den Parameter d den Wert 0. Sie hat die x-Achse genau auf die mittlere Höhe der Schwingung gelegt. Bei Hans gilt $d = 1{,}35$. Da dieser Parameter eine Verschiebung in y-Richtung bewirkt, hat Hans die x-Achse nicht auf die mittlere Höhe der Schwingung, sondern auf den tiefsten Wert der Schwingung gelegt (Amplitude = 1,35). Unter Berücksichtigung dieses Aspektes beschreiben beide Funktionen den gleichen Sachzusammenhang.

Hans kommt auf den Term $\frac{2\pi}{904}$, da im Aufgabentext steht, dass die dargestellten Zustände jeweils 226 Millisekunden auseinander liegen. Eine Periode (vom ersten dargestellten Zustand bis zum fünften) beträgt also $4 \cdot 226 = 904$. Der Faktor b im Funktionsterm $f(x) = a\sin(bx) + d$ lässt sich berechnen durch $b = \frac{2\pi}{p} = \frac{2\pi}{904}$. Dies ist der Term, den Hans als Wert für b gewählt hat.

b) Die Kugel legt von der minimalen zur maximalen Auslenkung $2 \cdot 1{,}35\,\text{cm} = 2{,}70\,\text{cm}$ zurück, da die Amplitude der Schwingung 1,35 cm beträgt.

c) Zunächst einmal werden die 5 Minuten in Millisekunden umgerechnet. 5 Minuten entsprechen $5 \cdot 60 \cdot 1000 = 300\,000$ Millisekunden. Es muss also $f(300\,000)$ berechnet werden:

$f(300\,000) = 1{,}35 \cdot \sin\left(\frac{2\pi}{904} \cdot 300\,000\right) \approx -1{,}049$.

Also beträgt die Auslenkung der Kugel nach 5 Minuten bezüglich der Ruhelage theoretisch etwa 1,049 cm. Das Modell eignet sich für lange Schwingungszeiten wahrscheinlich nicht besonders, da nach 5 Minuten aufgrund der Reibung mit der Luft und anderen äußeren Einflüssen die Kugel wahrscheinlich kaum noch schwingen wird. Die Sinusfunktion beschreibt den Schwingungsvorgang also nur für einen kurzen Zeitraum realistisch.

9 a) Man kann annehmen, dass die Wassertiefe um 4:20 Uhr ihr Maximum von 5,2 m annimmt und um 10:32 Uhr ihr Minimum von 2,0 m.
Die Amplitude entspricht dem halben Wert zwischen Maximum und Minimum. Daher gilt: $a = (5{,}2 - 2):2 = 1{,}6$.
Die Periode beträgt etwa zweimal 6 Stunden und 12 Minuten $\left(2 \cdot 6\frac{1}{5}\text{h}\right)$, also $p = 12{,}4$ Stunden.
Mithilfe der Formel $p = \frac{2\pi}{b}$ erhält man $b = \frac{2\pi}{12{,}4} \approx 0{,}506708$.
Der Mittelwert zwischen Tief- und Hochpunkt liegt etwa zwischen 10:32 Uhr und der nächsten Flut, die etwa um 16:44 Uhr zu erwarten ist, also um 13:38 Uhr ($x = 0$, x gibt also die vergangenen Stunden ab 13:38 Uhr an) bei errechneten 3,6 m ($(5{,}2 + 2):2$); damit ist $d = 3{,}6$.
Es ergibt sich: $f(x) = 1{,}6 \cdot \sin(0{,}506708 \cdot x) + 3{,}6$.

b) Zur Beantwortung dieser Frage zeichnet man zunächst den Graphen der Sinusfunktion mit $f(x) = 1{,}6 \cdot \sin(0{,}506708 \cdot x) + 3{,}6$.

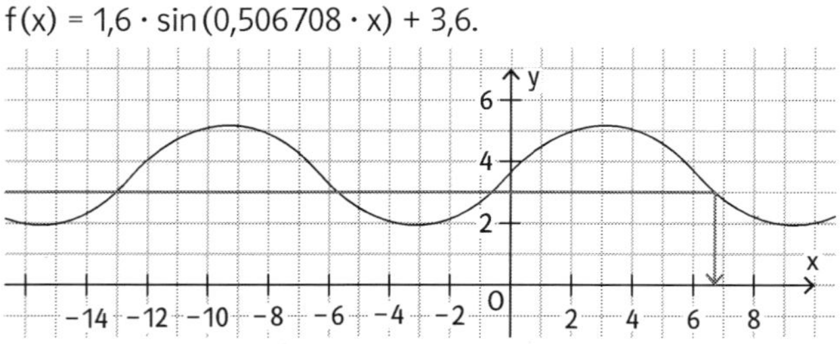

Circa 7 Stunden nach 13:38 Uhr – also um 20:38 Uhr – beträgt die Wassertiefe weniger als 3 m. Demnach muss das Anlegen bis dahin erfolgt sein.

Vertiefen und Vernetzen

Seite 159

1 $\sin(30°) = \cos\left(\frac{7}{3}\pi\right)$; $\sin\left(\frac{\pi}{4}\right) = \cos\left(\frac{\pi}{4}\right) = \cos\left(-\frac{\pi}{4}\right)$; $\cos(0) = \sin(90°)$
Zu $\cos(3\pi)$ ist kein gleichwertiger Term aufgeführt.

2 a) Näherungslösungen:
0,3576 und 2,7840

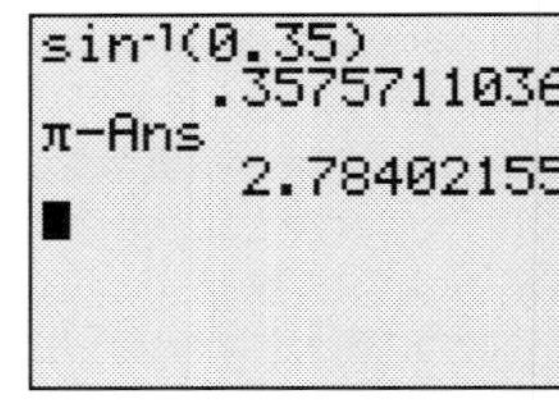

b) Näherungslösungen:
2,1895 und 4,0937

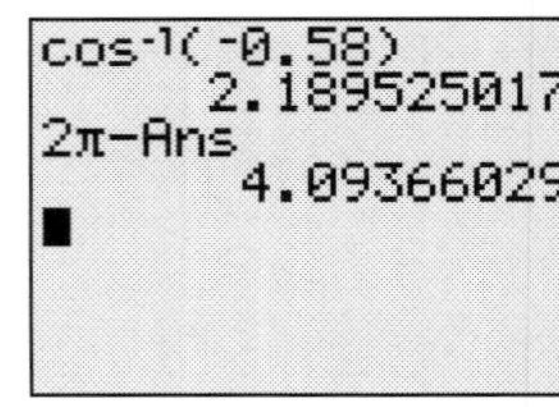

c) Näherungslösungen:
3,4150 und 6,0098

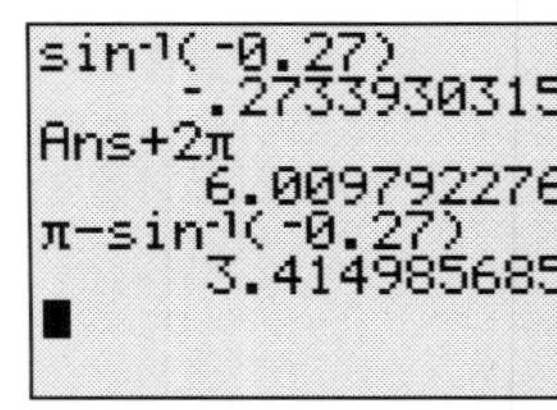

d) Näherungslösungen:
0,8763 und 5,4069

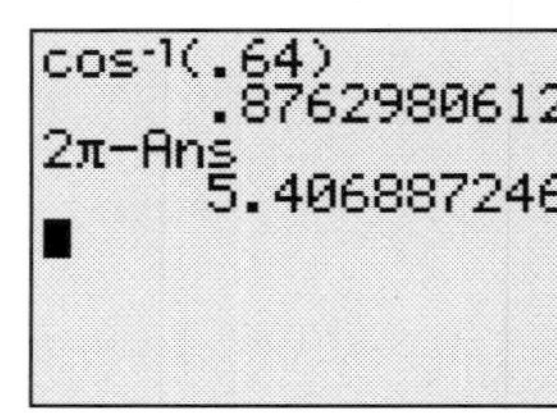

3 a) Die Sinusfunktion ist periodisch mit der Periodenlänge 2π. Wegen $-\frac{5}{4}\pi + 2\pi = \frac{3}{4}\pi$ ist der Graph von g gegenüber dem Graphen von f um genau eine Periodenlänge parallel zur x-Achse verschoben. Beide Graphen sind deshalb identisch.

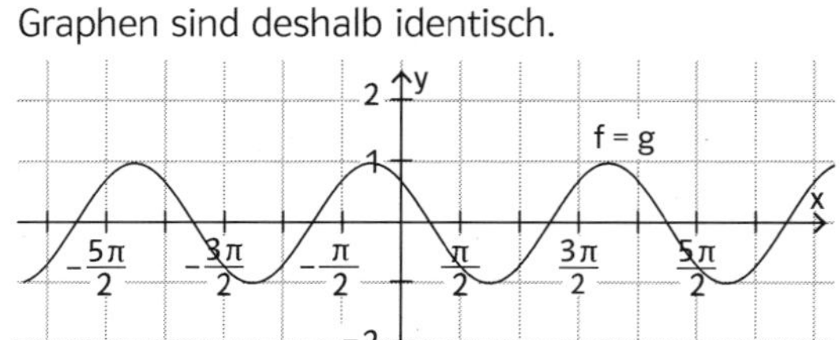

b) Wegen $-\frac{1}{3}\pi + \pi = \frac{2}{3}\pi$ ist der Graph von g gegenüber dem Graphen von f um π parallel zur x-Achse nach links verschoben. Wegen $\sin(x + \pi) = -\sin(x)$ ist der Graph von g eine Spiegelung des Graphen von f an der x-Achse.

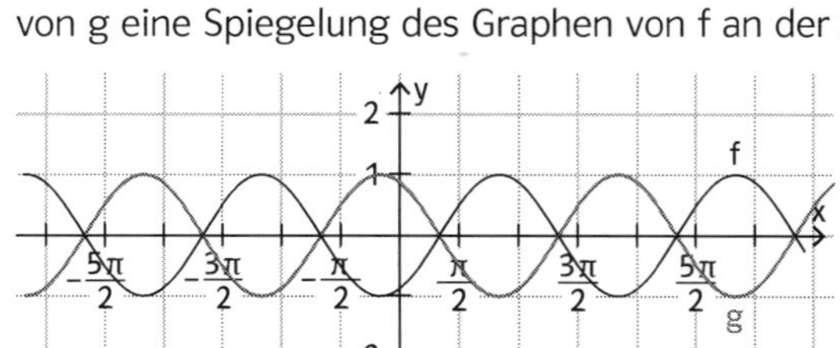

c) Wegen $x + \frac{\pi}{6} - \pi = x - \frac{5}{6}\pi$ entsteht der Graph der zweiten Funktion, wenn man den Graphen der ersten Funktion um π parallel zur x-Achse nach rechts verschiebt und danach an der x-Achse spiegelt. Die Graphen beider Funktionen sind also identisch.

4 a) $f(x) = 1{,}5(\sin(x + 2) + 2) = 1{,}5\sin(x + 2) + 3$
b) $f(x) = 1{,}5\sin(x + 2) + 2$
Wird der Graph zuerst auf der y-Achse verschoben und dann gestreckt, verändert sich die Verschiebung auf der y-Achse um den Streckfaktor.
c) Um dieselbe Funktion zu erhalten wie in Teilaufgabe a) müssen folgende Verschiebungen durchgeführt werden:
Verschiebung in x-Richtung um $c = -2$
Verschiebung in y-Richtung um $d = 3$

5 a) Amplitude: 2; Periode 4π
$f(x) = 2\sin\left(\frac{1}{2}x\right)$
b) Amplitude: 1,5; Periode: π
$f(x) = 1{,}5\sin(2x)$
c) Amplitude: 1; Periode 2π
$f(x) = \sin(x) + 1$

6

	a)	b)	c)	d)	e)	f)
a	1,5	2	1	3	2	−0,5
p	2π	2π	1	π	2π	4

a)

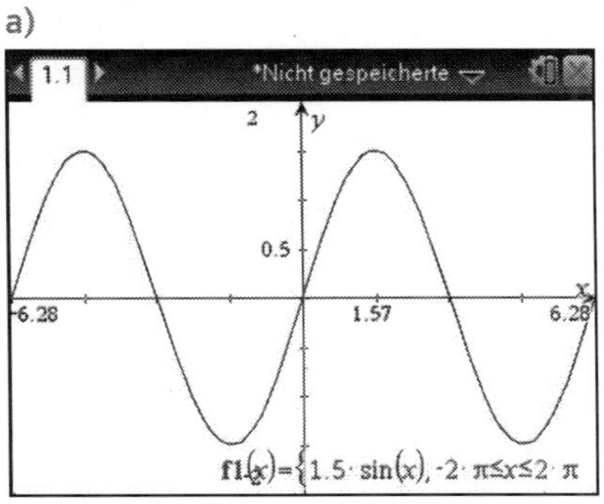

b)

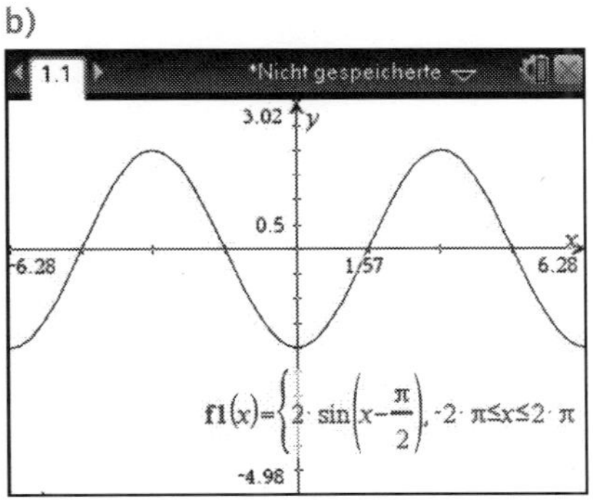

c)

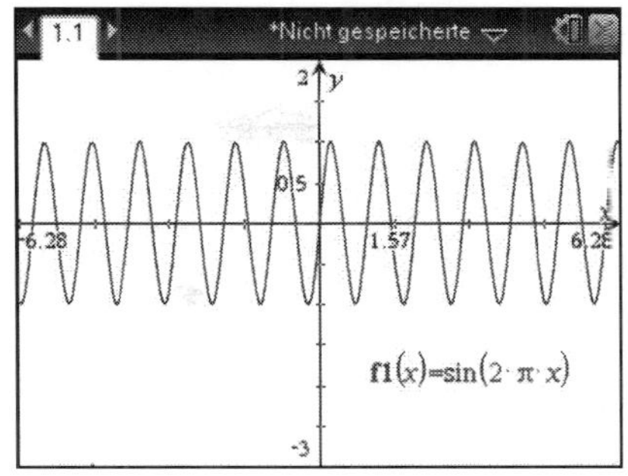

d)

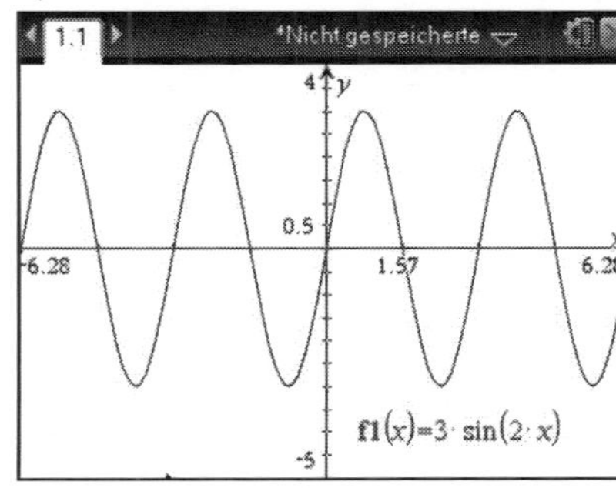

e)

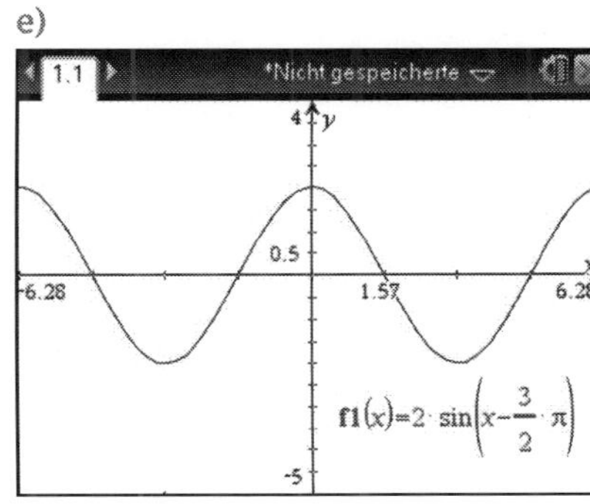

f)

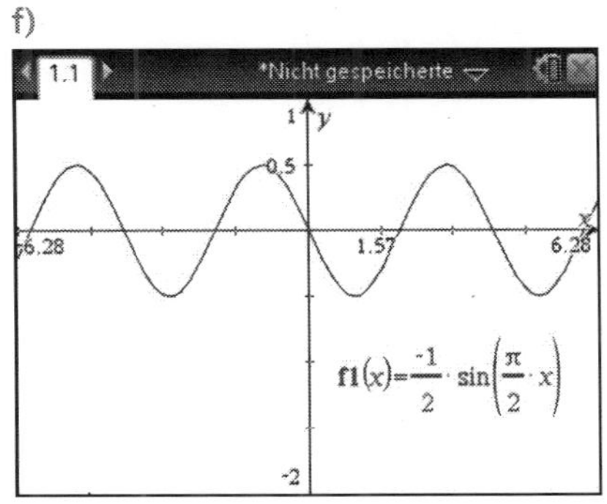

7 $s(t) = 1{,}5\sin\left(4\pi t - \frac{\pi}{4}\right)$

8 a) Die Vereinfachungen können individuell sehr unterschiedlich ausfallen. Es ist aber darauf zu achten, dass Tief- und Hochpunkte in zeitlich konstantem Abstand aufeinanderfolgen und jeweils gleiche y-Werte haben.
Tiefpunkte des Graphen: (0 | 36,5), (4 | 36,5) und (8 | 36,5);
Hochpunkte des Graphen: (2 | 40) und (6 | 40).

b) Es ist $a = \frac{40 - 36{,}5}{2} = 1{,}75$ und $p = 4$, also $b = \frac{2\pi}{4} = \frac{\pi}{2}$.

Graph:

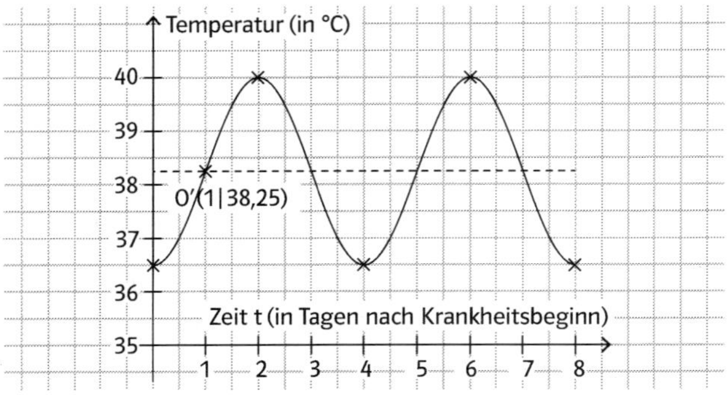

Am markierten Punkt $O'(1|38{,}25)$ erkennt man:
$a = 1{,}75$, $c = 1$ und $d = 38{,}25$.

Modellierungsfunktion: $f(t) = 1{,}75 \cdot \sin\left(\frac{\pi}{2} \cdot (t - 1)\right) + 38{,}25$.

c)

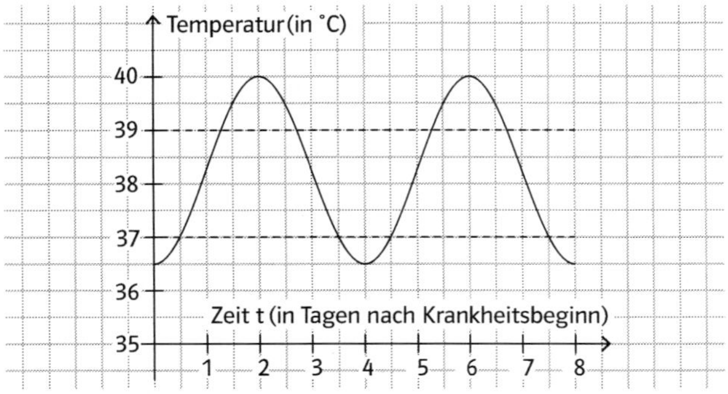

Dem Graphen entnimmt man: Im Zeitraum von ca. anderthalb bis ca. zweieinhalb Tagen nach Krankheitsbeginn liegt das Fieber über 39 °C, ebenso im Zeitraum von ca. fünfeinhalb bis ca. sechseinhalb Tagen nach Krankheitsbeginn. Um den vierten und achten Tag ist man für einen Tag nahezu fieberfrei.

Prüfungsvorbereitung Deutsch

Lösungsheft

Teil 1: Lösungen und Hilfen

1 Aufgabe *(Standards 43, 47)* (5 Punkte)

a) ein routinemäßiges / Standard-Schema
b) jeder, der eine Arbeitsstelle sucht
c) auffälliger Unterschied / starker Gegensatz
d) Fähigkeit, sich gegenüber anderen sozial zu verhalten
e) fähig, sich in andere hineinzuversetzen

Bewertung:

- Jede richtige Lösung (zutreffende und verständliche Erklärung, ohne dass das unterstrichene Wort verwendet wird) ergibt 1 Punkt.
- Eine falsche Lösung (grammatisch fehlerhaft, sinnentstellend, unverständlich) ergibt 0 Punkte.
- Rechtschreibfehler, die die Verständlichkeit nicht beeinträchtigen, fallen nicht ins Gewicht.

2 Aufgabe *(Standards 19, 51, 54)* (4 Punkte)

a) Dennoch sei es möglich, etwas Einzigartiges zu machen und sich damit von anderen zu unterscheiden.
b) Wer eine Bewerbung nicht in Papierform, sondern digital über das Internet abschicken muss ...
c) Er empfiehlt, auch hier etwas zu machen, was der andere nicht erwartet hätte und ihn erstaunt.
d) Statt seitenlang mit Genuss Einzelheiten im Lebenslauf ...

Bewertung:

- Richtige Lösungen ergeben je 1 Punkt, fehlerhafte Lösungen ergeben keinen Punkt und keinen Abzug.
- Rechtschreibfehler, die die Verständlichkeit nicht beeinträchtigen, fallen nicht ins Gewicht.

Hilfen zur Lösung

Zu 1
→ Übung 3, S. 64

c) „Arbeit" wäre auch eine mögliche Lösung; der Begriff ist aber weniger genau.

Zu 2
→ Übung 5, S. 66

3 Aufgabe *(Standards 19, 47, 54)* (3 Punkte)

Formulierung im Text	gegenteilige Ausdrucksweise im Text
a) Bewerbung per Post (Z. 24)	Online-Bewerbung (Z. 11f.)
b) zu viele Extras (Z. 29)	gezielt Kontraste setzen (Z. 31)
c) in Romanlänge (Z. 41f.)	pure Essenz (Z. 43)

Bewertung:
Jede richtige Lösung (Findung der passenden gegenteiligen Ausdrucksweise) ergibt 1 Punkt.

4 Aufgabe *(Standards 47, 51, 54, 58)* (6 Punkte)

a)	b)	c)	d)	e)	f)	g)	h)	i)	j)	k)	l)
	r	r			r	r		r			r

Bewertung:
Plus- und Minuspunkte werden miteinander verrechnet.

5 Aufgabe *(Standard 42)* (3 Punkte)

a) Es gelte die Devise, weniger sei mehr, sagt die Karrieretrainerin.
b) Er empfiehlt, ein Konditor könne zum Beispiel ein Törtchen vorbeibringen, um seine Backkunst zu demonstrieren.

Bewertung:
- Die korrekte Verwendung des Konjunktivs ergibt jeweils 1 Punkt.
- Ein Fehler in der Zeichensetzung gibt 1 Punkt Abzug.

6 Aufgabe *(Standard 42)* (4 Punkte)

Vorgaben	richtige Schreibweise
a) Er rät, Akzente zusetzen.	zu setzen
b) Man sollte zu verlässig sein.	zuverlässig
c) Es empfiehlt sich, alles sofort ab zu schicken.	abzuschicken
d) Es muss nicht alles bunt sein, um ins Auge zu fallen.	
e) Es muss bunt sein, um auch auf zu fallen.	aufzufallen
f) Das ist nur eine Möglichkeit, seine Fähigkeiten darzustellen.	

Bewertung:
- Jede korrekte Lösung (richtige Markierung der Falschschreibung und korrekte Verbesserung) ergibt jeweils 1 Punkt.
- Eine falsche Markierung oder falsche Verbesserung gibt 1 Punkt Abzug.

Hilfen zur Lösung

Zu 3
→ Übung 2, S. 62 f.

Suchen Sie zunächst nach dem Begriff im Text und finden Sie vor oder nach dieser Stelle einen gegenteiligen Begriff.

Zu 4
→ Übung 1, S. 60 f.

a) Das Wort „immer" bedeutet nicht dasselbe wie „häufig" (Z. 6), „leider … Schema F" (Z. 6) ist das Gegenteil von „etwas Besonderem".
d) Mit dem Wort „dennoch" (Z. 8) wird im Text eine zusätzliche Erklärung eingeleitet, die die die Aussage: „nur die vorgegebenen Felder aus[füllen]" widerlegt.
e) Siehe Text, Z. 14 ff.
h) Siehe Text, Z. 35 f.
j) Siehe Text, Z. 41 f.
k) Siehe Text, Z. 46 ff.

Teil 2: Mustertext und Hilfen

(Standards 18, 19, 20, 21, 22, 23, 24, 25) (25 Punkte)

Mein Profil

Wer bin ich?

Max Mustermann, 21, soeben ausgebildeter Kfz-Mechatroniker mit starkem Motor

- technikbegeistert
- engagiert
- teamorientiert

Was habe ich bisher gemacht?

- Technische und elektronische Fehler, Störungen und deren Ursachen diagnostiziert
- Reparatur- und Wartungsarbeiten sowie Erfolgskontrollen an verschiedenen Fahrzeugen mit Verbrennungs- und Hybridmotoren durchgeführt
- Bauteile und Baugruppen montiert, demontiert und instandgesetzt
- Inspektionsarbeiten entsprechend Herstellervorschriften erledigt
- Fahrzeuge zur Prüfung (Haupt- und Abgasuntersuchung) vorbereitet
- Öl- und Reifenwechsel vorgenommen
- Karosseriearbeiten an PKWs ausgeführt

Meine größten Herausforderungen

- Schon zu Beginn des zweiten Ausbildungsjahres sollte ich zwei neue Auszubildende betreuen und ihnen technische Abläufe erklären. Dabei wollte ich weder Fehler machen noch ständig beim Meister nachfragen, wenn ich etwas unsicher war. Also recherchierte ich öfter am Abend im Internet, bis ich alles genau wusste.
- Die Herausforderung für die Zukunft wird sein, mit den neuen Antriebssystemen genauso vertraut zu werden wie mit den bisherigen.

Meine Ansprüche an mich

- Die Kundinnen und Kunden sollen mit meiner Arbeit zufrieden sein. Der Service für die Kundschaft steht für mich also im Vordergrund.
- Ich möchte wie bisher als sehr zuverlässig gelten – gegenüber allen Menschen, mit denen ich zu tun habe.
- Täglich will ich meine Leistung bringen, genau und selbstständig arbeiten und auf dem neuesten technischen Stand sein.
- Deshalb möchte ich mich auch ständig fortbilden, um mit den technischen Entwicklungen Schritt halten zu können.
- Ich bemühe mich, im Unternehmen und gegenüber der Kundschaft immer fair, respektvoll und kompetent aufzutreten.

Hilfen zum Schreiben

→ Übung 13, S. 76 f.

Zu Punkt 1

Gehen Sie auf die Stellenanzeige ein: „in … Team eingliedern“, „anpacken“

Benutzen Sie werbende Sprache.

Zu Punkt 2

Fassen Sie unterschiedliche Tätigkeiten unter Oberbegriffen zusammen (hier z. B. „Reparaturarbeiten“).

Zu Punkt 3

Gehen Sie auf mindestens zwei Herausforderungen ein. Die Überschrift lässt zu, dass Sie über Herausforderungen in der Vergangenheit, der Gegenwart oder der Zukunft berichten können.

Zu Punkt 4

Gehen Sie auf die Anforderungen in der Stellenausschreibung ein:

- Eingliederung in das Team
- Umgangsformen
- selbstständiges Arbeiten
- Verstärkung des Teams / Leistung erbringen
- Ansprüche der Kundschaft

Warum passe ich in Ihren Betrieb?

Sie werden zufrieden sein, denn
- Teamarbeit bin ich gewohnt,
- zu Höflichkeit und Respekt anderen gegenüber wurde ich erzogen,
- die Arbeit sehe ich, ich muss nicht angetrieben werden,
- meine Zeugnisse zeigen, dass ich Dinge schnell begreife,
- professionelles und kundenorientiertes Arbeiten ist mein Anspruch.

Hilfen zum Schreiben

Zu Punkt 5

Gehen Sie auch hier auf die Stellenanzeige ein.

Achten Sie darauf, dass Sie schließlich auf alle Anforderungen eingegangen sind, die in der Stellenanzeige genannt wurden.

Sprachliche Gestaltung: Achten Sie darauf, dass Sie für Rechtschreibung, Zeichensetzung, äußere Form und Sprachgebrauch insgesamt 10 Punkte erhalten können.

Orientierungshilfe zur Bewertung:

Inhaltliche Aspekte		
Ziele	• Berücksichtigung der Vorgaben (Zwischenüberschriften, Struktur, Schreibstil) • Eingehen auf die Anforderungen in der Stellenausschreibung • gehaltvolle Informationen	15 Punkte
Adressatenbezug	• Konzentration auf Aspekte, die für Adressaten wichtig sind • Nachvollziehbarkeit der Aussagen • sachliche und werbende Sprache ohne Übertreibung	
Verständlichkeit	• klare Aussagen • übersichtliche Gliederung • adressatenorientierte Zusammenfassungen	
Sprachliche Gestaltung		
Sprachrichtigkeit, äußere Form	• Rechtschreibung und Zeichensetzung • Grammatik • lesefreundliche, klar gegliederte Darstellung	10 Punkte
Stil	• angemessene Sprache • abwechslungsreiche, passende Ausdrucksweise	
Mögliche Gesamtpunkte		**25 Punkte**

Teil 1: Lösungen und Hilfen

1 Aufgabe *(Standards 61, 54, 58)* (6 Punkte)

a)	b)	c)	d)	e)	f)	g)	h)	i)
f	f		f	f		f	f	

Bewertung:
Plus- und Minuspunkte werden miteinander verrechnet.

2 Aufgabe *(Standard 43)* (3 Punkte)

a) Erklärung	Das heißt, dass die Motivation plötzlich stark nachlässt.
b) Erklärung	Lernfähigkeit
c) Erklärung	So wird jemand bezeichnet, der sich ungewöhnlich verhält und andere Menschen (z.B. im Betrieb) stört.

Bewertung:
- Richtige Lösungen ergeben je 1 Punkt, fehlerhafte Lösungen ergeben keinen Punkt und keinen Abzug.
- Rechtschreibfehler, die die Verständlichkeit nicht beeinträchtigen, fallen nicht ins Gewicht.

3 Aufgabe *(Standard 43)* (3 Punkte)

a) Dies bedeutet, dass sich die Gefühle auf beiden Seiten gegenseitig verstärken.
b) Damit ist gemeint, dass die Situation immer schwieriger oder gefährlicher wird.

Bewertung:
- Richtige Lösungen ergeben je 1 Punkt (Aufgabe a) beinhaltet 2 Lösungen), fehlerhafte Lösungen ergeben keinen Punkt und keinen Abzug.
- Rechtschreibfehler, die die Verständlichkeit nicht beeinträchtigen, fallen nicht ins Gewicht.

4 Aufgabe *(Standard 54)* (4 Punkte)

a) – Auszubildende fühlen sich stärker in den Unternehmensprozess eingebunden.
– gesteigertes Verantwortungsgefühl
b) – bessere Zusammenarbeit der Auszubildenden
– Fähigkeit zur Konfliktbewältigung

Bewertung:
Richtige Lösungen ergeben je 1 Punkt, fehlerhafte Lösungen ergeben keinen Punkt und keinen Abzug.

Hilfen zur Lösung

Zu 1
→ Übung 1, S. 60 f.

a) Die Kosten entstehen für den Ausbildungsbetrieb.
b) Dies wird im Text nicht unter den häufigsten Gründen aufgezählt.
d) Im Text ist von „ernsthaften" Schwierigkeiten die Rede.
e) Dies betrifft alle für die Ausbildung „Verantwortlichen" und nicht alle Beteiligten.
g) Seminare können eine Hilfe sein, sie sind es also nicht in jedem Fall.
h) Im Text steht „manchmal". Die Aussage mit „oft" ist also falsch.

Zu 2
→ Übung 3, S. 64

a) und c) Die Begriffe wurden jeweils durch eine Beschreibung erklärt.
b) Hier wurde der Begriff durch einen ähnlichen ersetzt.

Zu 3
→ Übung 3, S. 64
→ Übung 5, S. 66

a) Das Fremdwort „Emotionen" wurde durch den Begriff „Gefühle" ersetzt. Danach wurde das Bild des Hochschaukelns durch den gebräuchlicheren Ausdruck „sich gegenseitig verstärken" aufgelöst.
b) Der bildhafte Begriff „zuspitzen" wurde durch eine sachliche Feststellung erklärt.

Zu 4
→ Übung 2, S. 62 f.
→ Übung 7, S. 68 f.

a) siehe Z. 62 f. und Z. 64 f.
b) siehe Z. 70 und Z. 70 f.

5 Aufgabe *(Standards 54, 58)* (2 Punkte)

1. Argument: Eine dritte Person kann wichtige Dinge sehen, die die Beteiligten gar nicht berücksichtigt haben.
2. Argument: Die Vorschläge einer dritten Person werden manchmal eher akzeptiert, weil sie objektiver wirken.

Bewertung:
Eine inhaltlich passende, sprachlich weitgehend korrekte Formulierung ergibt 1 Punkt.

6 Aufgabe *(Standards 24, 42, 43)* (2 Punkte)

a) Im Text wird behauptet, dass der Beginn der Ausbildung für Jugendliche ein bedeutender Schritt sei.
b) Die häufigsten Gründe für Konflikte seien Unpünktlichkeit oder Fehltage.

Bewertung:
- Richtige Lösungen ergeben je 1 Punkt, fehlerhafte Lösungen ergeben keinen Punkt und keinen Abzug.
- Rechtschreibfehler, die die Verständlichkeit nicht beeinträchtigen, fallen nicht ins Gewicht.

7 Aufgabe *(Standards 24, 42)* (5 Punkte)

dass – musste – Weisungen – spaßig – Biss

Bewertung:
Richtige Lösungen ergeben je 1 Punkt.

Hilfen zur Lösung

Zu 5
→ Übung 7, S. 68 f.

In beiden Fällen wurde mit denkbaren allgemeinen Beispielen argumentiert. Manchmal ist es hilfreich, wenn man sich an eigene Erfahrungen erinnert und diese dann allgemein ausdrückt.

Zu 6
→ Übung 5, S. 66

a) Der Indikativ „ist" wurde zum Konjunktiv „sei" umgeformt. Der Hauptsatz wurde in einen Nebensatz umgewandelt, deshalb muss das Verb „sei" am Schluss stehen.
b) Der Hauptsatz wurde beibehalten und nur die Konjunktivform „seien" eingesetzt.

Teil 2: Mustertext und Hilfen

(Standards 18, 19, 20, 21, 23, 24, 25) (25 Punkte)

Ich und mein Ausbildungsberuf

Mein Name ist Maria Keller. Ich bin 18 Jahre alt und wohne in Stuttgart. Vor wenigen Tagen habe ich meine Gesellenprüfung zur Raumausstatterin erfolgreich bestanden. Einen Arbeitsvertrag habe ich auch schon – und zwar in dem Betrieb, in dem ich meine Ausbildung gemacht habe. Ich werde also in Zukunft im Raum Stuttgart Wohnungen schöner machen.

Das fiel mir am Anfang meiner Ausbildung sehr schwer

Das Sprichwort „Aller Anfang ist schwer" traf voll auf meine Ausbildung zu. Für den Beruf der Raumausstatterin habe ich mich entschieden, weil ich sehr viel Interesse an der Gestaltung von Wohnräumen habe. Besonders hatte ich viel Freude, mein eigenes Zimmer immer wieder neu zu gestalten. Das war für mich wie ein Spiel. Am Anfang meiner Ausbildung merkte ich aber sehr schnell, dass es dort nicht so spielerisch zuging. Dies betraf vor allem die Arbeitszeiten, die nach der Realschule eine riesige Umstellung bedeuteten. Jeden Tag morgens um 8 Uhr pünktlich im Betrieb zu sein und bis abends um 17 Uhr eingespannt zu sein, das war für mich anfangs sehr hart. Aber was sollte ich machen? Ähnliche Arbeitszeiten gab es ja auch in anderen Berufen. Also musste ich mich einfach daran gewöhnen. Und da half nur eines: früh schlafen gehen. Das setzte ich auch relativ schnell um und ich lernte dabei, meine verbliebene Freizeit intensiver zu nutzen.

Einmal hätte ich meine Ausbildung fast vorzeitig beendet

Aber natürlich ging alles nicht ganz so einfach. Einmal hätte ich meine Ausbildung fast geschmissen. Und zwar wegen eines Gesellen, der schon mehrere Jahre in dem Betrieb arbeitete. Das war Ende des zweiten Ausbildungsjahres. Wir mussten ein größeres Büro renovieren und einen neuen Teppichboden verspannen. Bei diesen Arbeiten bekam ich eine Sehnenscheidenentzündung am Unterarm und wurde vom Arzt eine Woche krankgeschrieben. Während dieser Zeit bekam ich jeden Tag WhatsApp-Nachrichten von Marin, dem Gesellen: „Wir arbeiten – und du?" – „Nicht zur Raumausstatterin geeignet: Maria." „Wir könnten jemanden zum Kaffeekochen brauchen." Diese und ähnliche Nachrichten machten mich wirklich fertig und ich begann, an mir zu zweifeln. Und als ich die Nachricht erhielt, dass unser Chef mich auch als ungeeignet bezeichnet hätte, wollte ich gar nicht mehr in den Betrieb gehen.

Hilfen zum Schreiben

→ Übung 9, S. 71

→ Übung 11, S. 73

Die Vorstellung wirkt persönlich und sachkompetent zugleich, weil neben Aussagen zur fachlichen Kompetenz auch persönliche Angaben gemacht werden.

→ Übung 13, S. 76 f.

Das Thema der Überschrift wird so behandelt, dass der Übergang von der Schule zur Ausbildung am Erlebnis der Arbeitszeit konkret dargestellt wird.
Das ist ein Beispiel, das die neuen Azubis gut nachvollziehen können. So werden sie auf ein mögliches Problem aufmerksam gemacht, und außerdem wird ihnen gezeigt, wie man dieses Problem überwinden kann.

Der Konflikt wird anschaulich und verständlich geschildert.

Zitate konkretisieren die Darstellung.

Was mir half, meine Ausbildung zu Ende zu führen

Zum Glück bestand meine Mutter darauf, ein klärendes Gespräch mit allen Beteiligten zu führen. Es stellte sich heraus, dass Marin die Bemerkung meines Chefs erfunden hatte. Er musste sich bei allen entschuldigen und bekam eine Abmahnung. Danach hatte er mehr Respekt vor mir und er kam mir nicht mehr in die Quere. Freunde wurden wir aber nicht. Die anderen beiden Gesellinnen und ich dafür schon. Die haben sich nach dem Vorfall nämlich besonders um mich gekümmert, was mir sehr geholfen hat.

Meine Ratschläge an euch

Ich bin froh, dass meine Mutter darauf bestanden hat, dass wir mit allen ein Gespräch führen. Das ist auch mein Rat an euch: Wenn ihr richtig Probleme in eurer Ausbildung habt, dann fresst das nicht in euch hinein. Holt euch Unterstützung von jemandem, dem ihr vertrauen könnt. Und sprecht die Probleme dann offen im Betrieb an. Lasst euch nicht von Älteren einschüchtern.

Hilfen zum Schreiben

Die Maßnahme wird knapp erwähnt, die Folgen sachlich dargelegt.

Die Ratschläge werden als Appell formuliert. Die Leser fühlen sich dadurch persönlich angesprochen.

Orientierungshilfe zur Bewertung:

Inhaltliche Aspekte		
Ziele	• Umsetzung der Vorgaben (Überschriften) • Informationsgehalt • Argumentation	15 Punkte
Adressatenbezug	• Auswahl der Beispiele • Nachvollziehbarkeit	
Verständlichkeit	• Klarheit der Aussagen • Lesefreundlichkeit • passende Begrifflichkeiten	
Sprachliche Gestaltung		
Sprachrichtigkeit, äußere Form	• Rechtschreibung und Zeichensetzung • Grammatik • lesefreundliche und saubere Darstellung	10 Punkte
Stil	• angemessene Sprache • anschauliche und variable Ausdrucksweise	
Mögliche Gesamtpunkte		25 Punkte

Teil 1: Lösungen und Hilfen

1 Aufgabe *(Standards 51, 54, 58)* (6 Punkte)

a)	b)	c)	d)	e)	f)	g)	h)	i)	j)
r	r	r		r			r		r

Bewertung:
Plus- und Minuspunkte werden miteinander verrechnet.

2 Aufgabe *(Standards 19, 51, 54)* (2 Punkte)

Lob signalisiert	Zeile(n)
Anerkennung, Wertschätzung, Achtsamkeit	26/27

Bewertung:
- Eine richtige Lösung gibt 1 Punkt.
- Die korrekte Zeilenangabe gibt 1 Punkt.

3 Aufgabe *(Standard 43)* (3 Punkte)

a)	eine Bühne, die behelfsmäßig und nur vorübergehend aufgebaut war
b)	mit der Familie verwandt oder eng verbunden
c)	Gefühle, die höchst positiv wirken

Bewertung:
- Jede richtige Lösung (zutreffende und verständliche Erklärung, ohne dass das unterstrichene Wort verwendet wird) ergibt 1 Punkt.
- Eine falsche Lösung (grammatisch fehlerhaft, sinnentstellend, unverständlich) ergibt 0 Punkte.
- Rechtschreibfehler, die diäche Verständlichkeit nicht beeinträchtigen, fallen nicht ins Gewicht.

4 Aufgabe *(Standards 26, 54)* (3 Punkte)

Textstelle	Zeile(n)
a) „Wer gelobt wird, fühlt sich bestätigt, das Selbstwertgefühl steigt, die Laune sowieso [...].“	27
b) „Aber Lob ist kein Allheilmittel, es stumpft schnell ab.“	32
c) „Diese ständige Evaluation nagt am Selbstwertgefühl.“	51/52

Bewertung:
- Jede korrekte Lösung (passende Textstelle, richtig zitiert, korrekte Zeilenangabe) gibt 1 Punkt.
- Falsche oder unvollständige Lösung (z. B. nur ein Stichwort oder fehlende Zeilenangabe) ergibt 0 Punkte.

Hilfen zur Lösung

Zu 1
→ Übung 1, S. 60 f.

a) Siehe Z. 48 ff.
b) Siehe Z. 36 f.
c) Siehe Z. 60 ff.
e) Siehe Z. 65 ff.
h) Siehe Z. 95 ff.
j) Siehe Z. 113 ff.

Zu 2
→ Übung 2, S. 62 f.

Suchen Sie nach dem Wort „Lob“ im Text und nach Textstellen, in denen das Wort „signalisiert“ zu „Lob“ passt.

Zu 3
→ Übung 3, S. 64

Zu 4
→ Übung 2, S. 62 f.

Zitieren Sie einen Satz aus dem Text, der inhaltlich genau zur Aussage in der Aufgabe passt.

5 Aufgabe *(Standard 43)* (1 Punkt)

Deutschland ist kein Land, in dem es weit verbreitet ist, andere zu loben und ihre Leistungen anzuerkennen.

Bewertung:
Eine inhaltlich passende, sprachlich weitgehend korrekte Formulierung ergibt 1 Punkt.

6 Aufgabe *(Standard 30)* (1 Punkt)

Umformulierung: Wenn man jemanden dauernd allgemein lobt, vernachlässigt man ihn eigentlich, indem man ihn verwöhnt.

Bewertung:
- Die richtige Lösung (grammatisch korrekte Umformulierung, die verständlich ist und den Sinn erhält) ergibt 1 Punkt.
- Eine falsche Lösung (grammatisch fehlerhaft, sinnentstellend, unverständlich) ergibt 0 Punkte.
- Rechtschreib- und Zeichensetzungsfehler, die die Verständlichkeit nicht beeinträchtigen, fallen nicht ins Gewicht.

7 Aufgabe *(Standards 54, 58)* (4 Punkte)

Behauptung	1)	2)	3)	4)
Schlussfolgerung	c)	a)	d)	b)

Bewertung:
Jede richtige Zuordnung gibt 1 Punkt.

8 Aufgabe *(Standards 42, 64)* (5 Punkte)

Korrekte Schreibweise	Vorlage im Text
a) Minderwertigkeitsgefühl	Selbstwertgefühl (Z. 54)
b) Otto-Hahn-Institut	Ludwig-Maximilians-Universität (Z. 69 f.)
c) Schul- und Berufsausbildung	Kindergarten- und Schulfest (Z. 29 f.)
d) mittelmäßig	regelmäßig (Z. 58)
e) das Außerordentliche	das Außergewöhnliche (Z. 72)

Bewertung:
Jede korrekte Schreibung gibt 1 Punkt.

Hilfen zur Lösung

Zu 5
→ Übung 5, S. 66

Sagen Sie inhaltlich dasselbe wie im vorgegebenen Satz, ersetzen Sie aber die Wörter „Hort“ und „Kultur“.

Zu 6
→ Übung 5, S. 66

Beim Umformulieren genügt es oft schon, wenn Sie die Wortart verändern:
„Lob“ → „loben“
„Vernachlässigung“ → „vernachlässigen“

Zu 7
→ Übung 7, S. 68 f.

Schlussfolgerungen müssen sich logisch aus den Behauptungen ableiten lassen.

Zu 8

Suchen Sie im Text nach einem Wort, das nach dem gleichen Prinzip geschrieben wird (siehe rechte Spalte).

Teil 2: Mustertext und Hilfen

(Standards 18, 19, 20, 21, 23, 24, 25) (25 Punkte)

Von:	andreas.scheurer@webs.xyz
An:	unid.frey@xyzmail.de
Betreff:	Der Umgang mit Lob in unserem Unternehmen

Sehr geehrter Herr Frey,

Sie suchen für Ihre Forschung junge Arbeitnehmer, die über den Umgang mit Lob in ihrem Unternehmen berichten. Hierzu kann ich einen Beitrag leisten.

Zu meiner Person: Ich bin 20 Jahre alt und schließe gerade die Ausbildung als Mechatroniker in einem großen börsennotierten Unternehmen der Metallbranche ab. Meine Erfahrungen zum Thema „Lob" beziehen sich vor allem auf meine Abteilung, in der rund 24 Personen arbeiten.

Bei der Arbeit in unserem Betrieb geht es vor allem darum, dass man exakt und zuverlässig arbeitet, dass man die Arbeitsanweisungen und Sicherheitshinweise beachtet und dass man sich ständig auf dem neuesten technischen Stand hält. Deshalb bestand die Rückmeldung unseres Meisters meist darin, dass er sagte, was richtig und ordentlich gemacht wurde und was falsch, nicht exakt genug oder gefährlich war. Die Rückmeldung bestand also im Wesentlichen aus einer fachlichen Leistungsbeurteilung.

Es gab aber auch Gelegenheiten, bei denen wir ausdrücklich gelobt wurden. Dies war der Fall, wenn wir etwas sehr schnell begriffen hatten und die Arbeitsausführung in seinen Augen perfekt war. „Das habt ihr wirklich schnell hinbekommen", sagte er dann. So mussten wir einmal eine Steuerung prüfen und einstellen, ein anderes Mal einen Aufzug warten und reparieren. Da hat man gemerkt, dass er stolz war, dass wir das so problemlos in kurzer Zeit schafften. „Prima, auf euch kann man sich verlassen. Das habe ich nicht immer so erlebt." Sein Gesicht strahlte, als er das sagte.

Wenn wir beim Kunden waren, sah er uns oft kommentarlos bei der Arbeit zu und korrigierte nebenbei dies oder jenes. Bei der Abnahme der Arbeit beschränkte er sich auf ein Kopfnicken oder kurze Bewertungen: „O.K.", „In Ordnung!"

Nur einmal hat es eine echte „Belohnung" gegeben: Damals war in einer Woche zweimal kurz hintereinander in einem Pflegeheim der Aufzug ausgefallen, beide Male kurz vor Arbeitsschluss. Zusammen mit einem Arbeitskollegen wurde ich zur Reparatur geschickt. Der Meister war

Hilfen zum Schreiben

→ Übung 9, S. 71
→ Übung 10, S. 72
→ Übung 11, S. 73

Als **Absender** können Sie in der Prüfung Ihre eigene oder eine fiktive E-Mail-Adresse angeben.

Formulieren Sie den **Betreff** so, dass der Empfänger erkennt, dass die Mitteilung für ihn von Bedeutung ist.

Die **Anrede** ergibt sich aus der Aufgabenstellung. Da Sie den Empfänger nicht näher kennen, ist eine formale höfliche Anrede mit Namensnennung korrekt.

Zuerst teilen Sie dem Empfänger mit, aus welchem Anlass Sie ihm schreiben, damit er das Schreiben einordnen kann (erster Abschnitt).

Bei Ihrer Vorstellung sollten Sie nur die Punkte nennen, die für das Thema und den Empfänger möglicherweise wichtig sind, z. B. Ihr Alter, die Dauer der Betriebszugehörigkeit und die Betriebsart, um das Gewicht Ihrer Erfahrung abschätzen zu können (zweiter Abschnitt).

Die Anliegen von Herrn Frey finden Sie in der Situationsbeschreibung aufgelistet. Bauen Sie Ihren Bericht in der vorgegebenen Reihenfolge auf, da sie eine logische Abfolge enthält.

Lob wird
- „im Wesentlichen" nicht ausdrücklich ausgesprochen (dritter Abschnitt),
- gelegentlich mit Worten und durch Mimik ausgedrückt (vierter und fünfter Abschnitt),
- selten materiell erteilt (sechster Abschnitt).

sehr froh, dass wir das ohne Murren machten, und versprach, uns bei nächster Gelegenheit einen auszugeben.

Unser Unternehmen ist also kein Ort, in dem von Vorgesetzten häufig Lob ausgesprochen wird. Es kommt häufiger vor, dass ein ausgebildeter Mitarbeiter sagt: „Mensch, das hast du aber prima gemacht!" Das ist dann schon ein sehr angenehmes Gefühl. Aber vom Meister oder dem Abteilungsleiter bekommt man das bei uns nur sehr selten zu hören.

Im Grunde genommen vermisse ich das aber nicht. Ich fühle mich trotzdem wertgeschätzt. Wenn man seine Arbeit ordentlich macht, sich an die Arbeitsanweisungen hält und sich anstrengt, wird das anerkannt. Ich glaube, dass unsere Vorgesetzten mit unserer Abteilung zufrieden sind.

Ich hoffe, meine Ausführungen können Ihnen bei Ihrer Arbeit behilflich sein.

Mit freundlichen Grüßen
Andreas Scheurer

Hilfen zum Schreiben

Zusammenfassend wird das Maß an Lob eingeschätzt (siebter Abschnitt) und die Wertschätzung im Unternehmen nach der persönlichen Erfahrung beurteilt (letzter Abschnitt).

Zu allen Aussagen über das Loben werden konkrete Beispiele angeführt. So kann sich der Empfänger ein besseres Bild machen (siehe Aufgabenstellung).

Sprachliche Gestaltung: Achten Sie darauf, dass Sie für Rechtschreibung, Zeichensetzung, äußere Form und Sprachgebrauch insgesamt 10 Punkte erhalten können.

Orientierungshilfe zur Bewertung:

Inhaltliche Aspekte		
Ziele	• Umsetzung der Vorgaben in der Aufgabenstellung (Gliederung, Sprache) • Anführen eigener Erfahrungen und Beispiele • informative Aussagen	15 Punkte
Adressatenbezug	• Eingehen auf das, was der Adressat wissen will • Einhaltung der Struktur, die vom Adressaten in der Situationsbeschreibung vorgegeben wird • Nachvollziehbarkeit und Verwertbarkeit der Aussagen	
Verständlichkeit	• Aussagen durch Beispiele gestützt • klare Struktur	
Sprachliche Gestaltung		
Sprachrichtigkeit, äußere Form	• Rechtschreibung und Zeichensetzung • Grammatik • lesefreundliche, gegliederte Darstellung	10 Punkte
Stil	• angemessene Sprache • anschauliche und abwechslungsreiche Ausdrucksweise	
Mögliche Gesamtpunkte		25 Punkte

Teil 1: Lösungen und Hilfen

1 Aufgabe *(Standards 43, 47)* (4 Punkte)

a) Person / Gruppe kann nicht identifiziert werden, bleibt unbekannt, namenlos
b) dagegenhalten, entgegnen
c) Hassrede, jemanden beschimpfen und beleidigen
d) durchsichtig, nachvollziehbar, von anderen kontrollierbar

Bewertung:
- Jede richtige Lösung (zutreffende und verständliche Erklärung) ergibt 1 Punkt.
- Eine falsche Lösung (grammatisch fehlerhaft, sinnentstellend, unzutreffend, unverständlich) ergibt 0 Punkte.
- Rechtschreibfehler, die die Verständlichkeit nicht beeinträchtigen, fallen nicht ins Gewicht.

2 Aufgabe *(Standards 19, 51, 54)* (3 Punkte)

a) Manche Kommentare verstoßen gegen Gesetze, sodass die Staatsanwaltschaft eingreifen muss.
b) Man habe kaum Nutzer gehabt, die das Gesamtbild der Bevölkerung widerspiegeln.
c) Er könnte im Netz öffentlich kritisiert und beschimpft werden.

Bewertung: Siehe Aufgabe 1.

3 Aufgabe *(Standards 19, 47, 51, 54)* (2 Punkte)

a) manuelle Methoden (Z. 10 f.) der Hasserkennung, also von Menschen angewandte Methoden
b) das Nicht-Löschen von Beiträgen im Internet, egal welchen Inhalts (Z. 73 ff.), also die völlige Meinungsfreiheit

Bewertung: Siehe Aufgabe 1.

4 Aufgabe *(Standards 47, 51, 54, 58)* (8 Punkte)

a)	b)	c)	d)	e)	f)	g)
r		r			r	r

h)	i)	j)	k)	l)	m)	n)
r			r	r	r	

Bewertung:
Plus- und Minuspunkte werden miteinander verrechnet.

Hilfen zur Lösung

Zu 1
→ Übung 3, S. 64

Denken Sie an Situationen und Zusammenhänge, in denen Sie das Wort schon einmal gehört oder gelesen haben. Leiten Sie daraus die Definition ab, ohne das Wort selbst zu benutzen.

Zu 2
→ Übung 3, S. 64

Zu 3

Suchen Sie im Text nach dem unterstrichenen Begriff und suchen Sie in dessen Umgebung nach Hinweisen auf die gegenteilige Bedeutung (siehe Zeilenangabe bei Lösungen).

Zu 4
→ Übung 1, S. 60 f.

a) Siehe Z. 11 ff.
c) Siehe Z. 25 ff.
f) Siehe Z. 32 ff.
g) Siehe Z. 36 f.
h) Siehe Z. 37 f.
k) Siehe Z. 45 ff.
l) Siehe Z. 62 ff.
m) Siehe Z. 79

5 Aufgabe *(Standards 47, 51, 54)* (3 Punkte)

a)	b)	c)	d)	e)
r			r	r

Bewertung: Plus- und Minuspunkte werden miteinander verrechnet.

6 Aufgabe *(Standards 24, 26, 43)* (2 Punkte)

Direkte Rede: „Wir haben viel zu wenige Trainingsdaten und kaum repräsentative Nutzer gehabt", erklärt Köffer, „auf dieser Basis sind 70 Prozent Trefferquote schon recht gut."

Bewertung:
Die Umwandlung des Pronomens „man" und der Verbformen ergibt 1 Punkt. Gleiches gilt für die korrekte Zeichensetzung.

7 Aufgabe *(Standards 30, 42)* (3 Punkte)

a)	b)	c)	d)	e)
6	3	3, 5	1	2

Bewertung:
Jede richtige Zuordnung ergibt 0,5 Punkte.

Hilfen zur Lösung

Zu 5
→ Übung 1, S. 60 f.

Zu 6

Der erste Satz mit dem Begleitsatz könnte auch mit einem Punkt (und entsprechender Großschreibung am Beginn des letzten Satzes) abgeschlossen werden.

Zu 7

c) Hassbotschaften: Dem s-Laut folgt ein Konsonant: Regel 4 trifft also nicht zu.

Bei der Verlängerung des Wortes mit dem s-Laut lässt sich aber die Regel 4 anwenden: hassen (s-Laut zwischen zwei Vokalen (a und e), a ist betont, ein einfacher Vokal, wird kurz gesprochen).

Teil 2: Mustertext und Hilfen

(Standards 17, 18, 19, 20, 21, 23, 24, 25) (25 Punkte)

Der „raue Ton" in den Medien –
Was sollen wir tun?

1
Was veranlasst Menschen,
- zu beleidigen,
- zu hetzen,
- Falschmeldungen zu verbreiten,
- das Leben anderer zu bedrohen?

2
Wo ist die rote Linie, bei deren Überschreiten Kritik nicht mehr akzeptiert werden darf?

3
Was kann jeder Einzelne von uns tun, um Hasskommentare im Netz zu verhindern?

4
Ist die automatische Löschung von Hasskommentaren eine Lösung für die Zukunft?

5
Wie kann man gegen Falschmeldungen vorgehen?

6
Welche Punkte soll ein Verhaltenskodex für Kritik bei uns im Betrieb beinhalten?

7
Welche Maßnahmen sollen wir Mitarbeiter ergreifen, um zu einer fairen kritischen Auseinandersetzung zu gelangen?

Sprachliche Gestaltung: Achten Sie darauf, dass Sie für den Sprachgebrauch (Rechtschreibung, Zeichensetzung, Ausdruck und äußere Form) insgesamt 10 Punkte erhalten können.

Hilfen zum Schreiben

→ Übung 13, S. 76 f.

Formulieren Sie das Thema der Diskussion als Überschrift.

Berücksichtigen Sie die Situationsbeschreibung (Diskussionspunkt 1).
Denken Sie bei der Formulierung der weiteren Punkte daran, dass Sie alle zur Verfügung gestellten Materialien berücksichtigen sollen.

Bezug zu Material 1 und zum Ziel der Diskussion:
- Kritik von strafbaren Handlungen abgrenzen (Diskussionspunkte 2 und 4)

- Erlebte Situation soll sich nicht wiederholen (Diskussionspunkt 3)

Bezug zu Material 2, der Meldung über das Netzwerkdurchsetzungsgesetz und zum Ziel der Diskussion (Diskussionspunkt 5)

Bezug zur Situation und dem Ziel der Diskussion (Diskussionspunkte 6 und 7).

Das Plakat soll übersichtlich und strukturiert gestaltet werden. D. h.: Die Diskussionspunkte werden
- deutlich nummeriert,
- mit einer Überschrift versehen,
- inhaltlich logisch angeordnet,
- auf das vorliegende Material bezogen.

Orientierungshilfe zur Bewertung:

Inhaltliche Aspekte		
Ziele	• Umsetzung der Vorgaben in der Aufgabenstellung (Struktur, Inhalt, Form) • korrekte Formulierung der Diskussionspunkte • Berücksichtigung aller Materialien	15 Punkte
Adressatenbezug	• klare Formulierungen • sofort erkennbare Gliederung	
Verständlichkeit	• eindeutige Aussagen • zielführende Fragen	
Sprachliche Gestaltung		
Sprachrichtigkeit, äußere Form	• Rechtschreibung und Zeichensetzung • Grammatik • lesefreundliche, übersichtliche Darstellung	10 Punkte
Stil	• angemessene Sprache • passende Überschrift	
Mögliche Gesamtpunkte		25 Punkte

Teil 1: Lösungen und Hilfen

1 Aufgabe *(Standards 47, 51, 54)* (5 Punkte)

a) Man beschäftigt sich – auch gedanklich – mit keinen Pflichten mehr.
b) ein starkes Bedürfnis nach Schlaf
c) widersinnig, widersprüchlich
d) schlechte Angewohnheit
e) Ruf / Bedeutung in der Gesellschaft

Bewertung:
- Jede richtige Lösung (zutreffende und verständliche Erklärung) ergibt 1 Punkt.
- Eine falsche Lösung (grammatisch fehlerhaft, sinnentstellend, unzutreffend, unverständlich) ergibt 0 Punkte.
- Rechtschreibfehler, die die Verständlichkeit nicht beeinträchtigen, fallen nicht ins Gewicht.

2 Aufgabe *(Standard 43)* (6 Punkte)

a) Aus diesem Grund sind Schlafstörungen, die durch seelische Belastungen verursacht werden, sehr häufig.
b) Diese Leute sind Menschen, die die Meinung prägen.
c) Schlaf ist ein Zustand, der zum beruflichen Erfolg beiträgt.

Bewertung: Siehe Aufgabe 1.

3 Aufgabe *(Standards 47, 51, 54, 58)* (9 Punkte)

a)	b)	c)	d)	e)	f)	g)
	r	r		r	r	

h)	i)	j)	k)	l)	m)	n)
	r	r	r		r	r

Bewertung:
Plus- und Minuspunkte werden miteinander verrechnet.

4 Aufgabe *(Standards 19, 22, 24, 25, 54)* (2 Punkte)

a) Eule: Schlaftyp, der abends lange wach bleibt, nicht früh einschlafen kann und morgens am liebsten später aufsteht.
b) Lerche: Schlaftyp, der früh einschlafen kann und morgens relativ frühzeitig fit ist.

Bewertung:
Eine inhaltlich passende, sprachlich weitgehend korrekte Formulierung ergibt 1 Punkt.

Hilfen zur Lösung

Zu 1
→ Übung 3, S. 64

Zu 2
Relativpronomen:
a) die
b) die
c) der

Zu 3
→ Übung 1, S. 60 f.

b) siehe Text, Z. 15 ff.
c) siehe Text, Z. 25
e) siehe Text, Z. 26 ff.
f) siehe Text, Z. 30 ff.
i) siehe Text, Z. 49 ff.
j) siehe Text, Z. 59 f.
k) siehe Text, Z. 60 f.
m) siehe Text, Z. 56 f., 75
n) siehe Text, Z. 110 ff.

Zu 4
→ Übung 2, S. 62 f.

5 Aufgabe *(Standards 29, 49, 51, 54)* (3 Punkte)

Schlaf

Mangel

Folgen:
- gesundheitliche Risiken
- beschränkte Leistung
- Verblassen ethisch-moralischer Grundsätze

↓

~~Nutzen~~ für deutsche Wirtschaft Schaden

kein Mangel

Folgen:
Erhöhung der
- Leistungsfähigkeit
- ~~Flexibilität~~ Kreativität
- Lern- und Gedächtnisleistung

↓

beruflicher Erfolg

↑

Forderung:
- flexibler Arbeitsbeginn
- kleines Nickerchen am ~~Vormittag~~ Nachmittag

Bewertung:
Eine inhaltlich passende Lösung ergibt 1 Punkt.

Hilfen zur Lösung

Zu 5
→ Übung 15, S. 80 f.

Siehe Text, Z. 115

Siehe Text, Z. 85 ff.

Siehe Text, Z. 87 ff.

Teil 2: Mustertext und Hilfen

(Standards 7, 8, 12, 13, 14, 18, 19, 20, 21, 23, 24, 25) (25 Punkte)

Liebe Betriebsrätinnen, liebe Betriebsräte,

es freut mich, dass ich heute die Gelegenheit habe, über ein Thema zu sprechen, das ich ja mit vielen von euch schon diskutiert habe, nämlich den flexiblen Beginn der Arbeitszeit in unserem Betrieb.

Von der Jugend- und Auszubildendenvertretung bin ich nun gebeten worden, euch unsere Vorstellungen zu diesem Thema vorzutragen.

Bei meinen Ausführungen stütze ich mich auf einen Artikel von Peter Ilg in der Stuttgarter Zeitung vom 18./19.02.2017 mit dem Titel „Ein karrierefördernder Zustand" – gemeint ist damit der ausreichende Schlaf.
In dem Artikel wird der Leiter des Schlafzentrums Klingenmünster, Dr. Hans-Günter Weeß, interviewt. In diesem Interview plädiert der Wissenschaftler dafür, dass der Arbeitsbeginn in Deutschland flexibler gestaltet werden sollte. Er verspricht sich davon eine höhere Wirtschaftsleistung, da Erwerbstätige ausgeschlafener zur Arbeit kämen,
wenn man auf ihre unterschiedlichen Schlafbedürfnisse Rücksicht nehmen würde.

Dies wird schon in vielen Unternehmen in Deutschland umgesetzt. Herr Dr. Weeß erwähnt auch, dass einige Regionen in England seinen Wunschvorstellungen nahekämen.

Nun, warum sollte man den Arbeitsbeginn nicht einheitlich, sondern nach den natürlichen Bedürfnissen der Beschäftigten gestalten?

Hier will ich mit einem Beispiel aus meiner Berufsschulzeit beginnen. Wir hatten in unserer Klasse einen Auszubildenden, der einen zweistündigen Anfahrtsweg zur Berufsschule hatte, der also jeweils morgens um 5 Uhr aufstehen musste. Fast regelmäßig schlief er schon in den ersten Unterrichtsstunden ein, vor allem wenn es mal recht ruhig war. Ihm war das sehr peinlich, er bat dafür auch oft um Entschuldigung. Aber er hatte sich in diesem Punkt einfach nicht im Griff. Dafür war er nachmittags absolut fit, was man nach den Eindrücken, die er am Morgen hinterließ, nicht erwartet hätte. Dabei ging er abends rechtzeitig ins Bett, feierte auch nicht am Abend zuvor. Er war also leistungsfähig, allerdings nicht am frühen Morgen.

Auch bei der Ausbildung im Betrieb merkte man, dass manche von uns am frühen Morgen unkonzentriert waren, bei der Erledigung der Aufgaben viel langsamer vorankamen als zwei Stunden später. Das hatte nichts mit Eingewöhnung zu tun, die Betroffenen ärgerten sich manchmal selbst über sich.

Hilfen zum Schreiben

→ Übung 9, S. 71
→ Übung 13, S. 76 f.

Wenn Sie die Beteiligten kennen und duzen, wählen Sie eine persönliche Anrede.
→ Übung 10, S. 72

Nennen Sie das Thema (Ihr Anliegen) und verknüpfen Sie es gleich zu Beginn mit der direkten Ansprache des Publikums. So drücken Sie Ihre Wertschätzung des Publikums aus (1. Abschnitt).

Nennen Sie Ihren Auftrag und das Ziel der Rede (2. Abschnitt).

Nun folgt die Argumentation für Ihr Anliegen.
→ Übung 14, S. 78 f.

Grundlage Ihrer Argumentation ist ein Zeitungsartikel. Deshalb müssen Sie die Quelle, das Thema und kurz die wichtigsten Aussagen des Artikels wiedergeben, um den Zuhörern einen Überblick zu geben (3. Abschnitt).

Benutzen Sie den Konjunktiv, um die Zuordnung der Aussagen deutlich zu machen (4. Abschnitt).

Hier wird mit einer rhetorischen Frage auf das Folgende hingeführt und eine gewisse Spannung aufgebaut (5. Abschnitt).

Zwei Beispiele aus dem persönlichen Erfahrungsbereich werden angeführt, wie in der Aufgabenstellung verlangt (6.–7. Abschnitt).

Diese Einzelbeispiele stehen stellvertretend für zwei Drittel der Deutschen, die sogenannten Eulen, wie Herr Dr. Weeß in dem genannten Interview ausführt. Höhere Leistungsfähigkeit, Kreativität, bessere Lern- und Gedächtnisleistung verspricht sich der Wissenschaftler für die deutsche Wirtschaft, falls auf diese Anlage im Menschen eingegangen wird.

Diese positive Wirkung auf die Wirtschaft sollte auch im Mittelpunkt der Argumentation gegenüber der Geschäftsleitung stehen. Es geht also nicht nur um das Wohlergehen des einzelnen Beschäftigten, sondern auch um das Wohl des Unternehmens.

Unsere Forderung gründet auf den unterschiedlichen Veranlagungen einzelner Menschen, bringt Vorteile für diese, aber gleichzeitig für das Unternehmen. Deshalb gibt es eigentlich keinen Grund, unvernünftig zu handeln und diese Chance für alle Beteiligten nicht zu nutzen.

Wir wünschen uns, dass ihr diesen Vorschlag, den Beginn der Arbeitszeit im Rahmen von zwei Stunden flexibel zu gestalten, vortragt, und hoffen, dass ihr mit dem Vorhaben erfolgreich seid.

Danke, dass ihr mir so geduldig zugehört habt.

Hilfen zum Schreiben

Stellen Sie eine Verbindung zwischen den Beispielen und dem Text her, der als Beleg für Ihre Ausführungen gilt (8. Abschnitt).

Leiten Sie aus dem Hinweis auf den Text einen Appell an die Zuhörer ab (9. Abschnitt).

Fassen Sie am Schluss den Kern der Begründung noch einmal zusammen (10. Abschnitt).

Schließen Sie mit einem Appell (11. Abschnitt) und dem Dank an die Zuhörer (12. Abschnitt).

Sprachliche Gestaltung: Achten Sie darauf, dass Sie für Rechtschreibung, Zeichensetzung, äußere Form und Sprachgebrauch insgesamt 10 Punkte erhalten können.

Orientierungshilfe zur Bewertung:

Inhaltliche Aspekte		
Ziele	• Umsetzung der Vorgaben in der Aufgabenstellung • Eingehen auf die Textgrundlage • Kurzzusammenfassung des Interviews • logische Argumentation	15 Punkte
Adressatenbezug	• direkte Ansprache • Aufzeigen gemeinsamer Erfahrungen • Auswahl der Beispiele	
Verständlichkeit	• klare Aussagen • Bericht von nachvollziehbaren Erfahrungen	
Sprachliche Gestaltung		
Sprachrichtigkeit, äußere Form	• Rechtschreibung und Zeichensetzung • Grammatik • übersichtlich gegliederte Darstellung	10 Punkte
Stil	• angemessene Sprache • abwechslungsreiche, verständliche Ausdrucksweise	
Mögliche Gesamtpunkte		25 Punkte

Teil 1: Lösungen und Hilfen

1 Aufgabe *(Standards 70, 72)* (4 Punkte)

a)	b)	c)	d)	e)	f)	g)	h)	i)
		r	r		r			r

Bewertung: Plus- und Minuspunkte werden miteinander verrechnet.

2 Aufgabe *(Standards 70, 71)* (3 Punkte)

Regel 1: Du musst makellos sauber sein. Zeile(n): 6

Regel 2: Ziehe die Schuhe aus, bevor du eine Wohnung betrittst. Zeile(n): 9 ff.

Regel 3: Achte darauf, dass deine Strümpfe keine Löcher haben und nicht stinken. Zeile(n): 11 f.

Bewertung:
Eine vollständige Lösung (mit Zeilenangabe) ergibt jeweils einen Punkt.

3 Aufgabe *(Standards 26, 70)* (2 Punkte)

Zitat 1: „[...] Mevlut sollte nur sehen, [...] dass man auch kriechen muss, um reich zu werden." Zeilen: 65–67

Zitat 2: „Wenn du Menschen stolz abweist, die dir was Gutes tun, bringst du es nie zu was." Zeilen: 94–96

Bewertung:
Eine vollständige Lösung (mit Zeilenangabe) ergibt jeweils einen Punkt.

4 Aufgabe *(Standards 24, 42, 70)* (3 Punkte)

a) Bald schon hatte er die Sache gelernt.

b) ... aber aus Angst, dass ich ihn schimpfe, hat er dann fast schon angefangen, der Frau die Hand zu küssen.

c) ... du brauchst hier nicht anzugeben.

Bewertung:
- Jede richtige Lösung (zutreffende und verständliche Erklärung, ohne dass das unterstrichene Wort verwendet wird) ergibt 1 Punkt.
- Eine falsche Lösung (grammatisch fehlerhaft, sinnentstellend, unverständlich) ergibt 0 Punkte.
- Rechtschreibfehler, die die Verständlichkeit nicht beeinträchtigen, fallen nicht ins Gewicht.

5 Aufgabe *(Standards 69, 70, 71)* (2 Punkt)

Teil 1: Zeilen 1–60 Erzählhaltung: allwissender (auktorialer) Erzähler

Teil 2: Zeilen 61–96 Erzählhaltung: Ich-Erzähler (Vater Mevluts)

Bewertung:
Eine vollständige Lösung (mit Zeilenangabe) ergibt jeweils einen Punkt.

Hilfen zur Lösung

Zu 1
→ Übung 1, S. 60 f.

a) Er soll nur die Schuhe ausziehen.
b) „Den Bogen heraushaben" ist eine Redewendung: etwas können.
e) Im Text ist davon die Rede, dass Mevlut „noch Zehntausende von Malen" die Sprüche der Kunden hören werde.
g) Er hat eine Wollmütze bekommen.
h) Ein Kunde wollte wissen, ob ihr Joghurt sauer sei.

Zu 2
→ Übung 2, S. 62 f.
→ Übung 5, S. 66

Mevluts Vater nennt diese Verhaltensregeln die „Erste Lektion".

Zu 3
→ Übung 2, S. 62 f.

Mevluts Vater benutzt andere Ausdrücke. Er spricht davon, „reich zu werden" bzw. „es zu etwas zu bringen".

Zu 4
→ Übung 3, S. 64
→ Übung 5, S. 66

Hier handelt es sich um Redensarten, die in einer sachlichen Sprache ausgedrückt werden müssen.

Zu 5
→ Übung 8, S. 70

Der Erzähler im ersten Teil kennt neben der Handlung auch die Gedanken und die Zukunft Mevluts.
Der zweite Teil beginnt mit dem Namen von Mevluts Vater, der dann aus seiner Perspektive erzählt.

6 Aufgabe *(Standards 25, 65, 70, 73)* (2 Punkte)

Mögliche Umformulierung: Ich bog in eine schattige Seitengasse ein und rief laut „Joghuuurt!" und schwenkte dabei meine Glocke. Ich drehte mich nicht zu Mevlut um, wusste aber, dass er sich sicherlich sehr seltsam vorkommen musste. Ich glaube, es war für ihn nicht einfach, so im Mittelpunkt zu stehen. Ich wollte aber gar nicht darüber reden, sondern ihm zeigen, dass dies in meinem Beruf das Selbstverständlichste war.

Bewertung:
- Die richtige Umsetzung der Perspektive ergibt 1 Punkt, passende Gedanken des Vaters ergeben ebenfalls 1 Punkt.
- Falsche Lösungen (falsche Perspektive, sinnentstellend, unverständlich) ergeben jeweils 0 Punkte.
- Rechtschreib- und Zeichensetzungsfehler, die die Verständlichkeit nicht beeinträchtigen, fallen nicht ins Gewicht.

7 Aufgabe *(Standards 26, 71, 72, 77)* (3 Punkte)

Mögliche Ergänzungen:
a) Hören Sie mal zu, so geht das aber nicht!
b) Glauben Sie etwa, dass Sie die Prüfung bestehen können, ohne zu lernen?
c) Ich verstehe, dass du das willst, da du möchtest, dass ich ein erfolgreicher Joghurtverkäufer werde.
d) Ich kann das aber nicht, weil das nicht mehr in die heutige Zeit passt.

Bewertung:
Richtige Angaben zu a) und b) ergeben je 0,5 Punkte, zu c) und d) je 1 Punkt.

8 Aufgabe *(Standards 42, 64)* (4 Punkte)

Korrekte Schreibweise	Stichwort zur passenden Regel
schildert die Alltagswelt	3: richtige Bildung des Akkusativs (Wen-Fall)
Straßenverkäufer	2: ß bei langem Vokal
mit der Kundschaft	4: richtige Bildung des Dativs (Wem-Fall)
die Alten	1: Großschreibung von Substantivierungen

Bewertung:
- Jede richtige Angabe ergibt 0,5 Punkte.
- Jede falsche Angabe ergibt 0,5 Punkte Abzug.

9 Aufgabe *(Standards 54, 55)* (2 Punkte)

a) langweiliges b) Wälzer c) angenehm d) kein Lesevergnügen

Bewertung:
Jede richtige Angabe ergibt 0,5 Punkte.

Hilfen zur Lösung

Zu 6
→ Übung 8, S. 70
→ Übung 17, S. 84 f.

Hier ist es wichtig, das Geschehen aus der Sicht des Vaters zu schildern und dessen Gedanken darzustellen. Dabei sollten sich die Gedanken auf das im Text Geschilderte beziehen. In diesem Fall ist dies die Aussage, dass Mevlut spürte, dass sein Vater an ihn dachte.

Zu 7
→ Übung 17, S. 84 f.

In a) und b) geht es um Sprachfloskeln, die meist im Zusammenhang mit Belehrungen benutzt werden. Am besten stellt man sich Situationen vor, die man selbst erlebt oder beobachtet hat. Bei c) und d) zeigt sich der Respekt im Verständnis für den Vater und darin, dass die eigene Position begründet wird, ohne den Vater anzugreifen.

Zu 9
→ Übung 4, S. 65

b) „Wälzer" ist eine abwertende Bezeichnung für ein dickes Buch.

Teil 2: Mustertext und Hilfen

(Standards 18, 19, 21, 22, 23, 24, 25, 59, 63, 70, 76, 77) (25 Punkte)

Ja, es scheint eine nette Geschichte aus dem vorigen Jahrhundert aus der Türkei zu sein. Dem will ich nicht widersprechen. Widersprechen will ich aber der Aussage, dass dieser Roman nichts mit der Situation junger Menschen zu tun hat.

Ich selbst bin 19 Jahre und am Ende meiner Ausbildung. Als ich den Romanausschnitt gelesen habe, habe ich nicht nur Unterschiede zum jungen Mevlut aus Istanbul gesehen. Klar, man wird heute kaum vom eigenen Vater eingelernt. Aber sonst habe ich viele Ähnlichkeiten entdeckt. Als ich meinen ersten Ausbildungstag hatte, da mussten meine Eltern mir auch genau vorschreiben, was ich anziehen sollte. Sie konnten überhaupt nicht aufhören, mir Ratschläge zu erteilen, wie ich mich im Betrieb zu verhalten hätte. Ich habe also auch das erlebt, was Mevlut als seine erste Lektion bezeichnet.

Und dann die ersten Gehversuche im neuen Beruf. Die einfachsten und selbstverständlichsten Arbeiten – wie bei Mevlut das Einhängen des Tragejochs – bereiteten einem Schwierigkeiten. Man dachte, dass dies alles sehr schwierig sei, doch für die Gesellen waren das die simpelsten Tätigkeiten, die sie im Schlaf beherrschten. Und alles kam einem so unendlich lange und unerträglich vor. Man musste lernen, dass das Arbeiten im Beruf doch anstrengender war, als man sich das jemals ausgemalt hatte. Und auch ich kam mir manches Mal eher wie ein Lastenträger vor, obwohl unser Beruf ja ganz andere Schwerpunkte hat.

Mevlut lernt durch seine Arbeit die Großstadt Istanbul kennen und staunt anfangs über diese neue Welt. Ist es uns nicht auch so gegangen? Ich jedenfalls habe während der Ausbildung auch Orte kennengelernt, an denen ich noch nie war, und mit Leuten zu tun gehabt, mit denen ich sonst nie gesprochen hätte.

Und dann die Erlebnisse mit Kunden. Mevlut muss sich alle möglichen und unmöglichen Kommentare anhören und manche gut gemeinten Ratschläge und Geschenke von Kunden annehmen. Das kennen Auszubildende heute doch auch: Ich war schon so oft von Kundenaussagen zu meiner Arbeit und zum Angebot meiner Firma genervt. Und wie oft musste ich mir „gute Ratschläge" von Kunden anhören! Mich hat das unendlich genervt, aber ich musste alles über mich ergehen lassen. Da ging es mir nicht anders als Mevlut.

Der einzige Unterschied war, dass darüber nicht mein Vater, sondern mein Ausbilder wachte. Er benutzte sogar ganz oft die gleichen Phrasen wie Mevluts Vater: „Tu nicht so" unfreundlich. „Hör mal zu, du brauchst hier nicht den großen Herrn zu spielen. Wenn ich dir sage, du sollst einer Kundin" dies und das tun, „dann tust du das gefälligst auch." Das sind nur ein paar aktualisierte Zitate. Natürlich ging es dabei nicht darum, der Kundin die Hand zu küssen, sondern um andere Dinge.

Hilfen zum Schreiben

→ **Übung 9, S. 71**
→ **Übung 11, S. 73**

Als Anknüpfungspunkt wird eine Formulierung aus dem Kommentar wiederholt.

→ **Übung 14, S. 78 f.**

Der Schreiber stellt sich und seine ersten Eindrücke beim Lesen vor. Damit stellt er persönliche Bezüge her.
Danach beginnt die Argumentation, die darauf abzielt, Ähnlichkeiten zwischen Mevlut und einem heutigen Azubi darzustellen.

→ **Übung 16, S. 82 f.**
→ **Übung 18, S. 86 f.**

Der Autor schildert zwar nicht konkret seine beruflichen Tätigkeiten, stellt aber Bezüge zwischen seiner beruflichen Tätigkeit und den Erlebnissen Mevluts her.
So vergleicht er die eigene Ausbildung mit der von Mevlut.

Rhetorische Fragen sollen es möglich machen, dass die Leser ihre eigene Erfahrung einbringen können.

Der Autor beschreibt seine Erfahrungen nicht konkret, sondern so allgemein, dass die Leser ähnliche Erfahrungen damit verbinden können.

Die aktualisierten Zitate bleiben so allgemein, dass sie jeder Leser auf sich beziehen kann.

→ **Übung 14, S. 78 f.**

Im letzten Abschnitt wird die Argumentation zusammengefasst und zu einer deutlichen Empfehlung entwickelt.

Interessant ist aber doch, dass es so viele Ähnlichkeiten zwischen diesem Mevlut aus dem Roman und meiner Situation gibt, dass ich, obwohl ich nur einen kurzen Ausschnitt gelesen habe, euch doch empfehlen möchte, diesen Roman mal näher anzuschauen. Er ist sprachlich auch so einfach geschrieben, dass man keine Schwierigkeiten hat, den Inhalt zu verstehen. Man muss allerdings ein bisschen aufpassen, weil der Roman aus verschiedenen Perspektiven geschrieben ist. Aber das macht ihn meiner Meinung noch spannender, weil man sieht, dass Dinge ganz anders erscheinen, wenn man sie aus einer anderen Perspektive sieht.

Hilfen zum Schreiben

Dabei wird auch auf mögliche Probleme beim Lesen hingewiesen. So wird auch noch die Erzählhaltung im Roman thematisiert.

Orientierungshilfe zur Bewertung:

Inhaltliche Aspekte		
Ziele	• Eingehen auf die Argumente der Buchbewertung • plausible eigene Argumentation zu Gegenwartsbezügen des Romans • Anführen passender eigener Erfahrungen und Beispiele • begründete Leseempfehlung • Einordnung der Sprache • Verweise auf den Roman, evtl. mit Zitaten	15 Punkte
Adressatenbezug	• Auswahl der Beispiele • Nachvollziehbarkeit • Logik des Aufbaus	
Verständlichkeit	• Klarheit der Aussagen • Lesefreundlichkeit • passende Begrifflichkeiten	
Sprachliche Gestaltung		
Sprachrichtigkeit, äußere Form	• Rechtschreibung und Zeichensetzung • Grammatik • lesefreundliche und saubere Darstellung	10 Punkte
Stil	• angemessene Sprache • anschauliche und variable Ausdrucksweise	
Mögliche Gesamtpunkte		**25 Punkte**

Teil 1: Lösungen und Hilfen

1 Aufgabe *(Standards 70, 72)* (4 Punkte)

a)	b)	c)	d)	e)	f)	g)	h)	i)
r			r				r	r

Bewertung: Plus- und Minuspunkte werden miteinander verrechnet.

2 Aufgabe *(Standard 70)* (3 Punkte)

a) Alter: 12 Jahre
b) Brüder: keine
c) Personen: Großmutter und Großvater oder Großeltern

Bewertung: Jede richtige Angabe ergibt einen Punkt.

3 Aufgabe *(Standards 69, 70, 71)* (3 Punkte)

	Überschrift
1. Abschnitt	Walerians Mutter und seine Kindheit
2. Abschnitt	Geografische und sprachliche Grenzüberschreitungen
3. Abschnitt	Sprachliche Probleme im Betrieb und deren Folgen

Bewertung: Jede plausible Kombination von zwei Aspekten ergibt einen Punkt. Es werden keine halben Punkte verrechnet.

4 Aufgabe *(Standards 26, 70, 75)* (4 Punkte)

a) „Dass sie mich dadurch für mein ganzes Leben zu einer Lachnummer abstempelte, war nicht so wichtig wie die Tatsache, dass sie von da an in meiner Gegenwart eine Entspannung verspürte […]."
(Zeile: 16–20)
„Sie sei dieser [ihrer Jugend] genauso viel schuldig wie mir, wenn nicht mehr […]." (Zeile: 36–37)

b) „Sie tauchte eines Tages mit mir auf dem Arm im Haus meiner Großeltern auf und bat sie, über das Wochenende auf mich aufzupassen. Sie kam erst nach elf Jahren wieder zurück […]." (Zeile: 24–28)
„‚Auf der anderen Seite liegt Österreich. Dort fangen wir ein neues Leben an', verkündete meine Mutter […]." (Zeile: 49–51)

Bewertung: Jede korrekte Kombination (korrekte Zeilenangabe und treffende Textstelle) ergibt einen Punkt. Es werden keine halben Punkte verrechnet.

5 Aufgabe *(Standard 73)* (5 Punkte)

a) Stilmittel: Kombination aus sich widersprechenden Begriffen
Wirkung: witzig, die Kritik an der Mutter wird nur indirekt ausgedrückt

Hilfen zur Lösung

Zu 1
→ Übung 1, S. 60 f.

b) Im Text heißt es, dass sie nach 11 Jahren zurückkam.
c) Dies sagte die Großmutter.
e) Das sagte Walerians Mutter.
f) Die Mutter verschwieg ihre Absicht.
g) Der Wiener Dialekt wird im Text als zusätzliches Problem dargestellt.

Zu 2
→ Übung 2, S. 62 f.

a) Walerian wird im Alter von einem Jahr zu den Großeltern gebracht. 11 Jahre später taucht seine Mutter wieder auf. Also ist er 12 Jahre.
b) Walerian bezeichnet sich im Text als „einzigen Sohn".
c) Die Mutter brachte Walerian ins Haus seiner Großeltern und bat „sie", über das Wochenende auf ihn aufzupassen.

Zu 3
→ Übung 2, S. 62 f.

Zu 4
→ Übung 2, S. 62 f.
→ Übung 7, S. 68 f.

Es wurden Satzausschnitte aus dem Text zitiert, die genau zur Aussage in der Aufgabe passen.
Die Zitate wurden in Anführungszeichen gestellt und die Kürzungen wurden mit Auslassungszeichen gekennzeichnet.

Zu 5
→ Übung 8, S. 70

a) „Entzückend" ist eine positive Bewertung, dagegen wird „Leere im Kopf" meist als negativ betrachtet.

b) Stilmittel: Verbildlichung
Wirkung: übertrieben und dadurch witzig; die Kritik an der Mutter wird indirekt ausgedrückt

c) Stilmittel: Wortneuschöpfung
Wirkung: macht die Leser neugierig

d) Stilmittel: Begriff mit negativer Assoziation
Wirkung: überraschend, weil Kinder meist nicht mit negativen Begriffen bezeichnet werden

e) Stilmittel: Ironie (das Gegenteil meinend)
Wirkung: überraschend und witzig

Bewertung: Eine korrekte Zuordnung und eine inhaltlich passende Formulierung zur Wirkung ergeben 1 Punkt.

6 Aufgabe *(Standards 24, 70, 73)* (2 Punkte)
Umformulierung: „Ich bin nicht nur Mutter, sondern auch eine Frau, deren Schwangerschaft unglücklicherweise mit ihrer Jugend zusammengefallen war. Ich bin dieser genauso viel schuldig wie ihm / dir, wenn nicht mehr, denn die Jugend geht schnell vorbei."

Bewertung: Für jeden Fehler bei der Umformulierung wird ein Punkt abgezogen. Die Gesamtpunktzahl kann nicht unter 0 Punkten liegen.

7 Aufgabe *(Standards 24, 42)* (2 Punkte)
Der Chef sagte: „Was hast du mir da gebracht? Das ist ein Holztisch und kein Gerüstbock."
Ich schüttelte den Kopf: „Das ist ganz gewiss ein Gerüstbock."
Der Chef platzte heraus: „Ich arbeite schon zwanzig Jahre hier, und du wirst mir nicht sagen, was ein Gerüstbock ist, klar?"

Bewertung: Ein Fehler ergibt 1 Punkt, mehrere Fehler ergeben 0 Punkte.

8 Aufgabe *(Standards 24, 42)* (2 Punkte)
Obwohl er das Buch nicht gelesen hat, hat er eine vernichtende Kritik darüber geschrieben, die viel Zustimmung erhalten hat.

Bewertung: Ein Fehler ergibt 1 Punkt, mehrere Fehler ergeben 0 Punkte.

Hilfen zur Lösung

b) Durch den Vergleich mit dem Donner wird ausgedrückt, dass das Nachdenken so anstrengend ist wie ein Donner laut ist.
c) Eine Geburt hat normalerweise nicht viel mit dem Kopf zu tun, deshalb macht dieser Ausdruck neugierig.
d) „Brut" nennt man die Nachkommen z. B. von Vögeln. Kinder so zu bezeichnen wirkt herabsetzend.
e) Der Leser merkt erst später, dass die Autofahrt gar nicht so kurz war, und wird überrascht. Dies kann er als witzig empfinden.

Zu 6
→ Übung 17, S. 84 f.

Dazu muss man die Perspektive der Mutter einnehmen, die in der Ich-Form redet. Ob Walerian direkt angeredet wird („dir") oder ob die Mutter über ihn redet („ihm"), geht nicht eindeutig aus dem Text hervor.

Zu 7
→ Übung 3, S. 64

Die Bedeutung der Dialektwörter lässt sich aus dem Zusammenhang ableiten, auch wenn man sie nicht kennt.

Teil 2: Mustertext und Hilfen

(Standards 18, 19, 21, 22, 23, 24, 25, 59, 63, 70, 71, 75, 76, 77, 78)

(25 Punkte)

Hallo Levi,
wir haben ja letzte Woche darüber gesprochen, dass du dich mit deiner Mutter nicht so gut verstehst.
Zufälligerweise habe ich in den Tagen nach unserem Gespräch ein Buch in die Hand bekommen, das die Probleme eines jungen Polen mit seiner Mutter beschreibt. Stell dir mal vor: Dessen Mutter hat ihn nach einem Beruhigungsmittel benannt: Walerian. Das hat ihn wohl sein Leben lang verfolgt und er meint, dass der Name ihn zu einer Lachnummer gemacht habe. Für uns hört sich das nicht so schlimm an, aber stell dir mal vor, deine Mutter hätte dich Paracetamol oder Aspirin benannt.
Und stell dir vor: Die Mutter hat sogar während der Schwangerschaft dieses Beruhigungsmittel genommen, sogar direkt vor seiner Geburt. Das ist nun wirklich unverantwortlich. Ihm scheint das aber nichts ausgemacht zu haben.
Und jetzt kommt das Krasseste: Als der Junge ein Jahr alt ist, nimmt ihn seine Mutter zu seinen Großeltern mit und haut einfach mir nichts dir nichts für elf Jahre ab! Später sagt sie dann, dass sie ihr junges Leben noch genießen wollte. Darauf habe sie ja wohl auch einen Anspruch gehabt.
Nach elf Jahren taucht sie dann plötzlich wieder auf, kümmert sich einige Zeit um ihren Sohn und nimmt ihn dann zu einer „kurzen" Autofahrt mit. In Wirklichkeit fährt sie mit dem Jungen, der inzwischen zu einem Jugendlichen geworden ist, von Polen nach Österreich und verkündet ihm, dort ein neues Leben anfangen zu wollen, ohne vorher mit ihm geredet zu haben. Als er sie verständnislos anschaut, sagt sie ihm, dass diese und die folgenden Grenzüberschreitungen ihn zu einem Mann machen würden, was sie nie geschafft habe.
Und er muss praktisch neu anfangen, eine neue Sprache lernen, sich dann einen Job suchen und sich in einer anderen Kultur zurechtfinden.

Du hattest mir ja auch erzählt, dass deine Mutter nicht genügend Zeit für dich hat und zu sehr ihr eigenes Leben führt. Daran habe ich gedacht, als ich dieses Buch gelesen habe. Und ich habe auch gleich gedacht, dass Walerians Mutter eine richtige Rabenmutter ist. Aber dann sind mir doch einige Zweifel gekommen. Vielleicht hat sie doch das Recht gehabt, ihr junges Leben noch zu genießen. Walerian war ja bei seinen Großeltern gut versorgt. Möglicherweise hätte sie ihn sonst später gar nicht aufziehen können, weil sie immer das Gefühl gehabt hätte, ihr Leben für Walerian aufgegeben zu haben. Vielleicht hätte sie ihn auch gar nicht lieben können, sondern ihn dafür gehasst. Ich finde es zwar auch nicht gut, was sie getan hat, aber irgendwie kann ich das schon verstehen.

Hilfen zum Schreiben

→ **Übung 9, S. 71**
→ **Übung 10, S. 72**

Nach einer passenden Anrede wird zuerst einmal ein Anknüpfungspunkt erwähnt.

→ **Übung 16, S. 82 f.**

Elemente aus dem Roman werden als Gedankenspiel in die eigene Realität übertragen.
Mehrmalige direkte Anreden („stell dir vor") sorgen für eine persönliche Atmosphäre.

Der Inhalt des Romanausschnittes wird klar und verständlich zusammengefasst. Die Sprache ist an den Empfänger angepasst und wenig förmlich.

→ **Übung 14, S. 78 f.**

Es wird wieder an das gemeinsame Gespräch angeknüpft. Die Romanhandlung wird mit der Realität verglichen.

Die Gegenargumentation wird durch Gedankenspiele zum Roman eingeleitet.

Und da habe ich gedacht: Vielleicht sollten wir uns auch mal Gedanken machen, deine Mutter mehr zu verstehen. Vielleicht solltest du – auch wenn es dir schwerfällt – dich einfach mal in deine Mutter hineinversetzen und ihre Bedürfnisse ernst nehmen. Sie kann ja nicht nur für dich da sein.
Und letztendlich ist es ja auch so wie in dem Roman: Wenn man nicht so bemuttert wird, dann muss man sich stärker durchs Leben kämpfen. Man muss lernen, wie man sich selbst durchbeißen kann. Vielleicht ist das sogar eine bessere Vorbereitung auf das Leben. Denn man muss so einfach Stärke und Selbstvertrauen entwickeln. Dies zeigt auch der Romanheld, als er am Schluss eines Kapitels schreibt: „Und der Einzige, auf den man sich [...] verlassen kann, ist man selbst."
Ich hoffe, dass ich dich jetzt nicht verletzt habe, denn das ist das Letzte, was ich möchte. Ich möchte dir nur ein paar Anregungen geben, wie du mit deiner Situation besser zurechtkommst. Lass dir das doch einfach mal durch den Kopf gehen. Und wenn du Lust hast, kannst du ja auch mal in dem Buch lesen. Das heißt übrigens „Der Mann, der Luft zum Frühstück aß" und ist von Radek Knapp.
Wir sehen uns ja übermorgen Abend und können, wenn du willst, gerne darüber reden. Ansonsten freue ich mich auf unsere Tour.
Ciao amigo
Lars

Hilfen zum Schreiben

→ **Übung 18, S. 86 f.**

Diese Gedankenspiele werden in die Realität übertragen.
Es wird eine allgemeine Regel formuliert und durch ein Zitat des Romans belegt.

Der Schreiber beschreibt seine Motive.

Zum Schluss wird nochmals eine Gemeinsamkeit hergestellt und eine Schlussformel gewählt, die diese Gemeinsamkeit bestärken soll.

Orientierungshilfe zur Bewertung:

Inhaltliche Aspekte		
Ziele	• Zusammenfassung der Romanhandlung • Charakterisierung der Mutter • plausible Darstellung von Gründen für ihr Verhalten • Beschreibung der Auswirkungen auf Walerian • Verweise auf den Roman, evtl. mit Zitaten • Übertragung auf die Lebenssituation	15 Punkte
Adressatenbezug	• Begründungen • Nachvollziehbarkeit • Logik des Aufbaus	
Verständlichkeit	• Klarheit der Aussagen • Lesefreundlichkeit • passende Begrifflichkeiten	
Sprachliche Gestaltung		
Sprachrichtigkeit, äußere Form	• Rechtschreibung und Zeichensetzung • Grammatik • lesefreundliche und saubere Darstellung	10 Punkte
Stil	• angemessene Sprache • anschauliche und variable Ausdrucksweise	
Mögliche Gesamtpunkte		25 Punkte

Teil 1: Lösungen und Hilfen

1 Aufgabe *(Standards 70, 72)* (2 Punkte)

	a)	b)	c)	d)
richtig?		r	r	
Zeile(n)		32	30 f.	

Bewertung: Plus- und Minuspunkte werden miteinander verrechnet.

2 Aufgabe *(Standards 70, 71)* (2 Punkte)

Das lyrische Ich kritisiert seinen Partner, da dieser im Jahr 2013 wieder einmal alle seine guten Vorsätze nicht umgesetzt habe und z. B. nicht abgenommen habe.

Bewertung: Jede inhaltlich passende, sprachlich weitgehend korrekte Formulierung ergibt 1 Punkt.

3 Aufgabe *(Standards 24, 70)* (6 Punkte)

Textstelle	Zeile
a) „Ich bin der Meister der Streiche, wenn's um Selbstbetrug geht, [...]."	7 f.
b) „[...] ich nehme mir zu viel vor, und ich mach davon zu wenig."	13 f.
c) „Ich würde so vieles sagen, aber bleibe meistens still [...]."	19 f.
d) „Das Leben, das wir führen wollen, wir können es selber wählen."	112 f.
e) „Lass uns alles tun, weil wir können und nicht müssen, [...]."	104 f.
f) „Und eines Tages, Baby, werden wir alt sein, [...] und an all die Geschichten denken – die für immer unsere sind."	116 ff.

Bewertung: Jede korrekte Kombination (korrekte Zeilenangabe und treffende Textstelle) ergibt einen Punkt. Es werden keine halben Punkte verrechnet.

4 Aufgabe *(Standards 70, 80)* (4 Punkte)

1 Meine Energie spar ich immer, falls ich sie noch mal brauch.

2 Und die Geschichten, die wir dann stattdessen erzählen, werden von verpassten Gelegenheiten handeln ...

3 Lass uns *uns* mal zeigen, wie wir wirklich sind, und dann sehen, wir sind die Gleichen ...

4 Lass uns Feste wie Konfetti schmeißen, sehen, wie sie zu Boden reisen, und die gefallenen Feste feiern bis zum Morgengrauen.

Hilfen zur Lösung

Zu 1
→ Übung 1, S. 60 f.

a) Im Text heißt es, dass das lyrische Ich und sein Ansprechpartner „eines Tages (...) alt sein" werden.
d) Der Begriff „Baby", den das lyrische Ich benutzt, ist hier als Kosename gemeint.

Zu 2
→ Übung 2, S. 62 f.

Hier wurde die allgemeine Aussage zu den Vorsätzen mit einem konkreten Beispiel aus dem Text verbunden.

Zu 3
→ Übung 2, S. 62 f.

a) Wenn man sich etwas vormacht, dann ist das Selbstbetrug.
b) Das Verhältnis ist „viel" gegenüber „wenig".
c) Aus dem Konjunktiv „würde" lässt sich ein Wunsch ableiten.
d) Selbst zu entscheiden bedeutet, dass man eine Wahl hat.
e) „Wir sollten" drückt eine Aufforderung aus. Dazu passt die Befehlsform „lass uns ...".
f) Was einem „für immer" gehört, das kann einem niemand nehmen.

Zu 4
→ Übung 3, S. 64
→ Übung 8, S. 70

1 Der Begriff wurde durch einen anderen mit einer ähnlichen Bedeutung ersetzt.
2 Der Konjunktiv heißt auch Möglichkeitsform, und ein „trauriger Konjunktiv" ist dann eine verpasste Gelegenheit.
3 Das Bild der Demaskierung wurde so entschlüsselt, dass man ohne Maske sein wahres Ich zeigt.
4 Die farbigen Wolken zeigen den Sonnenaufgang an, also sollen die Feste die ganze Nacht dauern.

Bewertung: Eine inhaltlich passende, sprachlich weitgehend korrekte Formulierung ergibt 1 Punkt.

5 Aufgabe *(Standards 70, 71)* (3 Punkte)

	a)	b)	c)	d)	e)	f)
richtig?	r	r		r		

Bewertung: Plus- und Minuspunkte werden miteinander verrechnet.

6 Aufgabe *(Standards 70, 72, 76, 78)* (2 Punkte)

Argument 1: In dem Gedicht wird der angesprochene Partner nicht fertiggemacht, sondern es wird eine Bestandsaufnahme gemacht, die beide Partner betrifft.

Argument 2: Ich denke nicht, dass es eine depressive Wirkung hat, weil das Gedicht im zweiten Teil einen positiven Ausblick vermittelt und dazu auffordert, das Leben zu genießen.

Bewertung:
- Eine korrekte Antwort gibt 1 Punkt.
- Kleine Fehler fallen nicht ins Gewicht.
- Eine falsche Lösung gibt 0 Punkte.

7 Aufgabe *(Standards 24, 42, 64)* (4 Punkte)

Falsche Schreibweise durchgestrichen	Richtige Schreibweise	Regel Nr.
Das Gedicht ist nicht durch ~~traurigkeit~~ geprägt.	Traurigkeit	4
Man könnte auch sagen: ~~der~~ Text ist sehr interessant.	Der	3
Auch das ~~lesen~~ des Gedichtes kann Spaß machen.	Lesen	1
Die Lesung fand in ~~bochum~~ statt.	Bochum	2

Bewertung:
- Jede vollständig richtige Angabe gibt einen Punkt.
- Unvollständige, falsche oder teilweise falsche Angaben werden nicht bewertet.

8 Aufgabe *(Standards 24, 42, 64)* (2 Punkte)

Obwohl ihm der Vortrag, der sehr lange dauerte, nicht gefiel, hörte er ihn ganz an, da (weil) seine Freundin ihn darum gebeten hatte.

Bewertung:
- Ein richtiger Satz (inhaltlich und sprachlich richtig, keine Interpunktionsfehler) gibt 2 Punkte.
- 1 bis 2 kleine Fehler führen zu keinem Punkteabzug.
- Ab 3 Fehlern gibt es 0 Punkte.

Hilfen zur Lösung

Zu 5
→ Übung 1, S. 60 f.

c) Im Text ist nur von der Tagesschau die Rede.
e) Das kommt im Text überhaupt nicht vor.
f) Auch dies ist reine Erfindung.

Zu 6
→ Übung 2, S. 62 f.

Zu 7

b) Auch nach einem Doppelpunkt kann ein vollständiger Satz beginnen.
c) Der Artikel „das“ zeigt an, dass das folgende Verb („Lesen“) substantiviert wurde.

Zu 8
→ Übung 5, S. 66

Teil 2: Mustertext und Hilfen

(Standards 18, 19, 21, 22, 23, 24, 25, 70, 80, 81, 82) (25 Punkte)

(Ein Mädchen und ein Junge sitzen in zwei Lounge-Sesseln. Der Junge ist mit seinem Handy beschäftigt. Das Mädchen wirkt nachdenklich.)
Sonja (unsicher): Du Karim, ich möchte mal mit dir reden ...
Karim (leicht genervt, blickt nicht von seinem Handy auf, sondern tippt weiter etwas ein): Ja, gleich.
Schweigen. Karim wird immer fröhlicher und tippt immer schneller.
Sonja wird langsam ärgerlich.
Sonja (nachdrücklicher): Karim, ich möchte mit dir reden.
Karim (abwiegelnd): Ja, einen Moment noch.
Karim spielt weiter mit seinem Handy, ist aber zurückhaltender.
Sonja (lauter, genervt): Karim, jetzt leg endlich das Handy weg. Ich muss dringend mit dir reden.
Karim (legt das Handy weg, schaut aber immer mal wieder hin): Was ist denn so dringend?
Sonja: Karim, wenn ich dran denke, dass wir einmal alt sein werden, bekomme ich Panik.
Karim: Warum denn? Du musst dir doch keine Sorgen machen. Läuft doch alles gut.
Sonja: Ich glaub, dass wir so viel verpassen.
Karim: Was verpassen wir denn schon?
Sonja (ringt nach Worten, leicht verzweifelt): Ich find, dass ich einfach zu wenig mache. Ich würde gern so vieles sagen und tun, aber ich kann mich nicht aufraffen. Ich bin so furchtbar faul und viel zu bequem.
Karim (schüttelt den Kopf): Ach was, mach dir doch nicht so einen Stress.
Sonja: Doch, und weißt du was: Das gilt für uns beide. Du nimmst dir ja auch jedes Silvester vieles vor und setzt das dann doch nicht um.
Karim (leicht aggressiv): Ich habe mir doch gar nichts vorgenommen!
Sonja: Doch, du wolltest deine Träume umsetzen, abnehmen, mehr unternehmen und auch was für dein Wissen tun. Aber du hast das alles wieder untergehen lassen.
Karim (abwehrend): Wir haben doch noch Zeit. Man muss doch nicht alles in einem Jahr machen.
Sonja (steht auf, geht herum und dann zu Karim): Mensch, Karim, wenn wir alt sind, werden wir nur erzählen können, was wir gerne gemacht hätten, aber nie getan haben. Und wir werden uns nie wirklich unser Innerstes gezeigt haben.
Karim: Aber ist doch so. – – – Man kann doch nicht immer das tun, was man will.
Sonja (sehr emotional): Ich glaub das nicht, ich glaube, dass wir irgendwann merken werden – auch wenn wir das dann nicht aussprechen – dass wir einfach zu bequem und zu feige waren. Und ich

Hilfen zum Schreiben

→ **Übung 17, S. 84 f.**

Die Szene beginnt mit einer alltäglichen Situation.
In diesem Dialog drückt das Mädchen Sonja das aus, was das lyrische Ich im Gedicht sagt. Sonja beginnt deshalb das Gespräch und muss Karim zuerst von seinem Handy abbringen.
Die Regieanweisungen geben vor allem die Gefühle der Personen wieder.

Der Anfang des eigentlichen Gesprächs entspricht inhaltlich in etwa dem Anfang des Gedichtes.
Die (erfundenen) Beiträge von Karim sind abwehrend.

Die Selbstkritik des lyrischen Ichs ist kurz und knapp wiedergegeben. Damit wirkt sie gut verständlich. Sprachlich Kompliziertes wird dabei einfacher ausgedrückt.

Die Kritik am Partner wird ebenfalls klar ausgedrückt.

Karims abwehrende Haltung wird auch in den Regieanweisungen deutlich.

Dass Sonja auf der Bühne auf Karim zugeht, entspricht dem Textinhalt: Sie sucht nach Gemeinsamkeiten.

glaube auch, dass wir dann sehen werden, dass wir die Freiheit gehabt hätten, unser Leben so zu führen, wie wir es wollten.
Karim (wird nachdenklich): Und was sollen wir jetzt tun?
Sonja (begeistert): Komm, lass uns einfach das Leben genießen und verrückte Dinge tun, wenn uns danach ist. Und wenn wir was falsch machen, ist das auch okay. Wir werden draus lernen und davon profitieren.
Karim (zweifelnd): Also, das hört sich ziemlich anstrengend an.
Sonja (auffordernd): Mensch, wir sind jung, wir sind frei, wir haben doch nichts zu verlieren außer unserer Zeit! Wir müssen uns auch zeigen, wie wir wirklich sind. Und ich fühle, dass du das im Grund auch willst, denn wir sind uns doch so ähnlich und wir bedeuten uns doch so viel.
Karim: Werden wir das nicht bereuen, wenn wir älter sind?
Sonja: Nein, dann können wir nämlich all das erzählen, was wir gemeinsam gemacht und erlebt haben, und niemand wird uns diese Erinnerungen nehmen können.
(Sonja nimmt Karim an der Hand und zieht ihn nach hinten.)

Hilfen zum Schreiben

Die Schlussfolgerungen ergeben sich aus Karims Frage.

Sonja formuliert die Schlussfolgerungen als Appell und als Ausblick in die Zukunft.

Diesen Appell, gemeinsam aktiv zu werden, drückt auch die Regieanweisung am Schluss aus.

Orientierungshilfe zur Bewertung:

Inhaltliche Aspekte		
Ziele	• Wiedergabe wesentlicher Teile des Gedichtes • echte Kommunikation auf der Bühne • Lebensechtheit der Dialoge • plausible Argumentation der Darsteller • sinnvolle Regieanweisungen • passende Einleitung und stimmiger Schluss	15 Punkte
Adressatenbezug	• Sprachebene • Nachvollziehbarkeit der Handlung	
Verständlichkeit	• Klarheit der Aussagen • passende Begrifflichkeiten	
Sprachliche Gestaltung		
Sprachrichtigkeit, äußere Form	• Rechtschreibung und Zeichensetzung • Grammatik • lesefreundliche und saubere Darstellung	10 Punkte
Stil	• angemessene Sprache • anschauliche und variable Ausdrucksweise	
Mögliche Gesamtpunkte		25 Punkte